# 预拌砂浆
# 生产与工程应用

主 编 曲烈 常留军

中国建材工业出版社

图书在版编目（CIP）数据

预拌砂浆生产与工程应用/曲烈，常留军主编．--
北京：中国建材工业出版社，2018.11（2019.3重印）
ISBN 978-7-5160-2314-3

Ⅰ.①预… Ⅱ.①曲… ②常… Ⅲ.①水泥砂浆—工
业生产 ②水泥砂浆—应用 Ⅳ.①TQ177.6

中国版本图书馆 CIP 数据核字（2018）第 147921 号

**预拌砂浆生产与工程应用**
主　编　曲烈　常留军

出版发行：中国建材工业出版社
地　　址：北京市海淀区三里河路 1 号
邮　　编：100044
经　　销：全国各地新华书店
印　　刷：北京鑫正大印刷有限公司
开　　本：787mm×1092mm　1/16
印　　张：17
字　　数：420 千字
版　　次：2018 年 11 月第 1 版
印　　次：2019 年 3 月第 2 次
定　　价：**60.00 元**

---

# 序

预拌砂浆分为干混砂浆和湿拌砂浆,与现场搅拌相比,它具有节能环保、施工效率高的优点。自 2011 年以来,因为认真落实了城市禁现工作,我国预拌砂浆直接进入了快速发展期。据统计,目前我国预拌砂浆的年产量约为 7000 万吨,干混砂浆与湿拌砂浆所占比例约为 8∶2。根据调查,我国长三角、珠三角和京津冀区域的预拌砂浆发展尤其较快。由于我国经济水平存在东西部不平衡和做法不一的情况,因此及时总结主管部门、企业经验和科研成果,对于预拌砂浆行业的健康发展是非常必要的。

本书介绍了我国预拌砂浆产量大省——河南、山东两省有关预拌砂浆的生产技术、管理经验与天津城建大学等研究机构的技术进展。为应对预拌砂浆新的形势,河南、山东两省散装水泥办公室做了大量工作。近年来,借助"蓝天工程"的推力,河南省强力推进砂浆禁现工作,严格督查"禁现"的落实,确保工作落到实处,强化监督,严格管理,加强对省会和周围城市的指导,树立典型示范,实现了预拌砂浆行业的快速发展;山东省落实城市禁现政策和《山东省促进散装水泥发展规定》等政策法规,结合本地实际,采取措施,加大力度,加强技术创新,大力推广工业废弃物利用和机制砂,促进了行业的发展,有力提升了砂浆质量控制水平,形成了政策推动、企业快行、创新发展、跨越发展的新格局。

针对市场的挑战,河南、山东两省的预拌砂浆企业在企业管理上也取得不俗的成绩。其中郑州春晖建材科技有限公司坚持严格管理,实行全厂全程可追溯质量管理制度,在历次河南省行业检查中均名列前茅。郑州筑邦建材有限公司坚持科技创新,大力发展绿色砂浆产业,该公司产品已广泛应用于河南省和其他省份的工民建、高速铁路、高速公路、市政、矿山、隧道、水利等工程。郑州三和水工机械集团有限公司一直坚持做经得起时间考验与实践检验的产品,设计制造的环保型多机塔楼式干混砂浆生产线畅销全国。

近年来天津城建大学在砂浆利用工业废弃物、机制砂、外加剂和标准方面取得许多研究成果,并在行业深度融合方面做了大量工作。如进行了有关砂子级配、外加剂对干混砂浆性能影响的研究,建筑垃圾细骨料砂浆、煅烧脱硫石膏砂浆、自流平地坪水泥砂浆的研制和参加制定了相应的地方标准。这些成果为企业提供了很好的技术支撑，下步如能结合实际情况，到企业中去进行推广应用，将有很大的益处；另外天津城建大学与企业的合作成果，在促进高校成果转化方面也起到了良好的引领作用。

　　本书作者之一曲烈教授是我三十多年的老朋友，很高兴应邀为他写这篇序言。该书共有 43 篇论文，其中政策管理文章 6 篇，生产施工文章 12 篇，研究标准文章 25 篇，这些行业经验和研究成果可为我国砂浆行业的可持续发展提供借鉴，也可作为预拌砂浆领域的管理人员、技术人员的参考。

中国散装水泥推广发展协会理事长

中国建筑材料工业技术情报研究所首席专家、科教委主任　崔源声

教授级高级工程师

2018 年 7 月 1 日

# 目　　录

# 第一部分　政策管理

# 以"蓝天工程"为契机，实现河南预拌砂浆行业跨越发展

刘海中　张金祥

（河南省散装水泥办公室　郑州）

加强大气污染防治，事关人民群众根本利益，事关我国经济社会可持续发展，事关全面建成小康社会。按照"五位一体"的总体布局和"四个全面"的战略布局，牢固树立创新、协调、绿色、开放、共享的发展理念，认真贯彻落实国家《环境保护法》《大气污染防治法》是加快推进河南预拌砂浆产业发展和落实"禁现"政策规定的重要基础。

自 2007 年商务部等六部门颁布《关于在部分城市限期禁止现场搅拌砂浆工作的通知》以来，全国各地都在积极探索符合当地实际情况使用预拌砂浆的模式，取得了一定的成绩，尤其是长三角、珠三角、京津冀区域成效明显。

截至 2017 年年底，全国房屋竣工面积为 101486 万平方米，砂浆需求量为 30446 万吨，实际使用预拌砂浆约为 7000 万吨，市场占有率为 23%。目前，广东、山东、江苏三省使用预拌砂浆均突破 1000 万吨，四川省预拌砂浆发展速度也较快，使用预拌砂浆在 800 万吨左右，一些省、自治区政府执行严厉的现场"禁现"政策，使得预拌砂浆企业得到了快速发展，如河南、湖南、河北、新疆、云南等地。由于地区发展不平衡，造成了地区之间砂浆技术发展不平衡。西部地区一些地区还没有"禁现"，没有正规的预拌砂浆企业。当地"禁现"政策执行不到位的地区，则往往遇到很大的发展阻力。

就河南省而言，2017 年生产使用预拌砂浆为七百余万吨，推广预拌砂浆还处于关键阶段。因此，政策执行力度仍需加强，企业管理能力还需提高，生产设备还不适用，对于这些问题，必须从根本上改变现状，才能不辱使命，有效地推动河南省预拌砂浆行业的健康发展。

## 1　河南省预拌砂浆行业背景

近十年来，根据国家"禁现"工作的要求，河南省散装水泥办公室（下简称省散办）主动与省环保厅、省城乡建设厅协调配合，克服各地散办隶属不同政府部门的困扰，形成合力，共同推进蓝天工程。目前，河南省的砂浆企业布局仍存在区域不平衡，大部分企业都集中在省会郑州，省散办一方面对全省砂浆企业进行科学规划，合理布局；另一方面加强了对郑州市的工作指导，要求郑州市加强行业管理，防止恶性竞争，树立典型企业起到示范作用，提高行业的整体水平。

对其他"禁现"城市，要求加大蓝天工程政策的宣传推广力度，严格管理，强化监督，对"禁现"落实情况进行督查，确保工作落到实处，目前 18 个省辖市市中心城

区的工作已全面展开，预拌砂浆企业规模、产品种类及生产能力一直增长，河南省预拌砂浆行业已经进入了快速发展期。

经过十年"禁现"工作，我省预拌砂浆事业有了很大发展。从图1可以看出，2011年到2016年间全省每年房屋竣工面积基本上在15146.8万平方米至19818.3万平方米之间波动，砂浆需求量在4544.1万吨至5945.5万吨之间，我省2016年的预拌砂浆使用量在500万吨，市场占有率为8.4%～11.0%。

从图2可以看出，2016年房屋竣工面积排前五位的城市有郑州、信阳、南阳、商丘和洛阳，房屋竣工面积分别为1455.2万平方米、563.7万平方米、557.7万平方米、450.8万平方米、367.2万平方米；预计砂浆需求量分别为436.6万吨、169.1万吨、167.3万吨、110.2万吨、84.3万吨；预计到2017年年底，郑州市房屋竣工面积为1537.1万平方米，砂浆需求量分别为461.1万吨，预拌砂浆产量达250万吨，实际市场占有率为54.2%。从预拌砂浆数量和推广力度上看，郑州市已经走在全省的前列，同时在预拌砂浆推广力度上在全国也名列前茅。

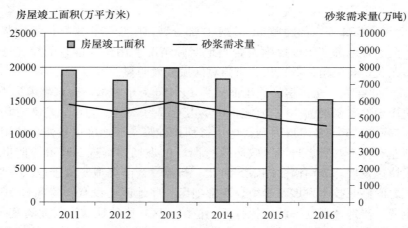

图1　2011—2016年全省房屋竣工面积和砂浆需求量（数据来源为河南省统计局）

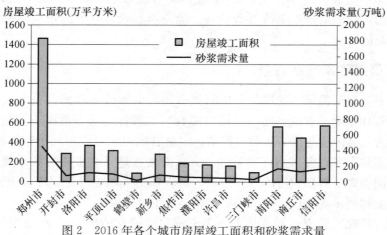

图2　2016年各个城市房屋竣工面积和砂浆需求量

（数据来源为河南省统计局，安阳、漯河、周口、驻马店、济源市暂无数据）

2016 年河南省年设计产能 25 万吨以上的预拌砂浆生产企业有 45 家,年设计生产能力约为 1559 万吨,新增产能 464 万吨。全年共生产预拌砂浆 509 万吨,同比增加 301 万吨。以 2017 年为基点,河南省竣工建筑面积为 13678 万平方米,需要 4900 万吨砂浆,生产使用预拌砂浆七百余万吨,预拌砂浆市场占有率占 14.3%。2017 年全省有预拌砂浆企业九十余家,设计产能已达 2250 万吨以上,生产设备利用率仅为 31.1%,这些指标说明河南省在预拌砂浆推广应用上已有很大进步。

## 2 河南省预拌砂浆行业发展经验

### 2.1 以蓝天工程为契机,拓展预拌砂浆的发展空间

河南省散办高度重视预拌砂浆的推广和使用工作,积极探索《河南省蓝天工程行动计划》政策背景下的预拌砂浆发展新模式。按照省委、省政府"管行业必须管环保、管业务必须管环保、管生产经营必须管环保"的原则,努力构建以落实《环保法》《大气污染防治法》和《河南省蓝天工程行动计划》为核心的预拌砂浆政策保障体系,围绕建筑施工扬尘治理,逐步完善督查考核制度,为促进预拌砂浆生产与使用,着力指导全省各省辖市加快出台地方性禁止现场搅拌砂浆配套政策文件,完善各项配套措施,营造发展预拌砂浆的环境,不断提升我省的预拌砂浆产业发展水平。

据统计,2016 年郑州市商品房屋竣工面积为 1455.2 万平方米,需要 436.6 万吨砂浆,有预拌砂浆生产企业近 30 家,年设计生产能力为 750 万吨。生产使用预拌砂浆为 200 万吨,市场占有率为砂浆需求量的 45.8%,设备利用率为 26.7%。到 2017 年年底,郑州市有预拌砂浆生产企业近 70 家,年设计生产能力近 1750 万吨,生产使用预拌砂浆 250 万吨,生产能力已基本满足建筑施工的需求。郑州市砂浆需求量分别为 461.1 万吨,预拌砂浆使用量达 250 万吨,市场占有率为 54.2%。这些指标均远高于全省其他城市的水平。

通过近几年来的努力,洛阳市预拌砂浆推广工作有了较大进步,2016 年洛阳市房屋竣工面积为 367.2 万平方米,需要 110.2 万吨砂浆,有预拌砂浆生产企业 4 家,年设计生产能力 100 万吨。开封市经过宣传和推动,预拌砂浆推广应用工作成效明显,如 2016 年开封市房屋竣工面积为 280.84 万平方米,需要 84.3 万吨砂浆,有预拌砂浆生产企业 5 家,年设计生产能力 125 万吨。

### 2.2 以省会城市为重点,引领中原城市"禁现"新局面

因郑州市散办隶属于市建委,经过努力由郑州市政府下文要求,凡在市内建设工程项目使用的预拌砂浆,其生产或销售单位应按《郑州市建筑材料使用管理规定》,到市建设行政主管部门登记备案。施工单位要将使用预拌砂浆作为绿色文明施工的一项重要内容。同时,对禁止在施工现场搅拌砂浆工作要加强监督检查。凡违反规定在施工现场搅拌砂浆的,按照有关法律、法规和规章予以处罚。

在河南省政府出台有关大气污染防治政策的基础上,2013 年郑州市建委印发了《郑州市建设工地扬尘污染治理工作方案》,依照预拌砂浆企业扬尘污染防治"十条"

标准，2017 年市散装办对全市预拌砂浆企业扬尘污染开展了专项检查，下发了整改通知和检查情况通报，对环境管理较为规范、现场扬尘控制较好的企业，给予了通报表扬。针对企业存在的厂区扬尘污染管理责任制度不完善、厂区环境管理不规范等问题开展了专项整治。其次，加大了对施工现场的检查督促力度。市散装办与市建委其他相关部门一道，加强对全市在建项目施工现场检查和砂浆的推广宣传。

近几年来，郑州市散办组织人员进行了砂浆行政执法培训。对省、市政府令及相关的法律规章进行了全方面、深层次的讨论学习，参加学习的人员深刻领会了法规及文件精神，互相交流了工作方法，提高了业务水平。通过"传、帮、带"不仅提高了人员综合素质，而且推进了工作的全面开展。

在省会郑州的城市禁现典型引领下，目前，我省 18 个省辖市，已有 11 个市出台了砂浆"禁现"政策文件，3 个市办理程序接近走完，也马上下发，其余 4 个市正在积极制定之中。我们认为，砂浆"禁现"工作的推进和预拌砂浆产业的发展，离不开行业人员绿色、环保、创新、发展理念做基础，也离不开行业自身的新技术、新设备、新工艺作支撑，更离不开经济、行政、法律措施和手段做支持。

## 2.3  以环保政策为导向，实行全程封闭式监管方式

自 2014 年 3 月 1 日河南省委、省政府实施《河南省蓝天工程行动计划》以来，我省各级散办及主管部门认真贯彻落实国家预拌砂浆推广和"禁现"政策规定，持续加力，营造氛围，积极探索蓝天工程政策背景下预拌砂浆推广的发展模式；坚持围绕"禁现"政策完善、技术标准制定、行业技术培训、社会宣传和市场督查等方面积极开展工作，有效地促进了预拌砂浆应用的推广工作，并取得显著成效。

2017 年 7 月 3 日，河南省委下发了《关于打赢大气污染防治攻坚战的意见》（豫发 2018 第 18 号）文件；7 月 4 日，省委书记谢伏瞻、省长陈润儿主持召开全省攻坚战会议动员会，要求全省将此项工作作为重要政治任务，不讲条件，全力抓实抓好。2018 年 2 月 6 日，河南省人民政府办公厅下发了《河南省 2018 年大气污染防治攻坚战实施方案》（豫政办 2018 第 04 号）文件；要求城市建成施工现场工地必须做到"两个禁止"，即"禁止现场搅拌混凝土和禁止现场配制砂浆"。这些环保政策的出台和实施，有力促进了我省砂浆"禁现"工作的快速发展。

洛阳市建委作为建设行政主管部门，为使"禁现"和使用预拌砂浆要求落到实处，根据国家、省、市有关规定，充分发挥行政管理部门的管理职能，严格采取闭合式管理，对建筑工程使用预拌砂浆进行规范，坚决禁止现场搅拌砂浆。

比如在工程设计阶段，将使用预拌砂浆作为一项内容，在图纸中加以标注；在工程招标时，招标人必须将使用预拌砂浆列入招标文件，投标人必须将使用预拌砂浆的承诺写入投标文件中；在编制定额时，必须将预拌砂浆定额纳入工程定额体系；在建设施工中，必须使用预拌砂浆，对不使用预拌砂浆的建设工程，不予竣工验收备案；加大对施工现场的执法力度，对不按规定使用预拌砂浆的企业，责令其立即整改，拒不整改的，将依照相关规定处理。

在实施严格的闭合管理的同时，还向全市所有建筑业企业发放"禁现"和使用预

拌砂浆"明白卡",使其明白国家的有关政策、经济和社会效益、奖励和处罚措施;主动向市场提供预拌砂浆的供需信息,为供需双方牵线搭桥;在"禁现"和推广使用预拌砂浆过程中,采取首问不罚制度,真诚帮助企业进行整改,协调解决企业面临的困难等。

## 2.4 以信息平台为抓手,建立行业管理服务新模式

近年来,河南省散办加快了预拌砂浆行业信息化建设,在现有散装水泥专用车辆监控信息服务平台应用的基础上,联合安监、公安、交通等部门共同进一步加强专用车辆管理,全面提升数字化、信息化监管水平,形成规范化、常态化监管机制。鼓励预拌砂浆物流方式创新,推动生产与城市物流配送系统对接,提高车辆运输管理和资源调配能力,发展第三方物流,降低物流成本,提高物流效率。

目前,省平台和省辖市分平台建设基本完成,郑州市等7个分平台实现了与省平台的信息互联互通,大部分省辖市出台了专用车辆管理配套文件。省散办打算进一步完善监控管理制度,拓展专用车辆卫星定位功能,逐步将预拌砂浆流动罐纳入监管范围,并深度挖掘和运用卫星定位数据信息,实现对散装水泥、预拌混凝土和预拌砂浆的流向及数量进行统计的功能。同时,建立散装水泥专用车辆及驾驶员信息数据库,不断提升全省散装水泥行业的信息化管理水平。

郑州市散办按照国家和省对散装水泥信息化建设的要求,对预拌砂浆信息服务平台进行了的升级工作。通过平台的升级,将实现统计信息的网络直报和实现专用车辆备案工作的网上办理,大大减少了企业的负担,在更好地为企业做好服务的同时确保了工作的及时性和准确性。同时,对在市建委报建的所有施工项目布局和使用预拌砂浆的情况以及行业相关企业的布局一目了然,强化了对施工现场使用预拌砂浆的监督管理。

## 2.5 以标准规范为起点,强化可追溯质量保证体系

近年来,河南省散办高度重视行业标准、规范的建设,始终高标准、高起点地把砂浆企业的建设与产业高水平的发展结合在一起来抓,按照"抓行业就要抓管理、抓行业就要抓质量、抓行业就要抓安全、抓行业就要抓环保"的原则,结合我省资源、经济发展及工程建设状况,会同省建科院、天津城建大学、郑州大学等相关院校院所编写制定了《预拌砂浆生产与应用技术规程》《预拌砂浆实验室建设及管理导则》《河南省预拌砂浆生产企业考核管理办法》《河南省预拌砂浆生产企业考核实施细则》《河南省散装水泥专项资金使用资格评审管理办法》等。

这些相关规程、标准、办法的制定,内容全面,指标明确,可操作性强,完善了我省工程建设标准体系,符合我省的实际情况。为我省预拌砂浆的生产与应用提供了科学、合理的依据,对推动我省散装水泥、预拌混凝土、预拌砂浆"三位一体"协调发展,实现建设工程领域的清洁生产、文明施工起到了积极作用,提升了整个行业的管理水平。

为提高全省预拌砂浆企业经营管理和技术人员的水平,省散办通过各种途径,开办学习培训班,重点培养企业管理、技术、质量管理负责人、试验室主任。我们委托

天津城建大学在天津和郑州举办了两期预拌砂浆生产技术培训班。聘请了国内、省内著名教授和专家，为预拌砂浆生产企业的生产技术人员和检测人员讲授了国家对发展预拌砂浆的政策、行业发展现状及发展前景，预拌砂浆的种类、组成、性能，预拌砂浆生产技术、生产过程质量控制与管理，预拌砂浆的施工应用，原材料以及产品质量的检验方法等内容。共计四百余人接受了培训，培训目标是让技术负责人有较高的理论水平，思路明确，有处理质量事故的能力，并能开发出新产品、新技术、新工艺，同时编制出企业发展战略规划，以满足企业在新一轮产品升级、质量升级的需要。

接着，河南省散办先后分三次组织专家考评组对全省 18 个省辖市 55 家预拌砂浆生产企业开展考核评价工作。通过考核全面掌握省内砂浆行业的整体发展水平，企业产品质量及市场应用情况，有针对性地促进和规范了预拌砂浆行业发展。我们根据《预拌砂浆生产与应用技术规程》《预拌砂浆实验室建设及管理导则》《河南省预拌砂浆生产企业的评价管理办法》和《河南省预拌砂浆生产企业的评价实施细则》，着重对预拌砂浆企业的可追溯质量保证体系及产品质量、污染控制、安全生产、节能降耗、支撑与服务、质量管理等方面进行综合考核评价。

专家考评流程首先是听取企业关于项目投资、生产销售、企业概况等情况的汇报，然后察看台账资料，实地检查实验室，对试验人员进行应知应会知识考核，重点检查了实验室台账、检测记录和报告的齐全性及归档情况、仪器设备维修养护情况、试验室人员配置和综合能力情况等。此外，专家考评组还对企业试验人员进行了面对面的指导，对如何提高砂浆生产质量进行了探讨。针对部分企业存在的安全生产隐患等问题，责令企业尽快整改到位。

通过考核评价，认识到我省预拌砂浆行业已进入到快速发展阶段，企业数量、规模、质量管理水平、市场供应量、设计生产能力等处于较高水平，企业为砂浆"禁现"工作提供了有力的绿色产品和技术支撑，也为治理扬尘、绿色发展、节能减排、环境保护做出了贡献。但也发现一些共性的问题：一是产能利用率低，有些企业的实际产能发挥不足设计产能的 30%；二是布局不合理，个别省辖市普通砂浆产能过剩；三是技术人员配备不够，有些企业实验室设备简陋，相关台账登记不规范、不完善，无法满足正常的企业生产和产品质量控制需要。专家在对砂浆企业的现场考评中，为企业解决了技术和管理难题，提出合理建议，为预拌砂浆企业的健康发展提供了技术保障。

## 2.6 以科技创新为动力，谋取企业可持续发展后劲

预拌砂浆的推广应用，必须要有现代先进技术作为支撑，采用符合我国国情的现代生产方式。我们要在借鉴国外先进技术基础上，着力自主研发适应性强的生产设备、物流设备，使企业在新产品、新技术的研究和开发上处于领先地位。预拌砂浆生产企业和科研单位要加强合作，积极开发满足建设工程需求的具有不同功能的预拌砂浆；进一步加快提高预拌砂浆中固体废弃物掺量的技术攻关，增加固体废弃物的有效利用。

郑州三和水工机械有限公司设计的环保型多机塔楼式干粉砂浆生产线，理念超前，销售业绩很好，目前已销售六十多条线。郑州筑邦建材有限公司拥有两条德国 m-tec 塔式干混砂浆生产线，年产能力 50 万吨，为"高新技术企业"，该公司研制的水泥乳化

沥青砂浆干料成功地运用在寒冷地区的高铁工程上。焦作市强耐建材有限公司已建成80万吨/年电石渣干粉砂浆胶凝剂生产线，配有高效节能制砂机和自动砂子整形机，研制的自流平脱硫石膏砂浆已完成项目中试。郑州三迪建筑科技有限公司、河南宏光新型建材有限公司研究开发了一种以脱硫石膏、粉煤灰、秸秆等工业固体废料及废弃农作物的墙体喷涂砂浆。该项目获得了2014年度河南省建筑科技进步一等奖。

充分发挥散装水泥专项资金的导向作用，积极引导企业投资预拌砂浆生产，对预拌砂浆生产企业，在政策、资金、技术上给予引导、扶持。为改善砂浆物流环节的粉尘排放问题，省散办出资为省内砂浆运输车全部安装了车载除尘装置，针对砂浆企业普遍存在的物流环节薄弱问题，省散办连续多年组织投放砂浆储存搅拌罐，极大地促进了砂浆的流通、应用。通过对预拌砂浆生产企业的调研，了解企业的生产供应能力、产品质量情况，加强服务，指导企业开拓市场、研发产品、进行机械化施工。

经过多年培育引导，河南省形成了以郑州三和、新乡宏达、新乡北海等十多家设备生产企业构成的预拌砂浆装备制造集群。产品包括预拌砂浆成套生产线、机械化施工泵送喷涂设备、专用运输车、砂浆储存设备和破碎制砂设备等，覆盖了预拌砂浆生产应用全过程，其中多家设备制造企业处于国内行业领先水平。目前，预拌砂浆专用设备在产、运、储、用各个环节系列产品已全部实现省内自主生产，基本能满足全省行业发展的需求。

## 3　存在问题与对策

目前，在推行砂浆"禁现"和建筑扬尘治理工作中还存在一些不容忽视的问题，我们下一步要结合大气扬尘治理工作采取以下对策：

我省各地经济发展水平决定其预拌砂浆发展将处于不同阶段，因此，在推进城市砂浆"禁现"工作和预拌砂浆发展的进程中，可在省会城市率先突破，取得试点经验，积极稳妥、循序渐进地拓展到其他城市，故工作上不能搞"一刀切"。根据我省发展不平衡的现状，省散办将按不同策略区别对待、分类指导，如从单个城市来说郑州市预拌砂浆推广工作已处于全国先进城市的行列，但仍需认清其新上预拌砂浆企业较多，省散办将督促该市企业加紧备案和建立严格的质量可追溯保证体系，并要求其加强对市内预拌砂浆行业的指导，加快砂浆技术装备的升级，坚决遏制劣质产品进入市场，避免造成无序竞争，引导预拌砂浆产业发展规范化，推动行业诚信建设，建立完善自律性管理约束机制；对于洛阳、开封要求抓紧落实城市砂浆禁现工作，并用预拌砂浆去填补市场腾空；而对于其他城市则要求加大推广预拌砂浆的力度。

目前，我省还有7个省辖市尚未出台砂浆"禁现"的管理文件，现场搅拌和配制砂浆的现象在这些地区较为普遍，阻碍了建筑扬尘治理工作的进一步推进。因此，根据《河南省政府大气污染防治考核办法》（豫政办2016第115号）的规定，散装水泥和预拌砂浆占4分，未出台"禁现"文件将在年终考核中扣去1分。督促未出台"禁现"政策的省辖市在年底考核前必须出台禁止现场搅拌砂浆的政策规定。

已经出台"禁现"文件的省辖市，由于有关部门施工现场的督查力度不够，很多工地仍然按照传统工艺现场使用黄沙、水泥配置砂浆，预拌砂浆使用率有待提高。因而省散办与河南省政府大气办协商，由各市散办组织砂浆生产企业对违规工地进行举报，省散办统一采取日报、周报等方式，定时报送省大气办督察组督办处理。同时，由各级散办组织环保、住建部门进行施工现场的联合专项检查，加大违法处罚力度。

受散装水泥专项资金规模数量的限制，散办投入的引导扶持资金不能满足预拌砂浆行业快速发展的需要，制约了行业的健康快速发展。对此省散办积极协调环保、财政等部门，在环保资金中列出专项，支持引导预拌砂浆行业的发展。

由于技术储备不足，部分企业的预拌砂浆产品质量不过关，在工程应用中造成了负面的影响。因此，省散办组织专家进行企业实验室能力检查，同时下大力气搞好砂浆行业管理与技术培训，提高行业整体技术水平。

有的企业诚信经营观念缺失，以次充好，低价恶意竞争，扰乱了正常的市场秩序。根据这种情况，省散办将建立健全砂浆产品施工现场抽查制度，对不合格企业进行公示处理。

## 4  展望

现阶段困扰我省预拌砂浆行业发展的主要问题仍是市场份额太低，尚需做大量的工作，尽管去年我省预拌砂浆企业得到井喷式的发展，如要持续保持预拌砂浆行业发展向好的势头，则还须有高起点、高要求的工作思路。

争取省政府环保政策上保持高压态势。如对禁止现场搅拌砂浆作强制性规定，对新建工程使用预拌砂浆提出了约束性要求，只要禁止现场搅拌砂浆的法规、政策落实到位，预期再有2～3年时间，可实现预拌砂浆全省市场占有率达到50％以上的目标。

各级散办作为预拌砂浆发展的行业主管部门，要做好监督监管、政策引导及技术服务工作，持续加力，营造氛围，积极探索蓝天工程政策背景下，预拌砂浆的推广模式。

预拌砂浆生产企业要做好转型升级和质量建设工作，抓住当前政策好的环境，建立正规的生产、管理、质量管控体系，高度重视产品质量，始终坚持高标准、高起点地建设砂浆企业，做好技术创新和市场开拓两篇文章，真正实现企业的跨越式发展。

我省现有预拌砂浆生产装备企业近10家，大部分都与高等院校、科研院所联姻，有较强的研发功底，如加以及时引导，预拌砂浆技术水平提高的问题则可以及时解决。

随着国家、省及各级政府重视节能环保产业政策的出台，预拌砂浆行业正式步入行业调整期，如何在新常态下进一步做好预拌砂浆推广工作显得尤为重要。我们一定要认清形势、有的放矢、精准施策，切实可行地做工作，相信不久我省预拌砂浆的推广工作将会实现跨越式的发展。

# 山东省城市砂浆"禁现"及预拌砂浆发展现状调研

于东威　谭爱兵

（山东省散装水泥办公室　济南）

为了进一步掌握山东省贯彻落实国家和省关于城市禁止现场搅拌砂浆（以下简称城市"禁现"）政策情况以及预拌砂浆行业的发展情况，省散装水泥办公室组织有关人员深入各级散装水泥管理机构、预拌砂浆生产及建筑施工企业进行调查研究，现将调研情况报告如下：

近年来，在各级政府和主管部门的正确领导下，在建设等相关部门的大力支持配合下，各级散办认真贯彻落实国家发展预拌砂浆、城市"禁现"的方针政策和《山东省促进散装水泥发展规定》等政策法规，结合本地实际，采取措施，加大力度，出台发展预拌砂浆和城市"禁现"文件，以政策引导、宣传和营建市场打造发展平台，预拌砂浆社会认知度快速提升，吸引了大量社会资金投入，使得预拌砂浆产业从无到有得到了快速发展，形成了政策推动、企业快行、创新发展、跨越发展的格局，呈现出起点高、规模大、总量多的发展特点，预拌砂浆使用量逐年提高。预拌砂浆已快速成长为一个新兴的行业。城市"禁现"工作取得了显著成绩，为建设"两型"社会、节能减排和发展低碳经济做出了贡献。

截至 2017 年年底，预拌砂浆生产企业已经发展到 205 家，年设计产能达 6998 万吨，推广使用预拌砂浆 1252.58 万吨。拥有干混砂浆运输车 371 辆，干混砂浆背罐车 86 辆，干混砂浆移动筒仓 3187 个。

## 一、主要做法

1. 政策引导。近年来，国家为加快预拌砂浆的发展，出台了一系列政策。2007年，商务部、公安部、建设部、交通部、质检总局和环保总局联合发布了《关于在部分城市限期禁止现场搅拌砂浆工作的通知》（我省济南、青岛、烟台、泰安、威海、淄博、潍坊等七市名列其中）；2009 年，商务部和住建部联合下发了《关于进一步做好城市禁止现场搅拌砂浆工作的通知》，2009 年颁布的《循环经济促进法》第二十三条明确规定：鼓励使用散装水泥，推广使用预拌混凝土和预拌砂浆；2010 年，国务院办公厅转发环境保护部等部门《关于推进大气污染联防联控工作改善区域空气质量指导意见的通知》中要求"强化施工工地环境管理，禁止使用袋装水泥和现场搅拌混凝土、砂浆"。

城市禁止现场搅拌砂浆和发展预拌砂浆工作得到省政府和有关部门的重视和支持。2010 年出台的《山东省促进散装水泥发展规定》中明确了发展预拌砂浆和城市"禁现"

若干规定，省经济和信息化委、住房和城乡建设厅转发《商务部、住房和城乡建设部关于进一步做好城市禁止现场搅拌砂浆工作的通知》，省政府办公厅印发了《关于做好城市禁止现场搅拌砂浆和农村推广散装水泥工作》等有关文件；为了进一步做好预拌砂浆生产企业的管理，推进预拌砂浆行业的又好又快发展，2016 年，省经信委印发了《山东省预拌砂浆生产企业备案管理实施细则》。

七个"禁现"市积极协调有关部门，出台贯彻落实国家发展预拌砂浆和城市"禁现"文件规定，制定市、县"禁现"区域和时限以及监督检查的措施，加大预拌砂浆的推广和城区"禁现"力度。

青岛市政府发布了《青岛市预拌砂浆生产和使用管理办法》《关于禁止现场搅拌砂浆的通告》，市城乡建设委、财政局出台了《关于充分利用散装水泥专项资金发展预拌砂浆的实施意见》。

泰安市政府印发了《泰安市促进散装水泥发展规定》，市经信委、发改委、住建委、财政局、国土资源局联合下发了《关于进一步加快预拌砂浆行业发展的意见》，对预拌砂浆行业的发展进行了布局，并提出了支持和规范预拌砂浆行业发展的具体意见。市经济和信息化委员会下发了《泰安市散装水泥"十二五"发展规划》，明确了"十二五"末"禁现"的目标和措施。

济南市出台了《济南市政府办公厅转发市经委等部门关于限期禁止在城市施工现场搅拌砂浆的实施意见的通知》，市建委出台了《济南市预拌砂浆质量管理规定》。

烟台市政府出台了《烟台市人民政府办公室关于在城市建筑工程中推广应用预拌砂浆的实施意见》，市住房和城乡建设局下发了《关于做好建设工程预拌砂浆推广应用工作的通知》和《关于进一步明确市区建设工程预拌砂浆推广使用工作责任分工的通知》。

部分非"禁现"市、县采取措施，出台促进预拌砂浆发展的政策法规，积极推动预拌砂浆的发展。日照市政府办公室下发了《关于落实鲁政办发明电〔2009〕149 号文件做好城市禁止现场搅拌砂浆和农村推广散装水泥工作的通知》；滨州市政府办公室转发了市经信委等部门《关于在城市规划区内禁止现场搅拌砂浆的实施方案》；聊城市在出台的《聊城市散装水泥管理规定》中对预拌砂浆"禁现"工作提出了明确要求，聊城市建设主管部门出台了《关于在城市建筑工程施工过程中推广应用预拌砂浆的实施意见》；聊城东阿、临清和潍坊市所属临朐县和昌乐县政府办公室均出台了预拌砂浆"禁现"文件。

以上法规和政策各具本地特色，旨在根据国家和省发展预拌砂浆和"禁现"精神，结合本地实际，加大实施"禁现"的力度、广度和深度，提出了鼓励预拌砂浆企业发展的具体措施。如："节能主管部门应加大扶持力度，引导利用工业废渣生产预拌混凝土和预拌砂浆的企业享受资源综合利用的税收优惠政策"；"应将'禁现'工作纳入日常的执法检查范围，在建筑设计、项目招标、工程验收等环节加强监管。对未按规定使用预拌砂浆的建设单位依法予以处罚，该工程不得参加有关工程评奖活动"。明确了"禁现"的不同区域及相应的期限，确保"禁现"工作有据可依，进一步强化城市"禁现"执法工作，为发展预拌砂浆和城市"禁现"工作提供了强有力的政策支持，极大地调动了社会力量发展预拌砂浆的积极性，使预拌砂浆的发展呈现快速、蓬勃发展的局面。

2. 科学指导。为了防止出现一哄而上、恶性竞争，我们提出了"实施总量控制，合理布局，保持预拌砂浆协调健康发展"的要求。各市协调有关部门，制定发展规划，从项目源头抓起，强化产业管理。为此，省经信委发布了《山东省散装水泥"十二五"规划》，省散办下发了《山东省预拌砂浆企业建厂预审管理办法》。与济南大学开展"预拌砂浆生产与应用现状及发展对策"课题研究工作，努力使我省预拌砂浆科学发展。

青岛市城乡建设委转发《山东省预拌砂浆生产企业备案管理实施细则》《山东省预拌砂浆企业建厂预审管理办法》，提出了预拌砂浆产业总体规划意见，实施产能总量控制，建立行业准入机制。拟新建预拌砂浆企业按照建厂预审条件、程序等向所在区市主管部门提出申请，根据产业发展规划、区域布局、市场需求、建厂条件等组织专家现场核查后，区（市）、市两级散装水泥主管部门提出建设意见，准许立项后方可组织建设，避免预拌砂浆产业低标准、高耗能、高浪费重复建设。泰安市在《关于进一步加快预拌砂浆行业发展的意见》中对全市预拌砂浆行业的发展进行了布局。

3. 宣传发动。预拌砂浆是新生事物，为提升预拌砂浆的社会知名度，我们注重通过各种新闻媒介，以及开展"全国散装水泥宣传周"等各种方式向建设、施工单位以及社会广泛宣传预拌砂浆的优越性和城市"禁现"要求。通过工作汇报和沟通交流等方式向领导和有关部门宣传，社会各界对"禁现"工作的认识逐步提高，预拌砂浆在建筑工程中也越来越得到较好的应用，为砂浆"禁现"创造了良好氛围。

4. 齐抓共管。各市加强与建设等有关部门沟通、协调，共同采取有效措施解决工作存在的问题。泰安市联合住建委有关科室负责人到先进地区考察学习预拌砂浆的管理和应用经验。对尚处于推广的地区，本着试点先行、稳妥起步的原则，积极组织开展预拌砂浆工程项目应用试点工作，做好样板工程，让事实说话，消除建设、施工单位疑虑，提升他们的认识，以点带面推动工作开展。主要做法是在预拌砂浆综合成本、工程质量、施工工艺、施工环境改善等方面，进行有关数据的采集、整理、分析，为预拌砂浆指导价测算提供依据，并不断总结经验，积极为预拌砂浆的生产、运输和施工应用等方面做相应的技术准备。通过召开推广预拌砂浆应用现场会议，在建筑工地对比施工，让建设、施工单位现场对比体验，以事实证明预拌砂浆的优越性，从而激发建设施工单位使用预拌砂浆的自觉性、积极性。

5. 散装水泥专项资金引导、拉动。按照"政府引导，企业投资，市场运作"的发展模式，引导企业投资预拌砂浆生产。对投资及使用预拌砂浆的企业，在政策、资金等方面给予引导、扶持。近几年，全省共投入散装水泥专项资金五千多万元引导大量社会资金投资预拌砂浆企业发展，极大地促进了预拌砂浆的发展。目前，我省的预拌砂浆设施设备技术装备性能、机械化和自动化水平起点相对较高，拥有山东圆友等十多家预拌砂浆装备制造企业。

6. 强化服务理念。各市以服务企业为根本，加强政策引导、服务和管理，调动企业发展预拌砂浆的积极性，大力培植预拌砂浆企业。一是组织有意企业外出学习考察，进行市场调研；二是鼓励小型水泥企业转方式调结构，转产预拌砂浆；三是鼓励预拌混凝土企业延伸产业链。各市预拌砂浆企业数量不断增加。

济南和青岛市"禁现"工作成效明显，走到全国省会城市和副省级城市的前列。完成了砂浆企业培育、快速发展阶段，进入了加强市场监管、强化施工应用阶段和严格规范企业和市场行为、健康有序、又好又快发展阶段，为实施城市砂浆"禁现"提供了保障。

7. 加强培训和技术指导。为了提升预拌砂浆企业技术人员的素质，加强技能型人才培养，满足预拌砂浆企业对生产和新产品研发的需求，我们委托山东省建材职业技能鉴定所举办了四期预拌砂浆生产和检测技术培训班。聘请了国内、省内著名教授和专家，为预拌砂浆企业的生产技术人员和检测人员讲授了国内外预拌砂浆发展现状、政策规定以及前景分析，预拌砂浆的种类、组成、性能，原材料、添加剂及其选择，预拌砂浆生产技术、生产过程质量控制与管理，预拌砂浆的施工应用，原材料以及产品质量的检验方法等内容。共计四百余人接受了培训，对考核合格的人员颁发了人力资源部核发的建材物理检验工（砂浆检测）中级职业资格证书，对促进预拌砂浆行业持续、健康发展起到了积极的作用。

按照《山东省预拌砂浆生产企业备案管理实施细则》，在实施备案过程中与生产技术人员进行交流和沟通，从"硬件"和"软件"帮助企业提高生产技术和管理水平，促进企业规范、健康、有序发展。

8. 加强科研开发。为满足市场需求，提升预拌砂浆的科技含量，重视科研开发。

青岛市重点在技术创新和管理机制创新上下功夫。一是加大科技投入，联合青岛理工大学、中国石油大学等科研院校建立2个预拌砂浆研发中心，建立院校企业产研联合体1个，把最新科技成果迅速转化为生产力。二是加强基础性研究，做好预拌砂浆科研试点项目。2010年起，青岛市在预拌砂浆开发应用基础性研究课题取得成果的前提下，进行了两次推广应用科研试点。采集、积累相关数据资料，为制定管理标准、施工操作技术规程以及预拌砂浆科研、新技术、新工艺的开发等产学研活动奠定基础。同年10月，经过学术论证和专家技术鉴定，课题研究成果达到国内先进水平，受到中散协领导的肯定和好评。

济南城市"禁现"的领头骨干企业鲁冠商品混凝土有限公司是全市、全省乃至全国第一家使用机制砂为骨料生产干混砂浆的企业，为后续发展的干混砂浆企业起到了榜样和引领作用，保护了天然砂的自然资源。山东丞华建材科技有限公司和济南涌泉新型建材科技有限公司分别利用发电厂和济南钢厂工业废渣研发生产干混砂浆。济南涌泉新型建材科技有限公司与济南大学共同成立了"济大涌泉建材研究所"，走出了一条技术创新、产品创新、产学研相结合的新路子，有效利用了工业废渣，推进了节能、低碳、循环经济的发展。

济宁市散办积极推广预拌砂浆生产施工"一体化"经验。由预拌砂浆企业负责预拌砂浆的施工，将生产与施工的利益捆绑到一起，权责清晰，更能提高他们的责任意识，确保产品及工程质量。同时，这种方式还有利于政府的监管和市场的有序发展。仅济宁聚源环保建材有限公司一家企业，就完成机械化施工面积四百多万平方米。各市积极推广预拌砂浆机械化施工。

9. 加强行业管理和监督检查。

为促进预拌砂浆行业规范、良性发展，省散装水泥办公室严格按照省经信委发布的《山东省预拌砂浆生产企业备案管理实施细则》要求，加强备案管理，保障了预拌砂浆行业的又好又快发展。

济南市成立了散装水泥推广发展协会，及时出台了《关于加强全市砂浆行业自愿自律管理办法》，严格规范企业和市场两大行为，使干混砂浆这个新兴产业始终朝着健康有序、又好又快的方向发展。

青岛市将加强预拌砂浆信息化管理。成立预拌砂浆协会，建设城市"禁现"数字化管理平台，对涵盖"生产、产品质量、物流网信息、使用监管和合同化管理"等全过程实现了数字化监管，实现城市"禁现"的有效监管和行业自律，产生良好的社会效益和经济效益。该市政府梳理散装水泥"三位一体"发展的执法职能，依据监管执法方式和措施的贯彻实施意见，城市"禁现"监管执法等三项行政执法职能上网公布运行。强化了城市"禁现"执法工作，明确了城市"禁现"实施"闭合式"监管办法。为依法兴散、依法推散、全面贯彻实施省政府令、提高依法行政能力奠定了基础。

烟台市加强监督监察，建立长效保障机制。为认真贯彻落实"禁现"目标任务，会同住建等有关部门，联合督查了推广应用预拌砂浆的情况，要求各项目在办理建设工程竣工验收备案手续前，审查预拌砂浆使用证明，没提供预拌砂浆使用证明的建设工程，将不予办理竣工验收备案手续。主管部门对施工阶段干混砂浆使用情况进行监督，对达不到干混砂浆使用标准的建筑工程，将责令其限期改正，对拒不整改的，将依据《山东省促进散装水泥发展规定》进行处罚。

## 二、存在的问题

虽然预拌砂浆发展较快，但由于发展时间较短、技术人才短缺和经验不足等原因，尚有一些问题亟待解决。

1. 预拌砂浆企业的"软件"水平不高。预拌砂浆是新兴行业，目前，相当数量的企业缺乏高水平的生产管理和技术人员，从业人员素质有待于提高；新产品的研发能力不足。

2. 预拌砂浆的市场认知度不够，传统习惯势力依然存在；部门协调不到位、配套政策不够完善以及行政执法力度不够，对现场搅拌砂浆的监管和处罚力度有待加强。

3. 施工方式有待转变。目前，使用预拌砂浆大多还是人工抹灰，施工效率低，不能充分发挥预拌砂浆的优越性。科学高效的机械化施工方式有待完善和推广，施工人员操作水平有待于培训和提高。

4. 企业预拌砂浆产品单一、技术含量低。多数厂家只生产普通砂浆，产品技术附加值偏低。企业缺乏新产品自我研发能力，创新动力不足，不能满足市场发展需求，也不利于企业长远发展和做大做强。

5. 部门合力不够。"禁现"工作涉及多个部门，尤其是建设主管部门，各有关部门尚需加强配合和联动，进一步落实"禁现"的法规政策，切实加强定额管理、准入以及产品进入工地后的监督和管理。对建筑工程的设计、施工监理、检查验收等环节还没有做出具体的规定，对施工企业缺乏制约。

## 三、下步措施和建议

针对上述问题，要建立长效督导机制，加强协调服务和管理，加大扶持力度，进一步调动预拌砂浆生产和使用单位的积极性。

1. 加大预拌砂浆机械化施工技术的推广力度。推广机械化施工，提高施工效率，既充分体现了建筑工程使用预拌砂浆的诸多优越性，也达到有效控制综合成本，是解决推广应用预拌砂浆诸多问题的有效途径。

2. 加强预拌砂浆的科研开发。推广预拌砂浆最重要的条件之一就是要开发出全面的、符合市场需要的价格低廉的砂浆品种。要提升自主创新能力，不断研发预拌砂浆新品种、新技术，提高预拌砂浆的技术含量。

3. 预拌砂浆的性能很重要一部分是依靠外加剂，研发出成本低廉性能优越的砂浆外加剂，是一个迫在眉睫的任务。

4. 加强对工业废渣的利用。粉煤灰、矿渣、沸石粉、石粉以及建筑垃圾等工业废弃物，不但能够改善砂浆性能，而且能降低砂浆成本，有利于保护环境，节约资源，变废为宝。

5. 加强技术培训。通过技术培训和专家辅导交流等方式，提高从业人员的素质，提高企业技术管理水平，从而提升产品质量、降低成本和增加企业效益。

6. 加强宏观管理。要制定行业发展规划，合理布局，避免一哄而上。要严格规划和建厂预审管理，促使企业高起点、规范化、健康发展。

7. 加强宣传。预拌砂浆是新生事物，不同于现场搅拌砂浆的生产和使用。要通过宣传，不断提高预拌砂浆的社会认知度，尤其是建设等部门的认识，为预拌砂浆的发展创造良好的氛围。

8. 发展预拌砂浆现代物流。大力提高预拌砂浆散装化程度。积极推广应用智能型砂浆储料罐管理系统和车载定位技术，提升物流科技水平，降低物流成本，适时发展预拌砂浆第三方物流。

9. 各级经信和建设等有关部门要各司其职，发挥职能作用，加强协调和配合，采取措施，进一步完善配套政策，加强监督检查，形成齐抓共管的合力。

10. 继续做好预拌砂浆生产企业的备案工作，提升预拌砂浆生产技术水平，促进企业管理规范化、制度化。

# 国内预拌砂浆推广、应用与技术进展

刘海中[1]　曲烈[2]

（1　河南省散装水泥办公室　郑州，2　天津城建大学材料学院　天津）

## 1　引言

　　与工程中普遍使用现场搅拌的砂浆相比，预拌砂浆不单品种众多，而且节能环保、施工简单，属于"绿色建材"的范畴。我国在"十三五"期间，建材产业要进一步降能耗、去产能、淘汰落后的生产工艺，预拌砂浆作为绿色产业势必在市场上发挥更大作用。作为行业管理部门，必须对市场进行巡查摸底、合理管控，淘汰落后产能，打造技术超前的产业链，将国家相关环保政策落实到底，才能在行业中发挥有效的调控作用。

　　十多年来，全国各地都在积极探索符合当地情况使用预拌砂浆的模式，取得了一定的成绩，尤其是江苏、广东等地成效明显。就全国而言，截至 2017 年年底，全国房屋竣工面积为 419074.06 万平方米，砂浆需求量为 125722.20 万吨，实际使用预拌砂浆为 7000～8000 万吨，市场占有率为 5.6%～6.4%，故推广预拌砂浆的工作还任重道远。其原因是由于部分地区"禁现"政策执行力度不够，加之经济发展处于不同阶段，预拌砂浆整体产业发展缓慢，标准亟待修订，生产技术仍需提高。对于这些问题，我们必须从根本上改变现状，才能不辱使命，有效地推进我国预拌砂浆产业的快速健康发展。

## 2　预拌砂浆政策与标准

　　为了贯彻落实国家关于城市砂浆"禁现"和促进预拌砂浆产业发展的政策，各级政府部门形成统筹协调、齐抓共管的工作局面。近年来，国家为加快预拌砂浆的发展，从使用环节入手，加大城市砂浆"禁现"工作力度，加强监管措施，在征求意见的基础上，出台了一系列政策。

　　2007 年，商务部、公安部、建设部、交通部、质检总局和环保总局联合发布了《关于在部分城市限期禁止现场搅拌砂浆工作的通知》；2009 年，商务部和住建部联合下发了《关于进一步做好城市禁止现场搅拌砂浆工作的通知》，2009 年颁布的《循环经济促进法》第二十三条明确规定：鼓励使用散装水泥，推广使用预拌混凝土和预拌砂浆；2010 年，国务院办公厅转发环境保护部等部门《关于推进大气污染联防联控工作改善区域空气质量指导意见》的通知中要求"强化施工工地环境管理，禁止使用袋装水泥和现场搅拌混凝土、砂浆"。

　　2016 年，商务部下发了《关于"十三五"期间加快散装水泥绿色产业发展的指导意见》中要求加大预拌砂浆推广力度，即要完善预拌砂浆标准体系，提高标准执行效率，加强监督检查，确保产品质量，鼓励具备条件的普通预拌砂浆企业生产特种砂浆，提高预拌砂浆行业供给能力；整合预拌砂浆生产、设备研制、建设施工等各方力量，通过完善使用设备组建专业队伍、加强宣传培训等方式，着力提高机械化施工水平，鼓励预拌生产砂浆企业开展"生产施工一体化"服务，推广机械化泵送和喷浆等先进施工方法；加大执法力度，严格依法禁止现场搅拌砂浆。

最近颁发的预拌砂浆标准主要包括砌筑砂浆、抹灰砂浆、修补砂浆、黏结砂浆和灌浆材料等几大类。2007 年以前主要是抹灰砂浆和黏结砂浆两大类，之后拓展到砌筑砂浆、修补砂浆、无机保温砂浆等。随着预拌砂浆的迅速发展，产品标准体系已初步形成，截至现在，国家标准和行业标准已颁布三十多个。

近几年来，制（修）定的砂浆技术标准包括《石膏基自流平砂浆》JC/T 1023—2007、《墙体饰面砂浆》JC/T 1024—2007、《混凝土小型空心砌块和混凝土砌筑砂浆》JC 860—2008、《预拌砂浆》GB/T 25181—2010、《膨胀玻化微珠保温隔热砂浆》GB/T 26000—2010、《抹灰砂浆技术规程》JGJ/T 220—2010、《预拌砂浆应用技术规程》JGJ/T 223—2010、《建筑用砌筑和抹灰干混砂浆》JG/T 291—2011 等。

同时，我国已颁布或正在制定砂浆原材料技术要求的国家和行业标准，例如正在制定中的行业标准《建筑干混砂浆用可再分散乳胶粉》《建筑干混砂浆用纤维态醚》《干混砂浆用砂》等。另外，针对预拌砂浆的生产工艺和运输设备制定了相应的行业标准。其中行业标准《干混砂浆散装移动筒仓》SB/T 10461—2008 和《散装干混砂浆运输车》SB/T 10546—2009，对我国预拌砂浆物流散装化、标准化、专业化进程，起到重要的指导和推动作用。国家行业标准《商品砂浆搅拌机》和《商品砂浆搅拌生产线》已形成送审稿。

河南省、广东省、山西省、江苏省等相继制定了针对性的预拌砂浆的生产和应用技术规程和地方标准。这些标准详细规定了相应预拌砂浆的产品质量要求和性能指标，明确了相应的测试过程和方法，推动了我国预拌砂浆行业的发展。

## 3 预拌砂浆推广应用现状分析

我国经过"禁现"十年之后，预拌砂浆事业有了很大发展。从图 1 中可以看出全国每年房屋竣工面积基本上在 316429.3 万平方米至 423357.3 万平方米之间波动，全国每年砂浆需求量在 94928.79 万吨至 127007.2 万吨之间，而我国 2016 年的预拌砂浆实际使用量为 7000 万吨，市场占有率为 5.5%～7.4%。总体看，我国预拌砂浆虽有一定发展，但市场接受程度仍很低。

从全国来看，预拌砂浆发展还存在东部与中西部不平衡的问题。从图 2 中，可以看出各个省份房屋竣工面积、预计砂浆需求量差异很大，第一阵列的是经济发达的省份，有江苏、浙江、湖北、山东、四川；第二阵列为河南、湖南、福建、广东等；第三阵列大多是中西部省份。2016 年，江苏省房屋竣工面积为 74990.3 万平方米，预计砂浆需求量为 22497.1 万吨，预拌砂浆使用量约为 1080 万吨，市场占有率为 4.8%，浙江省房屋竣工面积为 68818.5 万平方米，预计砂浆需求量为 20645.6 万吨，使用量约为 690.3 万吨，市场占有率为 3.3%。广东省房屋竣工面积为 15661.7 万平方米，砂浆需求量为 4698.5 万吨，预拌砂浆使用量为 1236.55 万吨，市场占有率为 26.3%，广东湿拌砂浆产量约占 50%。四川省房屋竣工面积为 21089.3 万平方米，砂浆需求量为

6326.8 万吨，预拌砂浆使用量约为 800 万吨，市场占有率为 12.7％；2016 年河南省房屋竣工面积为 19425.8 万平方米，砂浆需求量为 5827.7 万吨，使用量约为 700 万吨，市场占有率为 12.0％；山东省房屋竣工面积为 23721.3 万平方米，砂浆需求量为 7116.4 万吨，使用量约为 1250 万吨，市场占有率为 17.6％。从推广力度上看，广东、山东、四川、河南已经走在全国的前列。

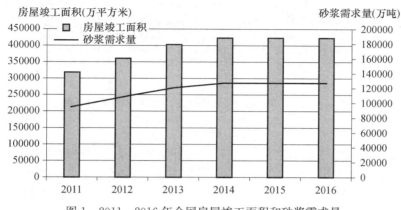

图 1  2011—2016 年全国房屋竣工面积和砂浆需求量

（数据来源为国家统计局统计年鉴）

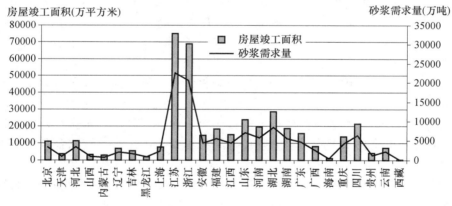

图 2  2016 年全国各省房屋竣工面积和砂浆需求量

（数据来源为国家统计局统计年鉴）

从图 3 中，2016 年房屋竣工面积排前五位的城市有重庆、天津、成都、上海、北京，其后是杭州、长沙、西安、哈尔滨、郑州、青岛。重庆市房屋竣工面积为 4421.3 万平方米，预计砂浆需求量为 1326.4 万吨；杭州市房屋竣工面积为 1923.0 万平方米，预计砂浆需求量为 576.9 万吨，干混砂浆使用量为 239.8 万吨，实际市场占有率为 41.6％；郑州市房屋竣工面积为 1455.2 万平方米，预计砂浆需求量为 436.6 万吨。截止到 2017 年年底，郑州市的预拌砂浆企业七十余家从 2010 年十多万吨，到 2014 年突破百万吨，到 2016 年产量达到 200 万吨，实际市场占有率为 45.8％。从单个城市的推广力度上看，郑州市已经走在全国的前列。

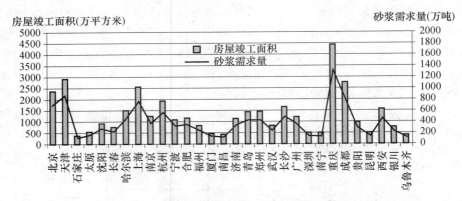

图3    2016年全国主要城市房屋竣工面积和砂浆需求量
(数据来源为国家统计局统计年鉴)

在市场推动和政策干预的双重作用下，我国预拌砂浆行业已逐步从市场导入期向快速成长期过渡。据统计数据，2015年全国生产预拌砂浆（干混＋湿拌）7091万吨，同比增长14.32％，增长率比去年下降了16.22个百分点，表明产业增速减缓。全年生产预拌砂浆综合利用固体废弃物1073万吨，同比下降2.29％。

对于干混砂浆来说，全国30个省规模以上的干混砂浆生产企业有965家，同比增长20.17％；年设计产能3.31亿吨，同比增长20.80％，与上年增长26.64％相比下滑了5.84个百分点。全年生产干混砂浆5730万吨，同比增长12.86％，与上年增长49.66％相比下滑了36.8个百分点。2015年全国预拌砂浆产业实现产值约210亿元，比上年增加约30亿元；干混砂浆生产企业从业人员约6.7万人。

近年各地在推广应用预拌砂浆过程中，取得许多经验，如加大科研力度，充分利用固体废弃物，降低预拌砂浆价格。如上海的做法是在预拌砂浆中掺加8.5％左右的粉煤灰；河南省某公司利用电石渣建设80万吨/年干粉砂浆胶凝剂生产线；山东某集团研发脱硫石膏免锻烧技术生产干混砂浆；天津某集团采用建筑垃圾综合利用技术生产干混砂浆等。

还有利用试点工程，建立砂浆物流体系。天津市发展散装水泥管理中心为缓解预拌砂浆物流设施不足造成的供需矛盾，集中投入散装水泥专项资金，建立了物流配送中心，陆续购置了近百个搅拌储罐及配套的背罐运输车，为建筑工程单位提供物流配送及技术服务。他们研制开发了"智能型干混砂浆储料罐及监控管理平台"，为提高预拌砂浆物流、使用及管理效率提供了技术支持。

## 4  预拌砂浆应用技术进展

### 4.1  预拌砂浆技术路线

2014年、2015年期间，河南省散办组织高校、企业技术人员到广东、江苏、四川、天津、福建等地区现场考察，与管理部门、砂浆企业座谈，之后又进行了部分验证性的试验，发现与干混砂浆相比，尽管湿拌砂浆的投资小，生产成本低，为了运输和延长现场存放时间须加入缓凝剂，使其早期强度下降及质量控制存在较多变数，这对技术力量缺乏的企业来说，其质量控制存在很大问题。

干混砂浆由于采用河砂存在烘干环节造成环保和成本问题，采用机制砂可一定程度上解决这个问题。对于采用机制砂的企业，石头经二级破碎往往含粉量较大，后续工序将增加选粉工艺，也会增加成本且也有环保问题。相比而言，采用工业固体废弃物和矿山尾矿等来部分替代天然砂可以降低成本。建议干混砂浆企业尽量采用工业固体废弃物和矿山尾矿以降低成本，提高市场的接受程度。

利用工业固体废弃物和矿山尾矿作为胶凝材料和砂子，已经是砂浆企业布点考虑的重要因素。上海市物资集团投资的干混砂浆企业，采用脱硫石膏作为胶凝材料制备特种干混砂浆，取得了非常好的经济效益。也有企业采用钢渣和矿山尾矿作为细骨料制备普通干混砂浆，皆有很好的效益。但应注意的是工业废弃物中往往存在放射性物质和重金属，这些必须经过严格检验才能使用。

有关湿拌砂浆缓凝与重塑问题。当湿拌砂浆加入缓凝剂后，其质量是否下降问题，比较而言，掺加葡萄糖酸钠后，砂浆的稠度、保水率指标均有所提高，但早期强度却在下降。如选用葡萄糖酸钠作为缓凝剂，并控制终凝时间约 4h，砂浆 7d 抗压强度损失可在 10% 以内。另外，当砂浆搅拌后放置 0h、8h、12h、16h、24h、36h、48h、72h，随着开放时间的延长，湿拌砂浆的抗压强度呈下降趋势，尽管几种外加剂不同，但湿拌砂浆在 24h 内的抗压强度下降幅度均不明显，24h 后，强度下降明显变大；48h，强度损失超过 33%，有的样品 72h 后强度损失超过了 50%。因此，湿拌砂浆的开放储存时间以不超过 24h 为宜。如果确实需要延长超过 24h，则需要通过增加水泥用量，并通过试验来重新确定配比，以满足设计要求。

从工地实际施工来看，砂浆开放时间保持在 24h 以内比较适宜；商品混凝土站一般利用白天生产混凝土，晚上七八点开始生产砂浆。早上将砂浆送到工地上，白天工人砌砖抹墙，不容许工人将剩余砂浆过夜，工人下班时间约 7 点钟，24h 的开放时间足够工地进行时间调整。需要湿拌砂浆满足超长保塑时间（24h 以上）的工程，一般都是小型工程，其质量难以保证，故建议大中型砂浆企业不要效仿。

加水重塑湿拌砂浆，将造成砂浆强度大幅下降，应予以杜绝。随着湿拌砂浆存放时间的延长，湿拌砂浆将会难以上墙，在工地现场就有二次加水搅拌的情况出现，或者说这是湿拌砂浆的重塑。随着砂浆稠度的降低，水泥逐渐水化并形成水泥石的结构，加水重塑搅拌将破坏已完成水化的结构。从试验结果得知，二次加水搅拌会使湿拌砂浆的拉伸黏结强度大幅下降，完全满足不了国家标准对黏结强度大于 0.15MPa 的要求。因此，应坚决禁止现场二次加水重塑湿拌砂浆现象。

考虑砂浆企业整体质量控制现状，建议预拌砂浆推广还应采用以干混砂浆为主、湿拌砂浆为辅的技术路线。

## 4.2　预拌砂浆关键技术装备

预拌砂浆发展初期，先是世界知名企业在中国建设预拌砂浆生产企业，如德国麦克斯特（maxit）集团、莫泰克公司、汉高公司等，这些公司给中国带来了先进技术，为推动我国预拌砂浆的发展提供了很大的帮助。

之后，我国许多具有实力的企业跟进，自主研发预拌砂浆生产、流通、使用的相关设施设备，取得了突破性进展，具体的领军企业有福建南方路面机械有限公司、南京天印科技有限公司、郑州三和水工机械有限公司等企业，技术水平正逐步达到国外先进水平，形成了预拌砂浆设备的国产化体系，大大降低了成本，基本满足了国内市场的需求。

混合机是干混砂浆材料生产中最关键的一环，主要的混合机有无重力双轴浆叶混合机、卧式螺带混合机、犁刀式混合机。耐施公司采用的双轴无重力高速搅拌混合机。单卧轴铧犁式混合机，不存在搅拌有死区的问题，由于选择了最优的叶片接触面积和角度，搅拌周期大大得以提高，主机可以设置搅拌飞刀，利用效率高，还可以分散大团物料及纤维。江苏莱斯兆远环保科技有限公司研发了环保型连续式干粉砂浆生产线，特点是效率高、耗电特别少。目前国内厂商配备的大多是单轴犁刀式混合机。

## 4.3 预拌砂浆工作性与开裂问题

预拌砂浆的工作性对其应用有着重要的作用，有研究表明：随着存放时间的延长，砂浆的稠度减小，流动性降低，砂浆密实性变差，影响到砂浆的硬化性能。而砂浆施工过程一般比较长，这就要求预拌砂浆在存放时间内保持工作性能。

掺入 HPMC 后，明显提高砂浆的保水率，在 0.04%～0.07%掺量范围内，保水率下降较快；保水率是砂浆保水性的衡量指标。砂浆中掺入葡萄糖酸钠后，稠度增大；且随着掺量的提高，砂浆稠度越来越大。这是因为葡萄糖酸钠掺入后会抑制水泥颗粒凝聚或者被吸附在水泥水化形成的新相颗粒表面，延缓水泥的水化和结构形成，从而使体系中剩余更多的自由水，增大砂浆的流动性。缓凝剂具有延长凝结时间，保持稠度的能力，是预拌砂浆在存放时间内保持工作性的关键所在。

砂浆砌筑后，在最初几个小时内的养护阶段因表面水分蒸发速度大于内部泌水速度，浆体会发生收缩。由于砂浆早期强度极低，当毛细管负压产生的收缩应力大于此时砂浆的抗拉强度，砂浆层表面开始出现裂缝，裂缝的宽度小则 0.01mm，大则 2～3mm，长度不等。因此，砂浆早期收缩裂缝一般都是在此期间产生。

抹面砂浆一般是涂抹在基底材料上，具有保护基层和增加美观的作用。目前施工中砂浆开裂的主要原因是：抹灰前墙面不清理，不修补墙洞；不淋水或者淋水欠缺；没有分层抹灰，一次性抹灰太厚或者分层抹灰的干硬程度掌握得不好；砂浆强度过高；砂浆配合比不合理，掺和料太高，砂率太低；墙面不分格或者分格太大；界面剂的黏结强度不够；没有及时养护或者养护时间太短。

有的施工人员在前一天并不淋水，墙面不清理、不修补。这样做很容易造成墙面空鼓和开裂。因为砂浆在缺水的情况下将会中断水化反应，对砂浆的强度产生不利影响。一次性抹灰太厚或者干硬程度掌握不好，非常容易出现空鼓和开裂。

对已抹灰完成的墙面要及时养护，养护时间不能太短，一般养护期为 7d。但是工地上一般养护 1～3d，这样大大增加了抹灰层开裂的机会。预拌砂浆在不同的施工环境下，也会出现空鼓开裂。在通风不良、潮湿的地下室，因为剪力墙面含有大量的水，砂浆中的水不易散发掉，这使得砂浆初凝时间延长，从而造成工人不能正常收面，往往容易造成砂浆收面垮浆或下坠，最终产生裂纹和空鼓。

## 4.4　机制砂和固体废弃物利用

由于河砂资源紧张因素，许多预拌砂浆企业采用机制砂。试验发现，当石粉的质量分数为 10% 时，砂浆干缩率最小；石粉的质量分数为 20% 时，砂浆干缩率最大，说明掺加一定量石粉有助于减少水泥砂浆的干缩，过量的石粉会加大砂浆的干缩率。这是因为石粉以微骨料的形式存在于水泥砂浆中，改善了水泥砂浆中的孔结构，使孔径得以细化和均化，从而减少水泥砂浆的干缩。当石粉的质量分数过大、水灰比不变时，水化作用和水化产物减少，水泥浆体结构密实度降低且富余水量增多，导致后期干缩增大。因此，石粉的最佳质量分数为 10% 左右，超过最佳质量分数，则会加大砂浆干缩风险。

试验表明，将机制砂进行筛分分级，1.18～3.5mm 粒径为一级，1.18mm 粒径以下为一级，再按照 0.8:1、1:1 比例搭配，砂子的筛分曲线较为圆滑，配制的干混砂浆的性能较好。砂子太细，配制的砂浆较黏稠；砂子太粗，配制的砂浆黏聚性较差。使用机制砂完全可以配制出不同强度等级的砂浆，其他仍保持性能优越，可操作性良好，并能满足建筑工程的施工要求。

用于预拌砂浆的固体废弃物有煤矸石、尾矿砂、磷石膏、脱硫石膏和建筑垃圾等。煤矸石和尾矿砂应用于预拌砂浆带来放射性、保水率差、外加剂的适应性差等问题。磷石膏和脱硫石膏应用于预拌砂浆，主要用作胶凝材料。磷石膏的主要问题是预处理的成本较高，而未经预处理的磷石膏因有害杂质较多导致胶凝性能达不到要求。脱硫石膏含有害杂质较少，性能优异，其应用于预拌砂浆前景较好。

## 4.5　机械化施工

很多时候，人们认为砂浆能通过机器喷出来、能上墙，故称为"机喷砂浆"，但衡量是否为"机喷砂浆"并非能喷和能上墙，而是应该以能喷的砂浆所对应设备耗材成本是否合理和砂浆上墙的比例为多少、砂浆喷涂过程中是否有反弹和流挂现象，以及该干粉砂浆是否适合高层建筑输送。

普通的干粉砂浆不能达到机喷砂浆的要求，要达到机喷砂浆的可泵送性要求，往往比普通的干粉砂浆的成本上要高出 20～30 元/吨。同时机喷砂浆性能要求不仅要有强度、弹性和渗透性，而且要有喷射性。机喷砂浆喷射性差，会导致施工时砂浆泵堵管、喷抹性差等问题。

不少机械设备厂家对砂浆应用也不了解，使得不少砂浆泵初始使用者往往在对材料、机械和施工工艺不了解的情况下，花了很多时间和精力去琢磨，经历了不少失败的经验。对于高层建筑砂浆输送、上墙施工问题，国内干粉砂浆基本采用干粉砂浆筒仓形式进行存储，干粉砂浆筒注水搅拌成湿砂浆，通过人工运输送至每一层，占用人工及电梯井。比较理想的状态是能将搅拌好的湿料通过泵送将砂浆一次性泵送及上墙。

根据安全设计标准，砂浆泵的最大输送压力为 40bar，根据实际的工地经验一层仅需 1bar 的输送压力。如在 20 层层高以内，砂浆的和易性能调至良好的情况下，砂浆泵一次性直接上墙效率高，这是比较理想的泵送设备。

## 5　结语

从预拌砂浆行业的长远发展来看，仍需注意以下几方面的问题：

（1）应改变预拌砂浆企业门槛低的现状，以避免后期可能出现的恶性竞争。预拌砂浆价格的降低，一个很重要的发展方向就是采用固体废弃物，但又会带来质量稳定性的问题，由于固体废弃物的质量波动性大，如果均化不好就会影响预拌砂浆的质量，这也就意味着预拌砂浆生产必须是大工业生产，预拌砂浆厂必须有一定的规模。

（2）砂浆物流体系应尽快引入专业投资者，专门从事预拌砂浆的物流体系建设和运营。

（3）在预拌砂浆的产业链上，可考虑由专业的预拌砂浆服务公司承担施工环节。它根据业主的要求，及时将预拌砂浆运送到工地，组建施工队施工，以保证砂浆的质量。

# 政策引导依法禁现，推动预拌砂浆产业健康发展

李 爽

（郑州市散装水泥办公室　郑州）

随着散装水泥在建筑施工中的全面推广应用，推广预拌砂浆已成为散装水泥行业的主要工作。2007 年 6 月，国家商务部等六部委《关于在部分城市限期禁止现场搅拌砂浆工作的通知》下发后，河南省发展和改革委员会等六部门转发了该通知，郑州市成为全国第一批预拌砂浆"禁现"城市，从此开启了预拌砂浆推广工作。

十多年来，郑州市通过施工现场禁止搅拌砂浆的政策引导、依法推进预拌砂浆工作，实现了预拌砂浆产业快速健康发展，有效促进预拌砂浆的推广，取得显著成效。

## 1　郑州市预拌砂浆发展现状

根据国家"禁现"工作的要求，郑州市散办配合省散办和市建委，通过实施砂浆"禁现"，推进蓝天工程，强化对省会的"禁现"落实情况进行督查，加强行业管理，防止恶性竞争，树立典型企业起到示范作用，提高了行业的整体水平。目前，市内各区的工作已全面展开，预拌砂浆企业规模、产品种类及生产能力一直增长，郑州市预拌砂浆行业已经进入了快速发展期。

据不完全统计，2016 年房屋竣工面积排前五位的城市有郑州、信阳、南阳、洛阳和开封，其房屋竣工面积分别为 1455.2 万平方米、563.66 万平方米、557.7 万平方米、367.2 万平方米、280.84 万平方米；其预计砂浆需求量分别为 436.6 万吨、169.1 万吨、167.3 万吨、110.2 万吨、84.3 万吨；到 2016 年底，郑州市房屋竣工面积为 1455.2 万平方米，砂浆需求量分别为 436.6 万吨，预拌砂浆产量达 200 万吨，实际市场占有率为45.8%；到 2017 年底，郑州市房屋竣工面积为 1537.1 万平方米，砂浆需求量为 461.1万吨，预拌砂浆产量达 250 万吨，实际市场占有率为 54.2%。从预拌砂浆推广力度上看，郑州市已经走在全省的前列，同时在全国也位于先进行列。

## 2　郑州市预拌砂浆行业管理经验

### 2.1　政策引导，依法办事，大力推进砂浆禁现工作

据统计，2013 年郑州的雾霾天气长达 251d，2014 年为 196d，2015 年为 231d。对于郑州，燃煤、扬尘和汽车尾气是形成雾霾的三大元凶。据统计，2015 年 10 月，燃煤41%，扬尘 28%，尾气 24%，其他 7%。在郑州主城区，扬尘对 PM2.5 的贡献率达25.4%，工业过程的贡献率为 20.2%；燃煤和机动车尾气的贡献率分别为 19.4%和19.3%，其他污染因素占比 15.7%，扬尘其对 PM10 的贡献率更是接近 40%。

2012 年，郑州市政府印发了《郑州市建设工地扬尘污染治理工作方案》（郑政

〔2012〕6号），市散办制订预拌砂浆企业扬尘污染防治"十条"标准。

2015年，郑州空气质量连续全国倒数第二。据环保数据显示，拆迁和工地导致的扬尘，给雾霾贡献了21％的污染源，已经成为郑州三大污染源之一。郑州市目前正处于大规模拆迁建设阶段，全市共有超2100个建筑工地，除中原区，整个郑州市的拆迁工地面积高达7100万平方米，相当于1万个标准足球场。而拆迁工地、待建工地属扬尘重点区域，拆迁时追求速度，忽视洒水降尘，拆后土方和建筑垃圾清运慢，堆放和运输途中也容易造成大量扬尘。

2015年9月14号，郑州市人民政府办公厅下发《关于进一步明确建筑工地扬尘污染综合整治行政处罚相关事项的通知》（简称《通知》），强调各级城乡建设行政主管部门（含区级）是各自辖区内建筑工地扬尘污染综合整治行政处罚的实施单位。首次明确，各区城乡建设行政主管部门对本辖区建筑工地扬尘污染违法行为拥有处罚权和负领导责任。对建设单位、施工单位，扬尘违法行为及查处情况将纳入本市企业信用评价系统，倒逼企业主动履责。

2016年7月19号，郑州市人民政府办公厅下发《郑州市2016年度大气污染防治攻坚方案》，针对建筑扬尘做了一系列规定，同时还对达不到环保要求的工地要求一律停工。《方案》明确，到2016年年底，城区可吸入颗粒物（PM10）年均浓度低于每立方米150$\mu$g，细颗粒物（PM2.5）年均浓度低于每立方米79$\mu$g，全年优良天数在190d以上。

市散办依据郑州市预拌砂浆的实际情况，出台相关政策和配套资金支持，组织开展了全市预拌砂浆企业扬尘污染专项检查。对环境管理较为规范，现场扬尘控制较好的企业，给予了通报表扬。针对企业存在的厂区扬尘污染管理责任制度不完善、厂区环境管理不规范等问题开展了专项整治。市散办将预拌砂浆的"禁现"检查列为建筑市场日常检查范围，对未按照规定使用预拌砂浆的工程，除不退还专项资金外，按照省政府第121号令和郑州市政府158号令进行处罚，从而有效地利用了行政手段，强化了市场管理，为预拌砂浆的发展奠定了市场基础。

市散办还组织人员进行了砂浆行政执法培训。通过参加省、省辖市组织的各种执法培训，提高了整个队伍素质，现散办所有的人员都做到了持证上岗。参加学习人员深刻领会了法规及文件精神，互相交流了工作方法，提高了业务水平。通过"传、帮、带"不仅提高了人员综合素质，而且推进了工作的全面开展。

## 2.2 科学规划，合理布局，确保预拌砂浆企业有序发展

要合理控制企业规模，推行行业自律。企业数量过多、产能过剩，必然造成恶性竞争，影响产品质量。在培育过程中，要严格按照规划执行，科学合理布点，充分发挥已有产能，提高预拌砂浆使用比率；鼓励企业间的沟通，利用行业协会的平台，防止相互压价的非良性竞争，改善目前垫资严重的问题。

市散办积极利用国家治理扬尘、控制雾霾的契机，将预拌砂浆使用纳入扬尘管控体系，并建立了闭合型监管体系，设计、审图、造价、监理监管体系。把施工企业是否使用预拌砂浆、违规现场搅拌处罚情况与该企业的信用等级评分挂钩，与工程竣工

验收挂钩，与文明工地、优质工程、绿色施工的评选挂钩，增大其违法成本，借助社会、媒体的力量，宣传预拌砂浆优势，宣传施工项目现场搅拌砂浆所产生的负面影响。

根据郑州市建设规划，在调查分析市场需求的基础上，市散办大力落实发展干混砂浆，强化当前的预拌砂浆建厂预审批制度，避免条件成熟时企业蜂拥建厂。对生产企业进行合理布局。以河南吉建建材有限公司、郑州筑邦建材有限公司为代表的 24 家砂浆企业已通过砂浆备案，设计生产能力为820 万吨；还有多家在建企业正在按照标准进行备案准备工作。我市西、南部砂浆生产企业完成布局，辐射区域日益扩大。目前预拌砂浆产业在不同阶段布局合理，发展有序，保证了我市预拌砂浆产业可持续发展。

### 2.3　紧盯市场，重视科研，预拌砂浆推广成绩喜人

近年来，市散办高度重视预拌砂浆生产企业产品研发工作，多次深入生产企业调研，对企业产品研发进行扶持补贴。我市预拌砂浆生产企业的产品研发思路广、起点高、市场定位准，使企业在激烈的市场竞争中脱颖而出，产品被广泛使用，为企业创造巨大经济价值。

郑州筑邦建材有限公司研发的高速铁路水泥乳化沥青砂浆混合材料与中石化联合中标了京沪高铁，在京沪高铁工程中广泛使用；高铁修补材料在京广客运专线多个标段规模应用；高速公路快速修补材料、地铁工程专用灌浆料等产品质量处于国内领先地位。公司实验室被市科技局授予"郑州市预拌干粉建筑材料工程技术研究中心"。郑州春晖建材科技有限公司彩色装饰砂浆和外墙无机骨料保温砂浆均已研发出成果，并投入市场。

2017 年以来，我市一些砂浆企业瞄准国家大力推广装配式建筑的有利契机，加大投入，研发高端砂浆品种。水泥基自流平砂浆、高流态渗透型超细修复砂浆、装配式钢筋混凝土结构套筒灌注料等项目正在加紧研发实验。

### 2.4　重视物流、平台升级，信息化管理和物流建设打基础

预拌砂浆的推广使用，离不开物流体系的建设。2009—2017 年，市散办使用散装水泥专项资金 1319.6 万元对砂浆企业物流设备进行扶持，使我市的砂浆物流体系初具规模，为我市的预拌砂浆推广使用工作打下了坚实基础。同时，市散办采取"政府扶持、企业投资、市场运作"的发展模式，积极引导社会资金参与到预拌砂浆物流建设中去。

按照国家和省对散装水泥信息化建设的要求，市散办成功研发出针对我市预拌砂浆行业特点的砂浆管理云平台，现已投入使用。通过平台的升级，将实现统计信息的网络直报和实现专用车辆备案工作的网上办理，大大减少了企业的负担，在更好地为企业做好服务的同时确保了工作的及时性和准确性。同时，对在市建委报建的所有施工项目布局和使用预拌砂浆的情况以及行业相关企业的布局一目了然，强化了对施工现场使用预拌砂浆的监督管理。

## 3　结语

随着环保现场禁现的力度加大，在相关政策扶持以及市场需求的刺激下，郑州市

预拌砂浆行业面临着新的挑战和机会。由于新上企业较多，部分企业缺乏合格的技术人员，产品质量不过关，在工程应用中造成了负面的影响；还有的企业诚信经营观念缺失，以次充好，低价恶意竞争，扰乱了正常的市场秩序。

针对这些情况，郑州市散办将继续推进现场禁现和推广预拌砂浆，预期再有 2～3 年时间，可实现预拌砂浆全市市场占有率达到 60％以上的目标。在预拌砂浆企业数量增大情况下，应加强企业的质量、技术管理，积极推进技术进步，鼓励大量利用工业废渣和尾矿，提高建筑施工现代化水平，促进文明施工。我们相信在发展的过程中，只要坚持"政策引导，企业跟进，市场拉动"的原则，政策引导，科学规划，合理布局，踏实工作，就一定能走出适合我市情况的预拌砂浆发展道路。

# 加快泰安预拌砂浆行业发展的对策和措施

张 军

（泰安市散装水泥管理办公室 泰安）

预拌砂浆是指由专业生产厂家生产的经干燥筛分处理的细骨料与无机胶凝材料、保水增稠材料、矿物掺和料和添加剂按一定比例混合而成的粉状混合物，是一种新型节能、环保的绿色建筑材料。

在建筑业不断发展，人们对环境保护和健康居住的要求日益提高的今天，预拌砂浆这种新型绿色环保建筑材料已逐渐被人们所认识和接受，并成为世界建材行业中发展最快的建材产品之一。在欧美一些发达国家，预拌砂浆的生产、应用技术已在20世纪60年代得到广泛应用，而我国预拌砂浆技术的应用由于生产力发展水平不高、水泥行业生产结构影响、社会各界对预拌砂浆的认识不足等原因，目前尚处于发展阶段。

预拌砂浆行业是发展散装水泥的新型产业链，推广应用预拌砂浆是节约资源、保护环境的重要经济技术措施，具有显著的特点。

## 1 发展预拌砂浆的重要意义

1. 有利于充分利用工业废弃物，实现资源循环利用，减轻环境负荷，促进节能减排和生态平衡。预拌砂浆是工厂化生产的，大量工业废渣（如粉煤灰、脱硫石膏等）能够以掺和料的形式成为砂浆的原料，实现了对固体废弃物的循环利用，既减少了这些废渣对环境的影响，又减少了预拌砂浆产业对天然砂的依赖、采掘，保护河道与土地，生态效益明显。综合数据显示，每万吨预拌砂浆可节约标准煤 115.93t，节约电力 14.4 万千瓦时，减少粉尘排放 98t，减排二氧化碳 121t，可产生社会经济效益 12.89 万元，节能减排效益明显。

2. 有利于提高工程质量和机械化水平，减轻劳动强度，提高施工效率。传统的建筑施工工地现场搅拌砂浆由于是人工拌和，往往不能严格执行配合比，无法准确添加微量的外加剂，搅拌的均匀度难以控制，因此质量难以保证，从而导致建筑墙面、地面等部位空鼓、脱落等现象发生，直接影响建筑工程的质量。而预拌砂浆由专业化厂家生产，不仅原材料的质量和计量能够得到保证，而且有固定的生产场所、成套的生产设备、严格的质量控制措施、规范的检验程序、先进的计算机自动控制系统等，能够实现对整个生产过程的全程监控，砂浆质量得到有效保证，从而提高建筑工程质量。

预拌砂浆可以直接应用自动喷涂设备进行施工，相对于现场搅拌砂浆和人工施工，既节约了施工单位采购、运输各项原材料的成本，又节约了原材料堆放的场地和现场拌料的人工投入。同时，由于预拌砂浆加入了外加剂，具有较好的和易性，方便砌筑、抹灰，施工工艺简单，便于机械化操作。机械化代替人工施工，减轻了工人劳动强度，缩短了施工工期，从而大大提高了施工效率。

3. 有利于减少粉尘排放和城市噪声污染，改善城市环境。近年来，我国各类城市大气环境污染的监测和成分研究结果表明，我国城市大气环境污染正处于转型期，大气污染从煤烟型污染转向混合型（烟煤、建筑工地、汽车等）污染的趋势已日趋明显。这一方面是由于城市能源结构不断优化，烟尘治理不断加强，煤烟型污染下降明显。另一方面则是由于建筑施工工地的不断扩大，施工工地现场搅拌砂浆，大量的水泥、砂石等原材料在运输、露天堆放过程中，施工粉尘污染与控制尚未引起足够的重视，以至于该项污染的比重不断上升，这也是目前造成雾霾天气的原因之一。同时，城市施工工地现场搅拌砂浆还带来了机械设备产生的噪声污染，也严重影响着人们的生活。

近年来，国家有关部门从节能减排的角度高度重视预拌砂浆推广应用工作，出台了一系列促进预拌砂浆发展的政策和意见。2007 年，商务部、财政部、建设部等五部两局发布了《关于在部分城市限期禁止现场搅拌砂浆的通知》，明确了全国 127 个城市"禁现"的时限和要求。《国务院关于印发中国应对气候变化国家方案的通知》中提出了"进一步推广预拌混凝土、预拌砂浆，保持中国散装水泥高速发展的势头"的要求。《循环经济促进法》提出了"国家鼓励使用散装水泥，推广使用预拌混凝土和预拌砂浆"。2009 年，商务部、住房和城乡建设部《关于进一步做好城市现场搅拌砂浆工作的通知》，进一步明确了"禁现"的具体措施和要求。2010 年，国务院办公厅国办发〔2010〕33 号转发环境保护部、工业和信息化部、财政部、住房和城乡建设部、交通运输部、商务部、能源局等九部门《关于推进大气污染联防联控工作改善区域空气质量指导意见的通知》要求"强化施工工地环境管理，禁止使用袋装水泥和现场搅拌混凝土、砂浆，在施工场地应采取围墙、遮盖等防尘措施"。国务院办公厅于 2013 年 1 月 1 日印发了《国务院办公厅关于转发发展改革委住房城乡建设部绿色建筑行动方案的通知》（国办发〔2013〕1 号），《绿色建筑行动方案》中的第三部分"重点任务"的第七项"大力发展绿色建材"中明确要求"大力发展预拌混凝土、预拌砂浆。"国务院国发〔2013〕30 号《国务院关于加快发展节能环保产业的意见》中（五）开展绿色建筑行动"大力发展绿色建材，推广应用散装水泥、预拌混凝土、预拌砂浆，推动建筑工业化"。

省政府也高度重视预拌砂浆发展工作，在 2010 年 1 月 12 日发布的山东省人民政府令《山东省促进散装水泥发展规定》中明确提出"鼓励发展预拌混凝土和预拌砂浆""违反本规定，建设单位在禁止现场搅拌混凝土、砂浆的区域内现场搅拌混凝土、砂浆的，由住房城乡建设行政管理部门责令限期改正；逾期不改正的，处 1 万元以上 3 万元以下的罚款"。同年，山东省人民政府办公室下发了《关于做好城市禁止现场搅拌砂浆的通知》。2014 年，鲁政办发〔2014〕26 号《山东省人民政府办公厅关于进一步提升建筑质量的意见》中提出"积极推广应用高强钢筋、高标号水泥、高性能混凝土和预拌砂浆，鼓励使用绿色建材产品，到 2017 年年底，所有城市、县城建成区建筑工程必须使用预拌混凝土和预拌砂浆，实施建筑材料质量追溯制度"。山东省经信委为了认真贯彻《山东省促进散装水泥发展规定》，于 2010 年 10 月 29 日发布了鲁经信消字〔2010〕522 号《关于印发山东省预拌砂浆生产企业备案管理实施细则（暂行）的通知》。

各市地人民政府认真贯彻国家有关部门和省人民政府、有关部门关于推广预拌砂浆的政策和措施，加大了工作力度。济南、青岛、菏泽、威海、日照、潍坊、滨州、烟台、临沂、枣庄市人民政府相继出台了禁止施工工地现场搅拌砂浆，促进预拌砂浆应用的一系列规范性文件，预拌砂浆推广应用工作取得了较大的成绩。

## 2　我市预拌砂浆行业发展的现状和存在的问题

泰安市是全国第三批禁止现场搅拌砂浆的城市，从 2009 年 7 月 1 日起实施。在泰安推广应用预拌砂浆，规范预拌砂浆行业的健康、有序发展，对促进我市节能减排，建设经济文化强市，打造幸福泰安具有更重要的经济、社会和环境意义。2010 年 10 月，泰安市人民政府发布了第 152 号政府令《泰安市促进散装水泥发展规定》，提出了"鼓励发展预拌混凝土和预拌砂浆"的要求。2011 年 8 月，市经信委、发改委、住建委等有关部门联合出台了《关于进一步加快预拌砂浆行业发展的意见》，提出了预拌砂浆企业的布局要求和支持预拌砂浆行业发展的政策措施。2015 年 7 月，市人民政府出台了泰政办发〔2015〕59 号《泰安市人民政府关于在建筑工程中推广使用预拌砂浆的通知》。以上政府规范性文件、部门文件及政策的出台，营造了我市预拌砂浆行业发展的良好政策氛围。同时，市县两级散装水泥管理办公室加大宣传力度，采取经常性宣传和每年 6 月份的全国散装水泥宣传周相结合等各种方式，充分利用广播、电台、互联网等多种新闻媒体，广泛宣传发展预拌砂浆的重要意义及国家、省（自治区）发展预拌砂浆的政策、措施，营造了预拌砂浆发展的良好社会氛围。在做好政策、舆论宣传的同时，各级经信部门积极引导和培育预拌砂浆生产企业，截至 2015 年 10 月底，我市预拌砂浆生产企业达到 6 家，分布在肥城市（1 家）、宁阳县（1 家）和岱岳区（3 家），新泰市（1 家），设计产能 150 万吨，其中 5 家企业已通过省经信委的备案审查。现有预拌砂浆生产企业的产能基本能满足目前泰安城区建筑工程对抹灰、砌筑等普通预拌砂浆的需求。

近年来，我市预拌砂浆行业的发展虽然取得了些成绩，但与省政府提出的工作目标相比，与先进地市相比，还存在较大的差距。建筑施工工地现场搅拌砂浆现象还大量存在，特别是县市区建筑施工现场，预拌砂浆在建筑工程中的使用量还很小，2014 年建筑施工工地使用普通预拌砂浆不足 6 万吨，2015 年上半年预拌砂浆使用只有 13 万吨。行业发展存在的问题突出表现在以下几方面：

1. 社会认知程度不足，使用预拌砂浆的积极性不高。目前，除了政府相关部门和少部分建筑业企业外（南方建筑企业和较大规模的企业），社会（包括有些部门、城市和农村）对预拌砂浆的一些基本情况不够了解，缺乏认识；对预拌砂浆能够提高建设工程质量，保证地面和墙面的抹灰层不出现开裂、空鼓、脱落等现象，延长建筑物使用寿命等经济效益认知不足；对预拌砂浆能够减少作业量、减少原材料堆放场地、减少工地扬尘等社会生态效益认知不足，从而导致建筑行业使用预拌砂浆存在着误区，使用的积极性不高。

2. 预拌砂浆产品价格相对较高，影响了施工方使用的积极性。预拌砂浆生产企业在生产工艺、检测设备、运输车辆等方面的一次性投资较大，对技术人员的要求高，对生产工艺的技术要求高（如砂子要经过精选烘干处理、产品中要掺入外加剂等），加之砂石、外加剂等原材料价格不断上涨，若不考虑环境效益、施工效率等带来的成本下降，单纯考虑商品价格的话，预拌砂浆的价格要相对高于施工工地现场搅拌砂浆，致使不少建筑企业使用预拌砂浆的积极性降低。

3. 现有预拌砂浆生产企业的技术装备水平不足，导致预拌砂浆的散装量相对较小。我市现有的 6 家生产厂家共 7 条生产线，其中只有 3 条生产线技术装备水平和配套设施完善，其余 4 条生产线装备水平较低，配套设施不完善（比如砂浆运送车、背罐车、砂浆储存罐等），生产能力不达标。特别是预拌砂浆散装运输车辆较少，运输能力较弱，致使仍以袋装砂浆为主，达不到国家有关部门提出的大于 70% 散装率的要求，节能减排的效果受到一定影响。

4. 机械化施工不成熟，预拌砂浆提高施工效率的优越性未能体现出来。机械化施工主要指机械混浆、泵送和喷涂，能够大大提高施工效率和质量、降低人工成本、促进文明施工。但是真正大范围地推广机械化施工，不仅需要泵送机、喷涂机等一系列配套设备及专业人才，而且需要相关单位及部门进行设备研发与技术培训。因此，在预拌砂浆设备的施工便捷性问题没有得到有效解决之前，我市预拌砂浆的应用基本上还是靠手工操作，即手工抹灰、手工砌筑等。此外，由于目前预拌砂浆使用量总体较少，企业对于机械化施工设备的引进、专业人才的培养等积极性不高，这也是阻碍预拌砂浆进一步推广的因素之一。

5. 部门联动不够，禁止施工工地现场搅拌砂浆的行政执法力度薄弱。预拌砂浆的推广涉及经信、住房城乡建设、公安、质检等部门，经信部门是该项工作的牵头部门，但涉及施工工地的行政执法力度薄弱，目前还没有形成推动预拌砂浆应用的联动机制和联合执法的力量，致使预拌砂浆的推广步伐较慢。

## 3  下一步预拌砂浆行业发展的对策和措施

为进一步促进我市预拌砂浆行业的健康发展，推动预拌砂浆的应用，促进节能减排，今后要做好以下几方面的工作：

1. 强化宣传工作，提高预拌砂浆的社会认知程度。预拌砂浆是一种新型的节能环保绿色建筑材料，进一步推广需要做好宣传培训工作。要充分利用网络、电视、报纸以及微信等传统及新型传播媒介向政府相关部门、各建筑业企业、行业内外和全社会开展广泛宣传。宣传应当从有利于促进我市建设资源节约型和环境友好型城市，有利于创建国家卫生城市，有利于降低空气中 PM2.5、PM10 浓度，有利于提高建筑工程质量和施工效率等方面开展。努力为推广使用预拌砂浆营造良好的氛围，使得推广预拌砂浆工作家喻户晓、人人皆知。要充分利用国家每年 6 月份开展的散装水泥宣传周活动，扩大预拌砂浆的社会知晓度和影响力。同时，要完善预拌砂浆培训机制，组织相关专家对我市预拌砂浆从业人员的基本知识、操作技能、管理能力等方面进行培训，以提高他们的业务水平，为预拌砂浆全面推广应用打好基础。

2. 加强企业管理，多措并举，降低预拌砂浆价格。一是加大创新力度，提高管理水平。鼓励现有预拌砂浆企业加大对预拌砂浆产品的科技研发力度，积极探索创新，提高产品的科技含量，不断开发适合市场需求的各种砂浆，降低生产成本，提高经济效益。同时，充分挖掘管理潜力，严把采购关，加强生产环节管理和成本核算，探索更具效益的资源综合利用模式，降低生产成本。二是努力降低原材料成本。砂是生产预拌砂浆的主要原料，预拌砂浆生产对原料砂的使用量较大，由于过度开采造成生态平衡遭到破坏，国家对天然河砂的控制将会更加严格，市场上天然砂的价格已越来越高。这样的背景下，鼓励有条件的企业投资兴建砂石生产线，充分利用工业废弃物和工业尾矿生产人工砂，以代替天然砂，从而降低原材料成本。三是发挥散装水泥专项资金的杠杆作用。可充分发挥散装水泥专项资金的作用，按照市政府有关要求，对生产、使用、推广预拌砂浆成效显著的预拌砂浆生产企业、使用单位和个人给予表彰和适当的奖励；对预拌砂浆新技术、新工艺、新产品的研究开发，预拌砂浆标准体系的建设与完善等项目提供财政资金扶持，从而在全社会形成扶持预拌砂浆产业发展的良好氛围，引导社会资金投入预拌砂浆产业，进一步丰富预拌砂浆产品种类、数量，通过良性竞争来降低预拌砂浆价格，提高建筑企业使用预拌砂浆的积极性。

3. 进一步提高预拌砂浆生产企业的技术装备和管理水平。鼓励和引导预拌砂浆生产企业自主或吸引社会资金加大投入，加强机制砂生产、环保设备运行等环节的技术改造，完善生产工艺，提高自动化生产水平，进而提高生产能力。同时，加强砂浆散装运输车、背罐车、砂浆罐等设施、设备的配套，为砂浆的使用，特别是散装砂浆的使用打下良好的基础，为砂浆的使用单位提供优质的服务，解决使用单位的后顾之忧，提高其使用的积极性。要把互联网技术引进到企业的生产、销售和管理环节，不断提高企业的管理水平，提升我市预拌砂浆行业的发展和运行质量。

4. 尽快应用预拌砂浆机械化施工技术。要加强宣传，加大对有关人员的培训，尽早掌握机械化施工技术。鼓励有条件的生产企业组建或社会企业单独组建机械化施工队伍，完善自动喷涂等机械化施工设备，尽快将机械化施工技术应用到预拌砂浆的施工过程中，代替人工施工，从而提高建筑工程质量和施工效率。

5. 加强组织领导，健全部门协调配合机制，形成依法行政的合力。预拌砂浆的应用与推广由经信部门组织牵头，但离不开住房城乡建设、质监、环保、公安等有关部门对这项工作的大力支持。比如对专用车辆的专项检查需要公安交管部门配合；对预拌砂浆的产品质量需要质监部门把关；对建设工地禁止现场搅拌砂浆的管理工作需要建设、环保等相关部门，特别是建设部门的协助；对专项资金的征收、使用及管理需要财政部门的支持等，如何更好地加强组织领导，协调与各个部门之间的关系，赢得他们对散装水泥"三位一体"发展战略的支持，形成部门合力，共同推动预拌砂浆的进一步推广，是一个极为关键的因素。工作中，经信部门要主动联合住房建设等部门定期、不定期地对全市预拌砂浆使用情况开展监督检查，形成行政执法的合力，切实落实好省人民政府令《山东省促进散装水泥发展规定》和市人民政府令《泰安市促进散装水泥发展规定》和《泰安市人民政府办公室关于在建设工程中推广使用预拌砂浆的通知》，强力推动预拌砂浆在建设工程中的应用。同时，建议由市政府办公室牵头，定期召开经信、住房建设等相关部门参加的联席会议，及时沟通、协调解决预拌砂浆推广工作中存在的问题，为促进节能减排，打造经济文化强市，建设幸福泰安做出积极的贡献。

# 加大舆论宣传，有效推动预拌砂浆行业发展

李国兵

（驻马店市散装水泥办公室　驻马店）

近年来，随着新型工业化、城镇化的快速推进，大批基础设施陆续开工建设，施工扬尘正日益成为空气质量下降的主要"凶手"；而从另外一个角度来看，工程项目环境管理的目的是保护生态环境，使社会经济发展与人类生存环境相协调，控制作业现场粉尘、废水、废气、废弃物噪声环境污染和危害。因此，大力实施"禁现"、积极推广应用预拌砂浆是建筑产业实现可持续健康发展的必由之路，也是现代施工方式的一个革新。

使用预拌砂浆不仅体现了以人为本，还将大大提高效率，节约成本，实现经济发展与人类生存环境相协调，使资源分配更加合理，这也是贯彻落实当前中央提出的创新、协调、绿色、开放、共享"五大发展理念"的一项重要举措。2007年，商务部、财政部、建设部等五部两局发布了《关于在部分城市限期禁止现场搅拌砂浆的通知》，明确了全国127个城市"禁现"的时限和要求。

河南省政府高度重视预拌砂浆发展工作，2014年印发了《河南省蓝天工程行动计划》；2017年，河南省委下发了《关于打赢大气污染防治攻坚战的意见》文件；2018年，河南省人民政府办公厅下发了《河南省2018年大气污染防治攻坚战实施方案》文件；要求城市建成区施工现场工地必须做到"两个禁止"，即"禁止现场搅拌混凝土和禁止现场配制砂浆"。这些环保政策的出台和实施，有力促进了我省砂浆"禁现"工作的快速发展。

市散办认真贯彻国家和省政府落实"禁现"的政策，持续加力，营造氛围，探索预拌砂浆推广的发展模式，严格执法，典型指路，积极开展了社会宣传和市场督查等工作，有效促进了本市的预拌砂浆推广工作，取得明显成效。

## 1　主要做法

（1）政策引领

随着建筑行业及现代经济的飞速发展，人们对建筑施工环境要求越来越高。"禁现"不仅是提高散装水泥使用量，减少工地扬尘及噪声污染，改善环境和空气质量的一项重要措施，也是保证建筑工程质量，提高建筑施工现代化水平，推行绿色施工的一项重要技术手段。

2016年，驻马店市人民政府关于印发《驻马店市预拌砂浆生产和使用管理规定》的通知，文件要求在本市城市城区范围内新建、改建、扩建的建设工程，包括市政基础设施、交通、水利建设工程等，必须使用预拌砂浆，禁止在施工现场搅拌砂浆。

（2）宣传开道

为加大散装水泥推广力度，促进节能减排、减少粉尘和噪声污染，驻马店市散装水泥办公室组织开展了"发展预拌砂浆，减少雾霾天气，改善空气质量"宣传活动。由广播车、两辆砂浆运输、背罐车和宣传员组成的小分队在市区主干道以及周边建筑工地开展宣传活动，工作人员向过往市民发放宣传资料，并接受群众现场咨询；还深入工地宣传展示发展预拌砂浆过程中利用污染物、建筑及工业固体废物的典型事例，宣讲如何有效推动预拌砂浆的发展和推广预拌砂浆的好处，得到了群众好评。

（3）严格执法

根据国家、省（自治区）有关规定，充分发挥行政管理部门的管理职能，严格采取闭合式管理，对建筑工程使用预拌砂浆进行规范，坚决禁止现场搅拌砂浆。禁止在施工现场搅拌砂浆工作需要各部门联动，加强行政执法力度。预拌砂浆的推广涉及住房城乡建设、公安、质检等部门，涉及施工工地的行政执法力度，目前已经形成推动预拌砂浆的联动机制和执法力量。

近年来，我们采取了对建成区建筑工地进行拉网式排查，做到"四个最严"（最严格的标准、最严密的措施、最严肃的检查、最严厉的处罚）和"七个一律"（对不达标的施工现场一律曝光、一律记入不良记录、一律停工整改、一律上限处罚、一律缓批资质、一律限制招头标、一律通报给市县政府）。

（4）培训技术人员

引导企业认清人才是企业质量保证的基础，重视人才在预拌砂浆推广发展的关键作用，提醒企业紧密结合自身发展规划早准备、早计划、早培训。同时采取请进来、走出去的方法，加强对企业预拌砂浆人才队伍的培训，为预拌砂浆相关企业在未来市场竞争中赢得市场认可，提前进行人才储备。

（5）典型指路

在学习考察的基础上，由遂平金鼎建材有限公司投资建成年产 20 万吨干混砂浆的生产线，总投资 3 亿元，占地 100 亩。该公司是集人工治砂（建筑垃圾回收）、干粉砂浆、商品混凝土生产、运输、销售、施工为一体的企业，生产中充分利用建筑垃圾作为再生砂子，形成了较完善的砂浆运送车、背罐车、砂浆储存罐的配套系统。

该公司建成后，市散办引导动员其他企业到该厂参观学习，树立了一个可以学习借鉴的典范。为扩大典型引路的效应，给该企业拨出专项资金进行扶持。本市现有多家企业都愿意参与到这一行业中来，准备建厂发展预拌砂浆。

## 2 存在问题与对策

加快预拌砂浆推广应用是全面协调散装水泥"三位一体"发展关键的一环。如何有效推动我市预拌砂浆发展是当前的重要命题。

从全局的角度，我市预拌砂浆行业还应针对当地情况，进行科学发展规划，合理布局，对生产、物流配送、机械化施工做精心安排，还需在提高社会认知程度、砂浆的质量和执法力度下工夫，使预拌砂浆得到健康有序的发展。

针对社会认知度、用户的使用积极性还不够高的问题。工作重点仍在舆论宣传，组建机构指导和带动企业，完善企业制度规范。针对部分现场出现抹灰砂浆墙面开裂、空鼓、脱落等现象，散办工作人员下到基层提醒企业要提高砂浆质量，保证延长建筑物使用寿命。

针对机械化施工问题，下步需要培养引进泵送机、喷涂机等一系列配套设备及专业人才，需要进行设备研发与技术开发。

## 3　结语

虽然在"禁现"和发展预拌砂浆中取得了一些成绩，但我们清醒地认识到，工作还存在不足和差距，但我们相信在省市领导的指导关心下，依据"三位一体"发展散装水泥的新思路，引导全市砂浆行业，认真贯彻落实国家政策规定，强力推进预拌砂浆的发展和使用，为保护环境、节约资源，《规定》就一定能得到很好落实，驻马店的生态环境将更加美丽，城市的天更蓝、水更碧。

# 第二部分　生产施工

# 创新预拌砂浆生产管理，实行质量可追溯制度

常留军[1,2]

（1　河南吉建建材有限公司　郑州，2　郑州春晖建材科技有限公司　郑州）

预拌砂浆是指在工厂进行集中搅拌，且能够及时运送到建筑工地的砂浆，属于商品砂浆，是我国近年发展起来的一种新型建材。在城市建设不断扩大的情况下，预拌砂浆已成为目前常见的、用量大的建筑材料之一，对建筑工程的施工质量具有很大影响。因此，必须重视预拌砂浆的生产质量管理。

## 1　预拌砂浆的特性

（1）预拌砂浆属于中间产品性质，只能在需要时现拌现用，不宜长时间存放。

（2）最终产品主要由预拌砂浆生产厂家与施工单位合作产生，对于产品的质量，并不能在其最初出厂时进行准确的检测。

（3）由于具有较强的开放时间概念，需要尽量采用机械化工艺。

（4）预拌砂浆质量影响因素较复杂。包括原材料、生产工艺、配合比、相关人员素质、现场管理与售后服务等，均与其质量存在密切联系。

## 2　预拌砂浆生产中质量管理

### 2.1　谨慎选用与管理原材料

为了能够保证预拌砂浆的质量，必须严格管理原材料的质量。

（1）水泥的选用

水泥为预拌砂浆生产的基础材料，其质量与性能在根本上决定了工程建设的效果。生产中，应该尽量选择同一品牌和厂家的水泥，以避免技术人员难以把握质量不一的水泥特性，影响工程质量。选用的水泥一定要具有稳定性强、波动较小、富余系数充足等。对水泥质量的优劣进行评价时，要综合考虑水泥的强度标准差、富余量、初终凝时间、标准稠度用水量和经时坍落度损失率等因素。

一般预拌砂浆所用水泥为普通硅酸盐水泥，要求所用水泥具有质量证明文件。水泥的应用需要确保其凝结时间合适，规定要求硅酸盐水泥初凝时间应在 45min 以上，而终凝时间则应控制在 390min 以内。普通硅酸盐水泥、矿渣硅酸盐水泥、火山灰质硅酸盐水泥以及复合硅酸盐水泥初凝时间应大于 45min，终凝时间在 600min 以内。不同品种水泥强度不同，要结合实际情况来选择。

（2）砂子的选取

砂子按来源分为江砂、河砂、山砂和人工砂等。选用砂子应选用中砂，砂子入厂必须对骨料颗粒级配、泥块含量、含泥量以及坚固性等进行检查，而其他项目则需要

按批次抽检。含泥量则是砂中公称粒径小于 $80\mu m$ 颗粒的含量，而泥块含量则是指砂中公称粒径大于 1.25mm，经水洗或者手捏处理后小于 $630\mu m$ 颗粒的含量。如果砂中含泥量与泥块含量过多，则会对砂浆强度、耐久性等造成影响，一般应控制含泥量≤5.0%，泥块含量≤2.0%。

机制（人工）砂是由机械破碎、筛分而成的。颗粒形状粗糙、尖锐、多棱角。通常采用机制砂配制的砂浆砂率比河砂配制的砂浆砂率要大。机制砂颗粒内部有微裂纹、开口相互贯通的空隙多，比表面积大，石粉含量高。与河砂相比，机制砂含有一定数量的石粉，使得砂浆和易性尚好，某种程度上还可改善砂浆的泌水性、黏聚性。在水泥含量不变时，过多的石粉会使水泥浆强度降低，故机制砂石粉含量应控制在10%～15%之间为佳。

（3）外加剂的选取

干粉砂浆生产中，为使砂浆的和易性、保水性、稠度适应施工环境、施工性能的要求，需要加入一定量的保水增稠材料以改善砂浆的性能。目前，主要采用羟丙基甲基纤维素醚（HPMC）、甲基纤维素（MC）、聚乙烯醇（PVA）和改性淀粉醚等。其特点是掺量低、保水率和黏稠度高。但是硬化砂浆后期强度降低较大，通常强度损失大于10%。另外，外加剂选取还需要考虑单价、合格证、检验报告、厂家资质、使用说明书等因素。

## 2.2　全程可追溯质量管理

砂浆生产企业用什么样的配方、生产时具体投了多少料，砂浆预拌后什么时间内完成浇筑，其检测强度、工作性如何？如何跟踪、检验每盘浇筑到建筑体内的预拌砂浆，记录它们的"前世今生"。为解决这一问题，我们实施了预拌砂浆质量全程可追溯工程，该系统由原材料进场、砂浆配方、搅拌、运输信息采集、试验检测数据追踪平台，在生产线采集每盘砂浆的生产配合比，一旦配合比不符合要求，平台会报警并提示监管人员及时查验，生产完毕，企业会为每盘砂浆编号后再出厂。在施工现场，监理单位可以对照附带的生产信息检验砂浆质量，使砂浆生产全过程得到了监管控制。预拌砂浆的生产工艺较为复杂，存在多项生产工艺。我们还实施了 ISO 19001 质量管理体系，有利于砂浆企业的生产过程质量控制。

预拌砂浆的生产过程是机械化的生产过程，全程需要大量的机械设备，其性能的优劣对预拌砂浆质量会产生较大的影响。为了保障预拌砂浆的生产质量，必须对其机械生产设备进行严格的控制与管理。

在生产设备管理中，首先需要对称量系统做砝码校验，以便在生产中一旦发现预拌砂浆质量出现异常波动情况，可应用标准的称量系统进行复验，进而保证配合比得以准确计量。与此同时，生产过程中必须对各个称量系统设备进行定期保养、维护和清洁，以保证其正常运行。

在砂子储存中，在有条件的情况下应建设遮雨棚，注意分批储存。必须按照不同的规格与品种进行储存，防止出现因混料影响配合比的情况。所有储存的原材料均要标明信息，且由专人负责看管。

在投料的管理中，必须保证准确无误，生产前应通过实验室对原材料中的含水量与含泥量进行分析，且明确原材料的特性，而后对配合比进行调整并确定。

## 2.3　预拌砂浆配合比管理

设计前必须对整个施工工程的情况以及施工技术要求进行全面分析与掌握，且要对多种原材料的性能、规格、质量等数据进行了解。

配合比方案在使用前需要根据施工具体情况进行试配试验，审核合格后才能投入使用；整个生产过程中要对配合比的使用情况进行动态管理，即根据不同的气候情况、原材料变化情况、施工工艺与技术情况等多种因素进行调整；采用统计分析法对不同的配合比进行编号，便于对不同配合比所形成的预拌砂浆质量与信息进行追踪与判断。

## 2.4　培养并提高相关人员的素质

人员管理的根本是建立起一支技术素质好的员工队伍。预拌砂浆企业人员组成，一般分为管理人员和操作人员。管理人员的素质要求较高，应有多年从事生产预拌砂浆质量控制的经验，能够处理应急事件，准确判断砂浆质量问题和成因，并有能力予以缓解和消除。

操作人员一般要有高中或中专以上学历。为了提高员工的技术素质，公司或专业部门要对员工进行定期培训和考核。培训内容分专业知识、操作办法、规章制度、法律法规、服务要求等。操作人员持证上岗表明人员经过基本知识培训和考核，并有一定能力，符合上岗操作要求。除自我提高外，企业内部要组织定期的专题讲座，邀请知名专家授课。为了保证学习质量，要进行严格考核。此外对上岗人员要进行工作考核。考核内容要细化，结合每人工作重点，以分值形式体现，奖金与考核成绩挂钩，以此促进员工提高技术水平，达到企业工作要求。

砂浆生产企业应通过质量教育、思想教育等多种形式，令相关人员认识到砂浆质量与企业信誉、工程质量、自身利益等均存在密切关系，并做到赏罚分明。

## 2.5　施工现场服务

预拌砂浆生产企业向施工单位提供产品时，应同时提供技术服务，根据客户具体的施工特点以及施工技术，派遣专业人员对现场使用进行指导，企业人员应向施工人员提交使用说明书，如砂浆特点、使用方法、性能指标以及注意事项等，以保证正确的施工操作，进而保证施工质量。为保证砂浆的现场施工连续性，运输过程中要及时与现场沟通，便于施工现场对运输车辆和预拌砂浆的安排。运输车辆到达施工现场后，不能随意向预拌砂浆内加水，必要时可以选择减水剂后掺法，且在高速搅拌后卸料。

预拌砂浆需要通过运输车运往施工现场，并存储于散装筒仓内，做好砂浆种类、生产日期以及强度等级等内容的标识。使用时砂浆应随拌随用，避免大量堆积，造成稠度损失过大失去塑性。产品自拌和起常温下 3.5h、夏季 2.5h、冬季 4.5h 内使用完毕。超过规定时间的砂浆拌和物严禁二次加水搅拌使用。施工气温≤5℃时，砂浆硬化缓慢易受冻，不宜用于外墙抹面，用于室内施工应采取冬季施工措施。气温≥30℃时，砂浆水分流失迅速加快，稠度降低，造成可操作时间缩短，从而产生质量不稳定现象，需采取多项保水措施。

散装砂浆移动筒仓入场时为保证安全和计量准确，移动筒仓基础必须牢固水平。夏季应采取遮阳措施避免暴晒，冬季应采取保温措施。散装砂浆产品到现场打入移动筒仓后，第一次装入筒仓粉料下部 $0.5\sim1.5t$ 需放出后人工自拌后使用，然后按混料机自动搅拌使用。后续筒仓内存货还有 $2\sim3t$ 时应停止使用，待下车砂浆打入筒仓内后恢复正常使用。

## 3　结论

质量管理的高低关系到预拌砂浆企业的核心竞争力，对企业的长久发展有重大的影响。要重视砂浆生产中的质量管理，应在了解预拌砂浆的特性后，谨慎选用与管理原材料，严格控制生产工艺，重视并明确预拌砂浆配合比，培养并提高人员素质，提供现场服务等，才能有效地避免砂浆质量问题的产生，以确保工程施工质量满足建设要求。

# 预拌砂浆企业生产标准化管理的探讨

常留军

（河南吉建建材有限公司　郑州）

**摘　要**　随着建筑行业的快速发展，市场竞争趋势也越来越激烈。企业作为市场的主体，对市场的良好发展和运行发挥着重要作用。预拌砂浆企业要想在激烈的市场竞争中立足，就必须要对企业本身进行严格管理。本文针对预拌砂浆企业的生产标准化管理进行了有益的探讨。

**关键词**　建筑；预拌砂浆；企业生产；标准化管理

## 1　引言

当前我国经济正处于高速发展阶段，经济体制不断完善，为获得更大的发展空间，创造更多的经济利益，每个企业都面临着巨大挑战，必须强化企业内部的管理力度。预拌砂浆行业发展很快，如何创新企业生产管理的方法，推行标准化管理，提高企业生产管理的科学性，还有很长的路要走。目前预拌砂浆作为新兴环保材料，对于节约资源、保护环境有着重要作用，受到了市场和公众的关注，因此，相关企业更要进行严格的内部管理，以便实现预拌砂浆行业的健康快速发展。

## 2　现状和存在的问题

我国的经济近年来得到了飞跃的发展，已经逐渐向着经济全球化的趋势融合，为了提高企业的市场竞争力，就必须进行标准化管理。由于我国预拌砂浆企业的准入门槛较高，有的企业还设立了专门的标准管理机构。

但是，当前预拌砂浆在企业标准化管理中还存在一定问题。如有的企业不重视此项工作，没有认真地分析企业生产情况，错误地将管理的标准定得过高，缺乏可行性；有的企业的生产标准化工作甚至与企业的发展战略以及企业目标不能有效结合；有的企业没有企业自己的生产管理标准，只是将其他企业的管理准则照搬过来；有的企业对标准缺乏执行力度，甚至达不到国家的质量标准；有的企业没有进行质量认证、安全生产认证。因此，预拌砂浆企业生产标准化管理水平应进一步提高。

## 3　加强企业生产标准化管理的措施

预拌砂浆企业实施标准化管理，主要是把砂浆的质量从事后把关，转向事前控制，利用计算机对产品质量进行动态控制，这是搞好工程质量控制工作的一个重要途径。

首先，我国已经出台了许多相关标准，预拌砂浆企业在进行管理时，应该严格按照国家标准，确保各项环节和流程都符合国家的质量标准和安全标准；并可以在国家标准的基础上，在企业内部建立一套完整的标准化制度，使得制度落到实处。

其次，要想提高预拌砂浆企业标准化管理水平，应从各个方面加强创新。比如要树立创新意识。意识是前提，只有从观念上往创新上去转变，才能够进行后续的标准化管理工作。还要对企业的运作模式进行创新，提高企业的运作效率；要创新企业机制，进行全方位的自我监督等。

具体的生产标准化管理可从以下方面着手：

**工厂建设** 工厂选址和建设应符合国家相关规定，避开易发地质灾害、水害及其他灾害的位置，方便生产和运输；施工单位应在建站前组织现场调查，并按照指导性施工组织设计编制建站方案，确保建厂环保、安全，保证生产能力满足工程需要；工厂建成后应报请业务主管及时验收，验收合格方可正式生产。

**人员管理** 预拌砂浆是一种新兴产业，要求有对整个生产环节都相对了解的高素质专业人员进行质量把控。企业生产标准化工作的实施过程中，需要对企业内部的工作人员进行培训和激励。因实行企业生产标准化管理，所管理的对象都是企业员工，需要进行管理培训，不断激励，促进员工工作的积极性，才有利于员工在企业的长期发展。

企业应确定主要人员的工作内容和管理职责，对岗位设置、人员分工及工作流程做出规定，应配足企业管理、技术和操作人员；企业生产经理、总工、实验室主任等关键岗位应是懂行的人员。总工、实验室主任应参加过预拌砂浆主管部门组织的培训，考试合格后方能上岗，实验室主任至少应由具备大专及以上文化程度、助理工程师及以上技术职称，且具有三年以上砂浆企业工作经验的人员担任；信息化管理员应具有大专及以上文化程度；砂浆搅拌机操作手应由经培训合格并持有操作证的人员担任。

**设备管理** 预拌砂浆企业设备配备应参照预拌砂浆行业标准、规定执行，选用具备节能环保性能的生产设备，采用先进生产工艺，满足建筑工程建设需要。企业应安排专人负责设备管理，定期检定计量设备，做好维护保养工作，确保设备稳定可靠。应防止由于失误造成安全事故，了解设备使用年限；要对巡检流程进行细化，全面地检查线路、电机等设备，并及时发现其存在的问题，排查安全隐患，保证设备的正常运转。设备维修规范化，可以延长设备的使用寿命。

**信息管理** 预拌砂浆信息管理系统通过采集、存储、传输、统计分析生产过程数据，达到监控预拌砂浆生产过程及质量追溯的目的，系统应能实现材料进场、生产过程监控与预拌砂浆出站信息管理、使用场所数据信息以及误差超标报警提示等功能，并与生产控制系统相互兼容。

**生产管理** 对于生产操作标准化管理，应使流程程序化、设备操作规范化，使现场操作变得更标准。操作工，应按照相关标准、工作流程进行工作，明确自身的岗位职责，现场全过程也能够量化、细化，处于可控的范围内，有效预防错误事件、偏差事件等，有助于完成生产目标。通过标准化管理，操作技术得到了进一步规范，提高了质量，减少了环境污染等。具体要求：

1) 预拌砂浆企业根据原材料选用情况和砂浆性能指标要求，按照实验室主任出具的配合比通知组织生产，原材料发生变化，应及时调整配合比，配合比调整应在总结经验的基础上，用标准化原理加以整理、完善，用标准指导生产，加快信息传递，并获得最佳秩序和经济效益；

2）企业物资人员负责原材料外观质量验收，外观质量合格后向试验室提交试验申请，试验人员完成试验后及时将试验结果通知物资部门，由物资部门对检验不合格材料进行处理；

3）每班预拌砂浆生产前，操作人员应对设备性能进行检查并对称量系统进行零点校核，并将施工配合比数据录入预拌砂浆生产控制系统（或由信息系统自动传输），其他人不得修改；

4）管理人员应对信息管理系统发出的警报（如不按配合比施工、原材料计量超标、拌和时间超限等）及时采取措施解决，并形成完整的过程处理记录；

5）管理人员应对各类统计数据进行分析，制订有效的纠正及预防措施。

**安全管理** 设立安全组织机构，明确企业各部门及人员本年度的安全生产职责，明确年度考核标准，并将目标分解到具体个人，保证每年安全投入到位，并做好记录。对定期的维修和保养工作要落实到位。

编制安全生产事故应急预案，对可能发生的事故，事先做好现场处置方案；对已经发生的事故进行反思，及时整改。为保障员工的生命健康安全，企业应制作粉尘、噪声职业危害告知牌，对员工进行定期健康检查，定期测定作业场所空气中的粉尘浓度，改善劳动条件。

# 4 结束语

随着经济社会的不断发展，企业的市场竞争压力也在逐渐加大，而实行企业标准化管理将会为企业在市场竞争中夺得一席之地！目前预拌砂浆行业发展前景良好，但企业生产标准化管理方面存在许多问题，相信在主管部门的重视和引导下，各企业一定能够克服困难，跨越生产标准化管理方面的障碍，实现整个行业的健康可持续发展。

**参考文献**

[1] 全国十一所高等院校教材统编组. 标准化管理学［M］. 北京高等教育出版社，2015.
[2] 王烨，郭文龙. 企业标准化管理的现状和有效改善［J］. 商情，2016，28（30）：166-167.
[3] 陈永志. 企业标准化管理现状及应对策略［J］. 中国标准化，2017，60（8）：95-96.
[4] 王瑞龙. 建筑项目施工安全标准化管理研究［D］. 邯郸：河北工程大学，2015.

# 干混砂浆生产过程质量管理与控制

常留军

（河南吉建建材有限公司　郑州）

**摘　要**　近年来，我国干混砂浆发展非常迅速，相对于现场搅拌，干混砂浆具有质量稳定、贮存方便、施工效率高、工地文明、绿色环保等优点。本文介绍了干混砂浆生产过程的质量控制要点，即原料控制、干砂筛分与出炉温度、混合搅拌、运输等环节的控制技术。

**关键词**　干混砂浆；生产；施工；质量控制

## 1　引言

干混砂浆作为新型建筑材料，已被人们所认识和重视。干混砂浆与传统现场搅拌砂浆相比质量更稳定，能有效减少墙体空鼓开裂、顶棚板脱落等问题；有利于减轻环境污染，提高施工效率，对于建设节约型社会具有重要的意义。由于河南省新上许多干混砂浆企业，质量管理水平参差不齐，工程事故时有发生。因此，提高干混砂浆产品质量，做好生产过程质量管理与控制，是干混砂浆企业必须及时解决的问题。本文介绍干混砂浆生产过程中原料控制、干砂筛分与出炉温度、混合搅拌、运输等环节的质量控制要点。

## 2　原材料质量控制

原材料进场，选择的材料必须要满足国家标准的规定，在采购之前，应对水泥、粉煤灰、砂子和外加剂等样品进行检验，检验合格后再进场；对水泥和外加剂产品应仔细观察其包装标记，不能购买三无产品，这样对砂浆产品质量才有保障。

### 2.1　水泥

值得注意的是，不同水泥生产厂生产的水泥，其标准稠度用水量和富裕系数是不同的，如改变水泥来源，会导致质量出现较大的波动。冒然改变水泥与其他原材料生产砂浆，很容易出现砂浆质量问题。

一般采用普通硅酸盐水泥，必须符合《通用硅酸盐水泥》GB 175 的规定，严禁使用安定性不合格的水泥；砂浆中水泥的水化过程在 3d 内已基本完成，故进场水泥要了解其早期强度特点；水泥的凝结时间也应有一定控制，春秋季初凝 4h 左右，终凝 5h 左右；夏季初凝 6h 左右，终凝 8h 左右；冬季初凝 3h 左右，终凝 4h 左右；水泥质量控制指标为强度、细度、凝结时间、安定性等。

## 2.2　砂子

根据《普通混凝土用砂质量检测标准》中的规定，干混砂浆生产中所选用的天然砂直径要小于 5.0mm，且天然砂中石子的含量不得超出 5%，泥块的含量不得多于2%，含水量要控制在 0.5% 以内。细度模数控制在 2.3～3.0，氯离子含量≤0.02%；表观密度 2500kgm³；堆积密度 1350kgm³。同时根据干混砂浆生产工艺需求，将砂颗粒的大小控制在标准的范围内，应选用级配较好的中砂。山砂的含泥量和有机杂质较多；风化砂颗粒强度较低，使用时应十分慎重；海砂常混有贝壳碎片，含盐量也较多；使用建筑废弃物或废石碎屑加工机制砂时，应注意其压碎指标、孔隙率、坚固性、颗粒的形状、颗粒级配。

## 2.3　粉煤灰

使用粉煤灰可以减少砂浆的内摩擦力，提高砂浆的和易性，提高砂浆的后期强度，粉煤灰砂浆的早期强度较低。选用的粉煤灰应符合下列要求：细度（0.045mm 筛）≤45.0%，含水量≤1.0%，需水量比≤115%，$SO_3$≤3.0%，烧失量≤15.0%，游离氧化钙≤1.0%，安定性合格，否则容易引起砂浆的空鼓开裂。

## 2.4　外加剂

外加剂可增加砂浆的保水性、黏稠度、柔滑性和抗裂的能力，可适当添加减水剂、早强剂、防冻剂等，以满足其使用功效。砂浆常用外加剂是纤维素醚，纤维素醚具有冷水溶解性、保水性、增稠性、黏结性、成膜性、润滑性等特性。纤维素醚保水性、增稠性能很高。

根据国家建筑行业标准《建筑干混砂浆用纤维素醚》JC/T 2190—2013，纤维素醚的透光率越高，其均匀取代性越好，产品质量越稳定，对纤维素醚的灰分含量、含水率、细度、黏度等应严格控制。纤维素醚的凝胶温度是一个重要参考指标，当温度超过 65℃时，保水性急剧下降，故砂子烘干后温度过高会造成保水性降低或失效。

用于砂浆的纤维素醚黏度从 5 万 mPa·s（毫帕秒）到 20 万 mPa·s（毫帕秒），不同黏度的纤维素醚对砂浆新拌阶段和硬化后性能的影响也不同，适当增加纤维素醚的掺量，可以提高砂浆的保水性和拉伸黏结强度，同时也延长了砂浆的凝结时间，降低了砂浆的抗压强度。若纤维素醚掺量过多，会增加砂浆的黏性，工人感觉容易粘刮刀，不利于施工。

# 3　干混砂浆生产过程质量管理

## 3.1　物料储存

干混砂浆中砂子用量占 75% 左右，其烘干成本是影响成本的重要因素，为了降低干砂的烘干煤耗，需要有棚堆场尽可能大，宜在场内自然风干，水分降低至 5% 左右再烘干，这样烘干煤耗较低；干砂分级前储库容量不小于 800t，分级后单个砂库容量不小于 200t，各粒级砂库总数不少于 8 个，有利于砂子筛分与配料；普通砂浆最好设置 4 个散装成品储库，容量应不小于 150t/个，用来储存 DPM5、DPM10 的抹灰砂浆，DMM5 的砌筑砂浆，DSM15 的地面砂浆。

## 3.2　砂子烘干

因为环保的原因，越来越多的企业选择天然气烘干湿砂。干砂机一般采用三层回转筒体，优点是占地面积小，但干砂温度难控制。在干混砂浆生产过程中，温度的把控是十分重要的，有些生产厂家出现温度过高或过低的现象，影响干混砂浆的施工效果。烘干后砂子含泥量应≤1%，温度≤65℃，水分≤0.5%。沸腾炉控制温度范围 800～1200℃，收尘器出口温度控制范围在 70～90℃。

## 3.3　筛分

湿砂烘干前一般先过一次筛，筛孔 10mm，主要作用是筛除贝壳或树枝等杂物，砂子烘干后过 5mm 筛孔的粗砂筛，筛除 5mm 以上的砂子，5mm 以下的合格品入干砂库储存，使用时经干砂提升机提到分级库顶概率筛。概率筛内有三层筛网，孔径分别是 0.8mm、1.2mm、3mm，将砂子筛分成 0～0.8mm、0.8～1.2mm、1.2～3mm、3～5mm 四个粒级，分入不同的砂库。计算机控制配料系统，按照细度模数进行配砂，保证砂浆性能的稳定，地面砂浆一般使用粗砂，抹灰砂浆宜使用中砂，砌筑砂浆多使用细砂。

在干混砂浆的生产过程中，砂子含水量过高会导致干混砂浆流通性差，易造成流程堵塞和影响产出的效果。在烘干生产前，要将搭配好的砂混合放于干燥的地方晾晒后再进行烘干。如果采用人工砂，则在生产前应先抽检砂子材质、颗粒级配、石粉含量和含泥量。要确保生产过程中砂颗粒大小及级配、含泥量、含水量、温度均达到要求。

## 3.4　配料计量精度

严格按照配方进行配料计量，并控制配料计量的准确性，一般情况下，要求配料计量的误差不得超过总料的 2%。计量设备上应该安装精确的传感器和重量显示器。要求计量设备在与电脑分离工作时，要具备手动操作的功能，且计量的精准度不得低于国家三级标准。

## 3.5　混合搅拌

干混砂浆比较常用的有两种混合工艺：双轴桨叶式混合机和单轴犁刀式带高速飞刀无重力混合机。混合机的生产效率取决于混合时间和卸料时间，砂浆达到均匀度的混合时间越短越好，而卸料时间会影响批次循环时间，故其越短越好。双轴桨叶式混合机价格便宜，一次性投资较少，安装方便，构造简单，适合于生产普通砂浆。

生产中物料混合时间最好控制在 30～150s 之间。混合设备内的填充系数控制在 0.55～0.75 之间。另外，物料最佳的混合时间要控制在保证物料可以充分相混的前提下不得超出 18s，并且混合设备内物料的残留量要小于 0.1%。

混合机的搅拌质量可用均匀度来衡量，对均匀度来讲，不是混合时间越长越好，砂浆混合均匀度的高低与混合时间没有线性关系，但砂浆混合时间过长，其均匀度呈下降趋势。

## 3.6 砂浆运输

干混砂浆是散体粉状和颗粒状材料的混合物，在储存、运输、使用过程中可能发生粉体和颗粒物的二次分离。砂浆离析的主因是高差、飞扬、振动。干混砂浆易产生离析的地方是：混合机出料、砂浆输送、砂浆入库过程。

要想从生产上防止和减小干混砂浆的离析，工艺过程应简短流畅。混合机出料要迅速，防止砂浆形成细流而离析，输送不能用风送和刮板机，防止砂浆飞散和振动分离。砂浆入库是造成砂浆离析的关键环节，储库内物料是整体下落还是抽心下落以及物料下落得是否顺畅，是导致砂浆是否发生离析的关键。试验表明，料量小、下料速度慢比料量大、下料速度快的砂浆离析现象更严重。储库高度要考虑砂浆入库落差，为了抑制和减轻落差分离，落料必须垂直，减轻飞扬。同时，设置防离析管，防离析管的作用就是使砂浆顺管流到料层，抑制砂浆分散，从而减少砂浆离析。

## 4 结束语

干混砂浆生产质量控制对提高生产能效和提高施工安全有着重要的意义。加强生产质量控制，科学地、适时地调整生产配方，砂浆质量就能得到保证；另外新上的干混砂浆企业，必须将干混砂浆的生产质量控制在标准的范围内。通过加强生产质量控制后，可使砂浆质量进一步提高，对干混砂浆行业的可持续发展具有积极意义。

**参考文献**

[1] 陈光. 干混砂浆生产过程的工艺管理与质量控制 [J]. 广东建材，2013，29（9）56-60.

[2] 梁荣能. 干混砂浆生产过程的工艺管理与质量控制分析 [J]. 四川水泥，2017（5）16-16.

[3] 颜世涛，李增高，于世强，等. 干混砂浆生产过程质量管理与控制 [J]. 混凝土，2012（3）117-119.

[4] 任卫民，李华. 试分析干混砂浆生产过程质量管理和控制 [J]. 建筑工程技术与设计，2016（16）.

[5] 封培然，竺斌，宋利丽. 机制砂干混砂浆的过程控制 [J]. 水泥工程，2016，29（3）80-88.

# 预拌砂浆施工中空鼓、开裂原因及预防措施

柴金祥

（郑州筑邦建材有限公司　郑州）

预拌砂浆是由搅拌站根据施工需要进行生产。生产时，先按一定比例进行计量拌制成砂浆拌和物，然后再通过搅拌运输车送到施工现场，砂浆存放在专用的密封容器内，施工时取出使用，并在一定时限内使用完毕。预拌砂浆具有绿色环保、精确配合、砂浆质量稳定等优点，但由于受到技术水平等因素影响，在施工现场时仍将出现空鼓、开裂问题，因此，在建筑工程应用预拌砂浆作业时，如何做好施工质量控制措施，防止空鼓、开裂通病是值得研究的一个重要问题。

## 一、预拌抹灰砂浆施工中常见的问题分析

（1）基墙不平导致抹灰层开裂、空鼓

同一次抹的砂浆层厚度不均匀，由于厚的部位干燥慢，薄的部位干燥快；砂浆硬化干燥和收缩快慢导致内部形成内应力；当抹灰层厚度偏差较大时，这种变形的不一致，就可导致结构破坏出现空鼓或开裂。当局部较厚，大部较薄，尤其是厚薄变化梯度大时，易出现局部收缩裂纹；当局部较薄，大部较厚，常出现砂浆层与基层拉脱，出现空鼓。

（2）砂浆抹灰层下坠造成开裂

砂浆抹灰层在自身重力作用下，可能下坠滑移，从而导致砂浆抹灰层开裂。这种情况主要发生在抹灰基面吸水小，一次抹灰厚度太厚；这种现象冬季易发生。要避免这种情况发生，要求一次抹灰厚度不能太厚，多层抹灰时每层砂浆抹灰时间间隔要够，抹灰基面在淋水潮湿状态不要抹灰，适当降低砂浆用水量，防止抹灰后即遭到雨水浸淋，冬季气温较低时抹灰后注意加强通风。

（3）砂浆抹灰层快速失水造成开裂

砂浆干燥出现的收缩称为早期收缩，砂浆凝固后进一步水化发生的收缩叫后期收缩；砂浆的前期收缩较后期收缩大得多，一般砂浆的前期收缩值在1％左右。抹灰砂浆层与抹灰基体材料的收缩差异较大，一般抹灰基体的刚度较砂浆抹灰层大得多，其收缩差异易导致砂浆抹灰层开裂。砂浆抹灰层失水干燥越快，前期收缩就越剧烈，就越容易发生裂纹；这种情况在夏季气温较高或风速较大时经常发生。

（4）抹灰基体材料吸水率不同导致砂浆抹灰层开裂

砂浆抹灰层由于抹灰基体材料吸水率不同，导致砂浆稠化硬化速度不同，收缩快慢也不同，在两种抹灰基体材料的交界处容易出现裂纹。比如砌筑墙体与混凝土梁柱交界处，由于混凝土吸水率较页岩烧结砖或加气混凝土砌块的吸水率要低得多，往往这些地方容易发生开裂。

（5）抹灰基体结构变化导致的砂浆抹灰层开裂

砂浆的自由收缩值较限制收缩值大，当限制条件足够时，砂浆构件可能不收缩。由于抹灰基体结构变化，基体对砂浆变形的约束不一致，导致砂浆抹灰层不同部位收缩不一致；比如门窗洞口，其边缘为三向约束，中间部位为四向约束，墙体、梁柱转角处也这样；这些位置由于不同部位砂浆抹灰层变形差异，容易出现开裂。

## 二、预拌抹灰砂浆施工中空鼓、裂缝预防措施

（1）砂浆生产商在生产过程中，通常会在砂浆中加入一定的掺和料，如粉煤灰等，减小水泥用量，保证砂浆抗压强度达到规定要求。涂抹到墙上的砂浆，在干燥过程中，会产生较大收缩应力，致使墙面出现空鼓。预防措施：涂抹砂浆时，要按规定工艺工序进行作业，特别要做好基底处理、控制分层抹灰厚度；进行基层处理作业时，先要清除基层上的污迹杂物，管槽要修补好，并隔夜对基层进行浇水，使其湿润；涂刷前，先用刮刀批刮界面剂或利用甩点去提高界面的粗糙度，待其稍干时再进行抹灰作业；要控制每遍涂抹砂浆厚度，如太厚要进行分层抹灰；必须待第一层砂浆凝结硬化后，再进行后一层抹灰；每层抹灰砂浆应分别压实、抹平，抹平应在砂浆初凝前完成，面层砂浆表面应平整。

（2）抹灰作业完成后不久，砂浆仍处在塑性状态，水分流失过快时，砂浆会产生收缩应力，砂浆自身的黏结强度小于其收缩应力时，砂浆表面会出现裂缝。产生塑性裂缝，通常与施工现场的温度、湿度和砂浆的材质有直接关系。砂浆配比中，如所用水泥比例越大，砂的细度模数就越小，砂浆含泥量过高，相应增大用水量，容易产生塑性开裂。预防措施：一是选用干缩值较小、早期强度较高的硅酸盐水泥或普通硅酸盐水泥，水泥用量要减小；二是严格控制水灰比，配合比准确。控制砂的细度模数和含泥量，在保证稠度的前提下尽量减少水的用量，必要时掺入减水剂；三是抹灰之前，将基层均匀浇水；四是及时养护，保持砂浆凝结前表面湿润；五是避免在大风时施工，尽量降低砂浆出现塑性开裂的可能。

（3）预拌砂浆出现干缩开裂，主要是由于砂浆硬化后，流失水分过多，致使体积收缩，形成开裂。这种问题通常会在砂浆抹灰完成后后期出现。预防措施：水泥用量要减小，并适度加入相应的掺和料，使其干燥值降低，抹浆时要严格按照有关施工工艺和方法进行作业，并加强施工过程中的工序质量控制与管理。

预拌砂浆施工中经常出现空鼓、开裂，如想避免这个问题的发生，一定要了解清楚其发生原因，并采取相应的预防措施。因施工中存在诸多问题，应事先从避免裂缝的角度出发，并在各个细节加以控制，以最终确保预拌砂浆的施工工程质量。

# 加大科技创新，征战绿色砂浆产业的蓝海

柴金祥

（郑州筑邦建材有限公司 郑州）

随着我国城镇化建设不断提速，未来 10 年仍将是我国城市化进程最快的时期。政府对绿色建筑、绿色施工和大气污染防治的高标准、严要求，必将造就预拌砂浆行业的快速发展。再则经过多年培育市场已逐渐成熟，郑州市在建工程预拌砂浆用率已超过 50％，其显著标志是施工单位由被动使用逐渐变为主动使用。

郑州筑建材有限公司是国内较早从事干混砂浆业务的企业之一，借助与科研单位的联合，近十多年来企业在干混砂浆产业蓝海中已经探出一条新路，取得一系列的的成果，成为高科技成果产业转化率的砂浆企业。2005 年 4 月，筑邦建材从德国引进了两条代表当时国际先进水平的 m-tec 塔式建筑干混砂浆生产线，年产能力为 50 万吨，在郑州市场上开始产业化应用，为河南省干混砂浆推广起到了积极的示范作用。

在"转方式、调结构、促升级"的宏观背景下，2016 年，筑邦建材充分利用科技创新优势，依托干混砂浆生产线开发普通砂浆、保温、瓷砖镶贴、防水、地坪、高速公路专用材料、高速铁路专用材料新产品，协同区域市场开发，成为我国中西部地区生产规模最大、品种最全、品质最优、应用技术和综合服务最专业的建筑干混砂浆企业，行业影响力得到进一步提升。

2015 年至 2017 年，在治理环保的强力推动下，郑州市市场需求将呈现快速增长，为预拌砂浆推广开辟了新的通道，我们将十分珍惜这样的机遇。紧紧抓住这个机遇，政府已搭好舞台，企业唱戏，公司不断开发新的产品，为砂浆产业的快速、良性发展奠定坚实的基础。近年来，郑州筑邦建材有限公司（简称筑邦建材）围绕科技创新、征战蓝海、做大做强、做实做新，从以下几方面开展工作：

（1）加大技术创新力度

相比较大多数砂浆企业，筑邦建材具有深厚的科技创新基础，拥有较为完善的研发、生产链条，技术创新是使筑邦建材成为"技术型"企业的有力保障。

当国内普遍采用阶段式或水平式生产线时，筑邦建材采用塔式结构 m－tec 生产线，其特点是紧凑、适应多种形式的原材料来料状况、原材料避免交叉污染。工厂实现封闭式管理，通过实行生产系统全封闭、设备节电改造、粉尘处理、废水循环利用、砂子回收、渣浆利用、设备减排、绿化建设等措施，实现了全过程的环保清洁生产。在砂浆生产线工艺设计、机械化施工和特种砂浆的应用方面，筑邦建材也具有丰富的技术积累和经验。

筑邦建材汇聚了一批有专业技术技能、有经验、有朝气的技术队伍，参与省市砂浆行业标准体系的建立，为进一步拓展市场打下了强有力的技术基础。公司产品研发中心和检测中心被郑州市科技局授予"郑州市预拌干粉建筑材料工程技术研究中心"。

公司与中国铁道路科学研究院、河南省建材设计研究院及欧洲多家建筑干粉科研机构建立了紧密联系，签订了长期的技术合作协议，形成了一批先进技术成果，为公司参与激烈的市场竞争提供了坚强后盾和有力支撑。

2009 年初，公司开始了铁路客运专线 CA 砂浆干粉的研制和应用，在 CA 砂浆的研发和应用技术上积累了充足经验。

（2）提供系统解决方案

多年来，筑邦建材坚持"解决方案营销"的技术推广模式，来形成企业的核心竞争力，并为客户提供专业化的增值服务，赢得了客户的信赖。筑邦建材以区域中心为依托，建立了支持网络，提高了服务能力，建立了快速响应机制，将捕捉到的客户需求转化成产品和应用解决方案。同时，从生产角度要求以最快的速度交货。另外，服务队伍能够根据客户需求提供解决方案，负责全过程的质量监控，将质量控制延伸至施工现场，在行业内树立起"干粉专家"的良好形象。

（3）提高全过程的质量控制水平

对公司内部的各项管理工作进行了全面梳理和规范，编印了公司管理体系手册，构建起公司新的管理架构。启动绩效管理，不断调整优化绩效考核体系。管理说到底就是要明确责、权、利关系，分工必须合作，而必须是为总目标合作好。我们的做法是"质量管理""现场管理"。质量管理，对于普通干混砂浆，其基本性能包括保水率、凝结时间、2h 稠度损失率、14d 拉伸黏结强度、28d 收缩率和抗冻性，这些性能情况直接关系到砂浆产品的质量，所以控制砂浆产品质量就是控制其各项性能指标。现场管理上采取定置、定量、定耗的考核、评定模式管理。

筑邦建材对砂浆采取全程"保驾护航"措施。在客户使用产品前，企业会派工程师前往工地，对产品的使用方法及注意事项进行技术交底；在产品使用过程中，会协助客户检查与监督施工人员是否贯彻执行施工规程，杜绝工程质量隐患。质量部门每个月还会对客户工地进行一次质量巡检，检查产品在工地的使用情况以及是否存在质量问题；在小组例会上，交流、总结工地出现的问题与处理方案。

（4）提高机喷施工技术水平

由于水泥抹面砂浆较薄，需要很强的保水能力，但在机喷施工中遇到墙面的平整度较差，施工找平导致形成厚薄不等情况时，容易出现墙体空鼓、开裂、粉刷层脱落等质量问题，建议对墙面涂刷界面剂或喷浆预处理。另外，水泥砂浆抹灰层凝结硬化慢，养护过程需 7d 左右，若施工工期较紧很难完成任务，建议采用水泥掺石膏的抹灰砂浆，加上使用机喷技术可加快施工进度，避免了质量通病的发生。

如何进一步提升科技创新和企业管理水平，筑邦建材将从以下几方面继续开展工作：

（1）不遗余力地加强自身建设，坚定不移地执行既有战略目标，确保业务盈利、公司又好又快发展。

（2）坚持不懈地加强人才建设，做好各关键岗位人才储备工作。关键岗位人员为企业的人才，为企业高效运转提供组织保障。

（3）根据当地原材料情况，制定合理的物资保障和质量控制措施。同时，根据企业管理要求对原有设备、控制流程、信息化程度进行必要的技术改造，确保满足生产管理要求。

（4）冷静分析市场环境，培养良好的应变能力，要根据战略和策略，从容应对市场环境，促进企业良性发展。

（5）坚持企业文化输入，以企业精神引领人。"一流公司靠文化、二流公司靠流程、三流公司靠能人"。注意企业文化的植入和生根，使得企业快速发展，引领未来。

筑邦建材将继续倡导绿色环保理念，坚持科技创新的观念，用先进技术来带动砂浆行业进步。为了促进施工水平提高，未来筑邦建材将与相关科研和设备企业建立合作关系，以有利于文明施工和工程质量水平的进一步提高，真正促进行业的新发展。

# 预拌砂浆试验室的配置与管理机制

史建民

（濮阳市运航新型建材有限公司　濮阳）

近年来，随着我国建筑行业的快速发展，预拌砂浆得到了迅速的发展，市场日益成熟。预拌砂浆的质量和生产量呈现出逐年上升的趋势。但在质量管理和生产过程中还存在着一定的问题，制约了砂浆企业的进一步发展，同时也对建筑工程的质量产生了较大隐患。

在砂浆生产中实验室需要做好质量记录工作，将各项质量数据客观真实地记录下来，这样通过质量记录对工程质量问题可以事后分析总结。如果发生质量问题，可通过质量记录找到原因，从而进行改正，以避免下次再出错误。另外，上级部门在企业检查工作时，通常也会将实验室的质量记录以及相关的质量控制措施作为主要的检查对象。实验室的工作质量直接关系到企业的信誉和对外形象。因此，需要重视实验室的工作。

本文对预拌砂浆实验室的配置与管理机制进行了探讨分析，希望能保证生产质量，促进预拌砂浆市场竞争力的提高。

## 一、实验室设计与配置

根据预拌砂浆企业实验室的作用，可将实验室大致分为原材料室、砂浆制备室、养护室、力学室、留样室和档案室等。具体的实验室设计还需要根据预拌砂浆企业生产、科研、检测的实际需要，对其整体规划和仪器布置，以满足不同企业对实验室的要求。注意，许多化学药品保存的条件是避光、干燥、通风，有的试验条件还需要有空调的房间。

预拌砂浆企业实验室分为必备实验室和完备实验室。必备实验室应具备原材料的质量分析与控制的能力，具有对生产过程质量控制，对出厂产品进行性能检测和控制的职责，具有对产品售后技术支撑与事故分析处理的职责，具有档案建立与管理职责。完备实验室还应具备新产品设计与研究开发的能力。实验室检验项目、设备配置、人员配置和环境条件应符合规范规定的要求。实验室从业人员必须经过专门培训、考核，取得由省散装水泥办公室认可的岗位资格证书。实验室人员原则上只能服务于一个部门。实验室的管理或检验人员兼任企业内其他部门的岗位，应保证这些部门与实验室无职责冲突。

## 二、实验室数据分析与生产质量控制

在预拌砂浆实验室的资料整理的过程中，首先应对实验室检测环境、设备、人员以及使用的技术做好记录总结。这一工作方便在今后进行生产责任划分，对安全生产是非常重要的资料凭证。

预拌砂浆实验室的存在是对原材料及配比是否合格的检验，以免尚未进行过检验的原材料误用，给生产带来不良的影响。所以，对原材料进厂的材料做好整理记录，能够与原材料检验的最终结果进行对比分析，为试验人员提供借鉴依据。此外，做好原材料监测过程中资料的管理分析，最终通过数据的分析将不合格的原材料及时剔除，以免造成大范围的不良影响。

实验室对预拌砂浆的质量进行监控，主要包括配合比的正确输入及准确计量、砂浆保水率、稠度的监控，确保其工作性能满足施工要求，强度达到设计要求。在这些原材料中，水泥、粉煤灰、外加剂、细骨料及拌和物的保水率、稠度等指标能够在短时间内完成检测，而对砂浆强度指标的检测则需要花费较长的时间。由于预拌砂浆生产具有连续性，通常无法等到获悉具体结果即已产品出厂。只有通过制定合理的检测流程和详细的管理办法对原材料和出厂产品的质量进行控制，才能有效保证预拌砂浆的质量，避免质量事故的发生。

## 三、预拌砂浆实验室管理机制

要想管理好实验室，发挥实验室在预拌砂浆生产中的作用和地位，应从以下几方面入手，即人员、设备、制度、资料。

### 1. 试验人员

由于预拌砂浆的复杂性、就地取材等特点决定了在技术服务、原材料检验、生产质量监控等方面，不能硬搬书本中的知识，很多时候需要工作人员的实践经验作出及时的判断。因此，实验室工作人员素质高低是非常重要的。

预拌砂浆企业通常由4～6名试验人员组成，全部试验操作人员必须持证上岗。其中对负责人要求较高，必须具备5年以上的工作经验及中级以上的职称，熟悉材料分析检验工作，参与过多种预拌砂浆配比的设计及应用，并可以按照运输距离、气候环境等因素作出正确的配合比调整，可以及时处理突发的质量事故。还应在加强质量管理的同时，开展新产品研发，在避免发生重大质量事故、降低使用材料成本、对员工进行技术培训等方面发挥重要作用。

试验人员的技术水平将会对产品质量产生直接影响，故必须加强对实验室人员的技术培训，根据试验人员的具体专业和特长，在工作中具体分工，使其特长在工作中充分发挥出来。并对工作进行考核，了解每个人的优点和缺点，从而进行针对性的指导培训。其次，定期学习预拌砂浆标准和新技术，每年参加专业技术人员继续教育。第三，定期组织试验人员进行学习交流。

### 2. 试验设备

实验室需要配备可以满足预拌砂浆检验需求的试验设备，设备布局应符合试验流程，设备的精度、性能应符合国家规定的标准。必须定期检定实验室的仪器设备，确保检验仪器处在健康的状态下运行，是保证检测数据准确的重要步骤。

### 3. 管理制度

实验室应建立一套科学完整的管理制度，以保证试验工作可以正常进行。实验室通常应建立以下管理制度：管理样品制度、分析事故报告制度、管理外来文件制度、考核人员培训制度、管理实验报告制度、管理实验室环境制度、安全制度、管理仪器设备制度等。

4. 档案管理

实验室应建立完整的试验资料档案，收集试验方法、标准和试验规范。只有做好实验室的资料档案工作，才能在发生质量问题时有据可查，档案资料的完整与否，也反映出企业管理水平和技术能力，因此应加强实验室中的资料存档、归档工作。

实验室通常应建立以下资料档案：仪器设备档案，包括设备操作制度、保养维修记录、设备验收、检定证书和使用说明等；原材料档案，包括掺和料、水泥、外加剂、砂；仪器设备台账，包括试验规范、试验方法和试验标准；还有出厂的质量证明、预拌砂浆配比记录等。

## 四、结语

综上，预拌砂浆实验室是企业质量控制的关键部门，需要从人员的管理入手，加强对仪器设备的管理以及原材料和产品出厂质量的控制，并建立完善的管理制度，强化对砂浆配比管理，强化资料整理和数据分析工作，在长期实践中不断积累经验，才能提高实验室管理水平，促进企业竞争力的提高。

# 湿拌砂浆质量控制的关键技术问题

肖学党

（信阳市灵石科技有限公司　信阳）

## 1　引言

随着建筑业技术进步和文明施工要求的提高，现场搅拌砂浆因其质量不稳定、材料浪费大、品种单一、文明施工程度低以及环境污染问题为公众所诟病。在市场化需求和政府促进两方面力量的共同作用下，预拌砂浆产业正逐步从一线城市辐射到二、三、四线城市，从东部地区辐射到中西部地区，从主推干混到干拌为主、湿拌为辅。作为湿拌砂浆，其发展历程较干混砂浆更为复杂和曲折。湿拌砂浆的市场策源地是广东，但目前其市场区域也由广东地区逐步推广到全国。广东地区湿拌砂浆经验可能是其气候相对湿润，利于砂浆的自然养护，而北方地区干旱多风，砂浆上墙后却极易开裂、空鼓。

从市场表现情况来看，2017年湿拌砂浆呈现高速增长的态势。湿拌在东、中、西部市场呈现出齐头并进的燕尾服势头。经过近几年一些单位的实际推广湿拌砂浆，砂浆质量控制和应用效果已得到广泛认可。近年来，作为湿拌砂浆的主要市场推动者——信阳市灵石科技有限公司已将湿拌砂浆市场区域从浙江、江苏、湖南、湖北推广到河南、河北、山东、陕西及西南地区，取得不俗的效果，公司的业务量得到快速提升。

但是，在发展的大背景下，湿拌砂浆行业暗藏着隐忧，一些不当的商业宣传和误导把湿拌砂浆的相关理念引向歧路，为行业的发展埋下一些隐患。

## 2　执行开放时间标准是控制湿拌砂浆质量的关键之一

目前，行业中有关这方面的认识混乱，建议湿拌砂浆开放时间（保塑时间）以不超过24h为宜。开放时间指的是自湿拌砂浆加水搅拌起，拌和物保持其施工性能及力学性能稳定的时间间隔。

这一概念定义尚不够明晰，市场宣传也五花八门，有的砂浆企业承诺保塑24h，有的砂浆企业承诺48h，甚至72h以上。比如，某一区域多数施工企业要求湿拌砂浆保塑时间起点在24h以上，越长越好，否则免谈。这一地区80%以上的搅拌站都生产湿拌砂浆，保塑时间长短成为竞争的利器。野蛮生产往往带来很大的副作用，去年至今年，大量的空鼓问题集中爆发，直接导致市场对湿拌砂浆的质量问题又起质疑。因此，湿拌砂浆保塑时间的上限应该进行明确。

下面选取国内三家湿拌砂浆外加剂生产企业的外加剂进行对比试验，寻找其内部性能变化规律，观察砂浆保塑时间对砂浆施工、物理力学性能产生的影响，从而指导实际生产应用。

从表 1 可知，M10 湿拌砂浆的配合比中水泥为 250kg、粉煤灰为 80kg、砂为 1285kg、水为 205~217kg，外加剂为 0.7~20kg，砂浆的设计稠度范围为 70~85mm。试验采用华新 P·O42.5 级水泥，砂的细度模数为 2.4。

表 1　M10 湿拌砂浆的配合比及稠度指标

| 水泥（kg） | 粉煤灰（kg） | 砂（kg） | 外加剂（kg） | 水（kg） | 稠度范围（mm） |
|---|---|---|---|---|---|
| 250 | 80 | 1285 | 0.7~20 | 205~217 | 70~85 |

接下来再做开放时间的试验。当湿拌砂浆加水搅拌完成后，分别倒入小桶封上塑料膜，放置 0h、8h、12h、16h、24h、36h、48h、72h，到时间后再进行搅拌和测试强度变化情况。试验发现，随着开放时间的延长，湿拌砂浆的抗压强度呈下降趋势，尽管几种外加剂不同，但湿拌砂浆在 24h 内的抗压强度下降幅度均不明显，24h 后强度下降明显变大；48h 后强度损失超过 33%，有的样品 72h 后强度损失超过了 50%。因此，湿拌砂浆的开放储存时间以不超过 24h 为宜。如果确实需要延长超过 24h，则需要通过增加水泥用量，并通过试验来重新确定配比，以满足设计要求。

从工地实际施工来看，砂浆开放时间保持在 24h 以内比较适宜；商品混凝土站一般利用白天生产混凝土，晚上七八点开始生产砂浆。早上将砂浆送到工地上，白天工人砌砖抹墙，不容许工人将剩余砂浆过夜，工人下班时间为晚上七八点钟，24h 的开放时间足够工地进行时间调整。

需要湿拌砂浆满足超长保塑时间（24h 以上）的工程，一般都是小型工程，其质量难以保证，故建议大中型砂浆企业不要效仿。从运营规模来看，龙头企业由于系统化运营能力强，有条件实现这一目标，进而可充分保证湿拌砂浆的质量。

## 3　不得加水重塑是控制湿拌砂浆质量的关键之二

加水重塑湿拌砂浆，将造成砂浆强度大幅下降，应予以杜绝。随着湿拌砂浆存放时间的延长，湿拌砂浆将会难以上墙，在工地现场就有二次加水搅拌的情况出现，或者说这是湿拌砂浆的重塑。随着砂浆稠度的降低，水泥逐渐水化并形成水泥石的结构，加水重塑搅拌将破坏已完成水化的结构，因水泥的水化反应是不可逆的过程，再次硬化后的砂浆性能则远达不到原未被破坏的砂浆强度指标（表 2、表 3）。

表 2　不同存放时间及二次加水情况下湿拌砂浆强度

| 温度（℃） | 强度等级 | 稠度（mm） | 保水率（%） | 施工性 | 不同存放时间及二次加水情况下湿拌砂浆强度 | | | |
|---|---|---|---|---|---|---|---|---|
| | | | | | 存放时间（h） | 7d 强度（MPa） | 14d 强度（MPa） | 28d 强度（MPa） |
| 20 | M5 | 90 | 88 | 好 | 0 | 4.6 | 7.2 | 7.8 |
| | | | | | 12 | 2.0 | 3.2 | 3.6 |
| | | | | | 18 | 1.8 | 2.7 | 3.5 |

续表

| 温度<br>(℃) | 强度等级 | 稠度<br>(mm) | 保水率<br>(%) | 施工性 | 不同存放时间及二次加水情况下湿拌砂浆强度 | | | |
|---|---|---|---|---|---|---|---|---|
| | | | | | 存放时间<br>(h) | 7d强度<br>(MPa) | 14d强度<br>(MPa) | 28d强度<br>(MPa) |
| 30 | M5 | 90 | 88 | 好 | 0 | 4.5 | 7.3 | 8.3 |
| | | | | | 12 | 1.8 | 2.6 | 3.5 |
| | | | | | 18 | 1.4 | 2.4 | 3.0 |

**表3 不同存放时间及二次加水湿拌砂浆拉伸强度**

| 温度<br>(℃) | 强度<br>等级 | 稠度<br>(mm) | 保水率<br>(%) | 施工性 | 不同存放时间及二次加水湿拌砂浆 | | | | |
|---|---|---|---|---|---|---|---|---|---|
| | | | | | 14d黏结强度<br>(MPa) | 拉伸强度(MPa) | | | |
| | | | | | | 0h | 12h | 18h | 24h |
| 20℃ | M5 | 90 | 87 | 好 | ≥0.15 | 0.27 | 0.18 | 0.12 | — |
| 30℃ | M5 | 89 | 88 | 好 | ≥0.15 | 0.21 | 0.11 | — | — |

从试验可以看出，二次加水搅拌会使湿拌砂浆的拉伸黏结强度大幅下降，完全满足不了国家标准对黏结强度大于0.15MPa的要求。因此，应坚决禁止现场二次加水重塑湿拌砂浆现象。

## 4 控制砂子级配、含粉量是控制湿拌砂浆质量的关键之三

自2016年以来，由于北方地区河道禁采，以及天然砂资源的减少，优质天然河沙已成为奢求，许多区域开始大量采用机制砂，但对其限制指标认识不足，导致乱用，进而给建筑工程带来隐患。

砂的级配对湿拌砂浆的质量有重大影响，其次是砂的含粉量或含泥量，应对其给予足够的重视。建议对含泥量超过3%的河砂严格控制，对含泥团的砂杜绝进站。建议对机制砂含粉量控制在5%~15%，含粉量超过20%会造成砂浆太黏，水泥用量受到限制，黏结强度达不到会造成大面积空鼓。

### 4.1 不同级配机制砂对砂浆性能的影响

机制砂细度模数为1.6~3.3，石粉含量为5%，最佳砂子细度为2.3。

从表4可以看出，选用A型机制砂制备的湿拌砂浆开放时间最小，选用C型机制砂的开放时间最长。其主要原因：A型砂粗颗粒较多，保水性差，在放置过程中失水快，表面硬化快，外加剂没有发挥出缓凝效应；E型砂细颗粒较多，需水量增大，石粉对于外加剂的吸附加强，使得外加剂实际效应降低，不能提高开放时间；C型砂级配合适，外加剂作用效果最优。

表4　不同级配机制砂对湿拌砂浆开放时间的影响

| 颗粒级配类型 | 细度模数 | 开放时间 | |
|---|---|---|---|
| | | M10 | M15 |
| A | 3.3 | 15h20min | 12h50min |
| B | 2.6 | 17h40min | 14h30min |
| C | 2.3 | 21h50min | 18h20min |
| D | 1.8 | 20h30min | 16h10min |
| E | 1.6 | 18h10min | 14h50min |

从图1可以看出，C型砂级配相对较好，粗颗粒之间被有效地填充，形成密实嵌挤，促使其水化后期抗压强度最好；A型砂粗颗粒较多，细颗粒较少，骨架之间的孔隙没有被有效地填充，而且浆体保水性差，水分散失过快，影响后期抗压强度发展；E型砂细颗粒较多，在预拌砂浆中没能形成骨架结构，使得总比表面积增大，从而颗粒之间的黏结强度降低，部分颗粒呈游离松散状态，其抗压强度降低。

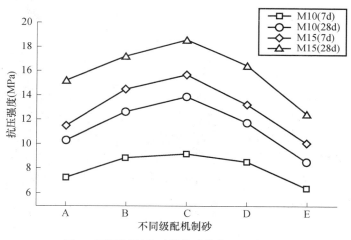

图1　不同级配砂对湿拌砂浆抗压强度影响

## 4.2　不同石粉含量机制砂对砂浆性能的影响

不同石粉含量机制砂对开放时间的影响见表5。

表5　不同石粉含量机制砂对开放时间的影响

| 石粉掺量（%） | 开放时间 | |
|---|---|---|
| | M10 | M15 |
| 0 | 14h40min | 12h30min |
| 5 | 18h10min | 15h40min |
| 10 | 20h30min | 17h10min |
| 15 | 19h20min | 16h20min |

如表 5 所示，对于 M10 和 M15 砂浆，当石粉掺量为 10％时，凝结时间最长；当不含石粉时，凝结时间最短。其主要原因：当机制砂中不含有石粉，其保水性差，水分散失快，影响缓凝效果；当石粉含量过高，石粉对外加剂的吸附明显，从而降低对水泥的缓凝效应。

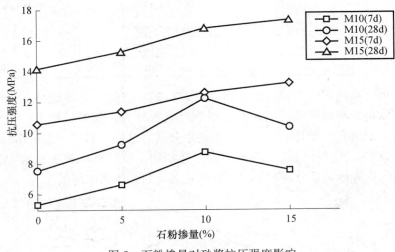

图 2　石粉掺量对砂浆抗压强度影响

如图 2 所示，对于 M10 砂浆，当石粉含量在 10％，其抗压强度最高；对于 M15 砂浆，随着石粉含量的提高，抗压强度逐渐增大。石粉在适宜掺量内，可以提高试件的抗压强度，主要是由石粉的微骨料效应、微晶核效应和特定的化学效应所决定。然而，随着石粉含量的增加，强度也会随之降低，这主要是在水泥浆用量一定的情况下，不足以包裹骨料，其黏附性减小，黏聚力降低，最终在硬化后期抗压强度下降。

# 5　控制湿拌砂浆质量的其他关键点

## 5.1　湿拌砂浆的材料选择及控制

水泥的使用，建议使用比表面积为 $340\sim360m^2/kg$，$C_3A<8\%$，碱含量符合要求的 P·O42.5 级水泥。粉煤灰的使用，由于电厂脱硝措施的实施，造成粉煤灰中混入部分铵盐，会大大加速水泥的水化，造成砂浆提前硬化，影响正常施工。建议粉煤灰与石粉按 1:1 搭配使用。湿拌砂浆的保水、保塑效果，主要靠外加剂进行调节，以保持水泥在适当的时间充分水化，产生足够的黏结强度和抗压强度，满足工程设计的需要。为了满足工地施工需求，加入砂浆缓凝剂，将使得水泥颗粒水化变缓，引起黏结强度降低，空鼓和开裂风险的可能性增大。

## 5.2　湿拌砂浆的储存及施工控制

湿拌砂浆的储存，建议搭建砂浆池或储罐，以便防雨、防晒、防渗漏。施工现场砂浆地要架设顶棚，砂浆表面应加盖塑料薄膜，作业地面铺设地膜，主要防水分流失。

尤其是北方地区，空气相对干燥，容易造成砂浆失水，失去工作性。有些工地没有顶棚，下雨之后，砂浆就没法再用了，砂浆企业应尽告知义务。

剪力墙施工是需要注意的一个问题，由于其吸水能力差，收面时间要错开。界面处理是剪力墙砂浆抹灰施工的重要工序。目前工地采用的界面处理方式很多，界面处理不当是产生砂浆空鼓质量事故的主因。从图3可看出，有无界面剂的差别，第一种有界面剂，黏结强度数值正常［图3（a）］；第二种无界面剂，黏结强度基本为零［图3（b）］。

(a) 有界面剂　　　　　　　　　　　　　(b) 无界面剂

图3　黏结强度测试情况

## 6　结语

湿拌砂浆是一种新型的绿色建材，符合我国可持续发展国策，与干混砂浆形成良性的互补，共同推动中国的预拌砂浆产业走向规模化和绿色化。

在湿拌砂浆快速发展的背后尚存在一些隐忧，一些不正确的思维导向，施工过程把关不严，都将造成人们对湿拌砂浆的质量不好的认知，我们有责任、有义务去坚守、去传播这一产品的正确认知，不断改善生产工艺及技术，严格控制生产工艺流程，加强行业内控，共同促进湿拌砂浆的快速健康发展。

# 水泥标准稠度用水量对普通砂浆强度的影响

胡启成　付志辉

（河南星伟智能建筑材料科技有限公司　固始）

水泥作为胶凝材料，广泛应用于建筑工程中。在预拌砂浆中普遍选用普通硅酸盐水泥作为胶凝材料，它的性能直接影响到普通预拌砂浆的性能和品质，水泥加水后可形成塑性浆体，在水中，水泥矿物开始溶解并发生水化反应，水泥浆体逐渐变稠失去可塑性，直至凝结；水泥既能在空气中硬化，又能在水中硬化，强度是它最重要的性能之一，普通硅酸盐水泥具有强度高、水化热高、抗冻性好、碱度高和抗碳化能力强等特点。

目前，我国水泥品种多达一百余种，水泥企业星罗棋布，已成为中国的支柱产业，在众多水泥生产企业中，由于生产企业规模差异、地区差异等因素，水泥质量也存在差异，特别是水泥标准稠度用水量差异尤为突出，将会影响普通预拌砂浆的性能，比如水泥标准稠度用水量的大小将影响砂浆的强度值。

在普通砂浆中，当水泥标准稠度用水量低时，配制的砂浆流动度、和易性和稳定性较佳，砂浆的强度较高，反之水泥标准稠度用水量越大，不仅降低砂浆强度、增加砂浆干缩产生裂缝的几率，而且会延长砂浆凝结时间，造成安定性能不稳定、砂浆抗渗性能和耐久性差等问题。经过近一年走访众多砂浆企业，在交流中遇到了关于水泥标准稠度用水量和砂浆用水量的差异，为此我们采集了多家水泥厂家的生产数据进行比对，验证水泥标准稠度用水量的大小对砂浆强度的影响。

## 1　技术原理

水泥净浆在某一用水量和特定测定方法下达到的稠度称为水泥标准稠度，这一用水量即称为水泥稠度标准用水量，它是水泥净浆需水性的一种反应。水泥标准稠度用水量由以下三部分组成：①诱导期开始前被新生成的水化物结合的结晶水；②湿润新生水化物颗粒表面和填充其空隙的水；③填充原始水泥颗粒间的空隙和在水泥颗粒表面形成的足够厚度的水膜，从而使水泥浆体达到标准稠度用水量。前两部分的用水量较小，最大用水量是第三部分的用水量，按此推理，第三部分的用水量主要决定于水泥颗粒空隙和水泥颗粒表面积的多少，以及水膜厚度的大小。

预拌砂浆加水后，可分为结合水、润滑水和自由水，加水后先消耗水泥中反应速度快的部分会发生水化反应，且不溢出拌和物，定义为结合水；其次水遇到砂浆中另外组分的物料表面吸附一部分水并被邻近部位的水分置换，定义为润滑水；而砂浆中多余的水则为自由水，砂浆的流动度和润滑效果取决于自由水量的多少，也是砂浆中必须保水的部分，自由水必须满足墙体基面的吸附、砂浆充分水化养护和因天气因素散失水分的需要，通常用保水性的多少来表示。随着砂浆用水量的逐步下降，但砂浆稠度并没下降，砂浆稠度的大小能反映砂浆的流动性的优劣，砂浆拌和物的和易性应包括流动性和稳定性两个方面。

（1）砂浆的流动性是指砂浆拌和物在自重和外力作用下流动的性能，通常用稠度来表示，控制砂浆流动性的大小，如若过大，砂浆易分层、吸水；若过小则不便施工操作，所以砂浆拌和物应具有适宜的稠度，确保砂浆流动性。

（2）砂浆的稳定性是砂浆拌和物保持各组分均匀稳定的能力，性能好的砂浆在存放、运输和使用过程中能很好地保持水分，不致很快流失，各组分不易分离，在砌筑过程中容易铺成均匀密实的砂浆层，能使胶结材料正常水化，从而保证工程质量，砂浆的稳定性通常用保水率来表示，为了真实地反映砂浆拌和物的稳定性，可用 2h 稠度损失率来表示砂浆拌和物的稳定性。在砌体硬化后，能将砖石黏连成为整体，起着传递荷载的作用，并经受环境介质的作用。

## 2 原材料与试验方法

### 2.1 水泥性能

本次试验采用不同企业生产的普通硅酸盐水泥，其强度等级为 P·O42.5；江西鄱阳湖湖砂，砂的细度模数为 2.5，属于中砂，相关性能指标符合国家标准《建设用砂》GB/T 14684—2011 的规定；常州电厂 Ⅱ 级粉煤灰；苏州宜和益砂浆有限公司生产的砂浆添加剂。具体指标见表 1。

表 1　水泥性能指标检测

| 序号 | 水泥（kg） | 加水量（g） | 标准稠度用水量（%） | 细度（%） | 安定性 | 凝结时间 | | 抗压强度（MPa） | | 抗折强度（MPa） | |
|---|---|---|---|---|---|---|---|---|---|---|---|
| | | | | | | 初凝（h/min） | 终凝（h/min） | 3d | 28d | 3d | 28d |
| 1 | 109 | 141.0 | 28.2 | 3 | 合格 | 1.55 | 4.87 | 25.1 | 42.9 | 5.1 | 6.9 |
| 2 | 106 | 140.0 | 28.0 | 3 | 合格 | 1.50 | 4.69 | 25.6 | 43.4 | 5.3 | 7.3 |
| 3 | 101 | 138.0 | 27.6 | 2 | 合格 | 1.50 | 4.58 | 26.8 | 45.7 | 5.8 | 7.7 |
| 4 | 93 | 134.0 | 26.8 | 2 | 合格 | 1.45 | 4.55 | 27.5 | 48.1 | 5.9 | 7.9 |
| 5 | 89 | 131.0 | 26.2 | 2 | 合格 | 1.45 | 4.31 | 28.1 | 51.8 | 5.9 | 8.1 |

### 2.2 干混砂浆性能

普通预拌砂浆试配依据《砌筑砂浆配合比设计规程》JGJ/T 98—2010。砂浆试配比：$Q_C : Q_D : Q_T : Q_S = 163 : 120 : 15 : 1503$。$W_{NC}$（含水率）为 0.4%；$P_A$（堆积密度）为 $1503g/m^3$。本试验依据水泥标准稠度用水量与普通预拌砂浆用水量采用对比性试验验证的方法，首先依据国家标准《预拌砂浆》GB/T 25181—2010 和行业标准《砌筑砂浆配合比规范》JGJ/T 98—2010 的规定，确定预拌砌筑砂浆 DMM5.0 强度等级基准砂浆配合比，根据水泥标准稠度用水量确定五组砌筑砂浆配合比，作为基材试验检测其稠度、2h 稠度损失率、保水率、凝结时间、表观密度、28d 抗压强度、28d 收缩率。试验检测方法参照行业标准《建筑砂浆基本性能试验方法标准》JGJ/T 70—2009 和国家标准《预拌砂浆》GB/T 25181—2010 附录 A 的规定进行试验，先检测其稠度、2h 稠度损失率、保水率、凝结时间和表观密度；并制作砂浆试样养护至 28d 龄期，再检测其抗压强度和收缩率。配合比见表 2，各项性能指标见表 3。

表 2　普通预拌砂浆 DMM5.0 试验配合比

| 序号 | 原材料 | 水泥 | 黄砂 | 煤粉灰 | 添加剂 | 用水量 |
|---|---|---|---|---|---|---|
| | 品种规格 | P·O42.5 | 中砂 | Ⅱ级 | YHYA 型 | 自来水 |
| 1 | 材料用量（kg） | 109 | 801 | 80 | 10 | 165 |
| 2 | 材料用量（kg） | 106 | 804 | 80 | 10 | 161 |
| 3 | 材料用量（kg） | 101 | 809 | 80 | 10 | 155 |
| 4 | 材料用量（kg） | 93 | 817 | 80 | 10 | 145 |
| 5 | 材料用量（kg） | 89 | 821 | 80 | 10 | 140 |

表 3　预拌普通砌筑砂浆 DMM5.0 各项性能指标

| 水泥（P·O42.5）（kg） | 稠度用水量（%） | 水泥加水量（g） | 稠度（mm） | 2h 稠度损失率（%） | 保水率（%） | 凝结时间（h） | 湿表观密度（kg/m³） | 28d 抗压强度（MPa） | 28d 收缩率（%） | 砂浆用水量（kg） |
|---|---|---|---|---|---|---|---|---|---|---|
| 109 | 28.2 | 141.0 | 80 | 20 | 89 | 8.7 | 1950 | 7.1 | 0.14 | 165 |
| 106 | 28.0 | 140.0 | 80 | 18 | 90 | 8.5 | 1935 | 7.0 | 0.13 | 161 |
| 101 | 27.6 | 138.0 | 80 | 17 | 90 | 8.2 | 1941 | 6.9 | 0.13 | 155 |
| 93 | 26.8 | 134.0 | 80 | 15 | 89 | 8.1 | 1931 | 7.1 | 0.14 | 145 |
| 89 | 26.2 | 131.0 | 80 | 15 | 90 | 8.0 | 1929 | 7.3 | 0.14 | 140 |

## 3　试验结果分析

对比试验结果表明，随着水泥标准稠度用水量的降低，砂浆用水量降低，即与水泥标准稠度用水量成正比，其他各项性能指标均符合国家指标并相对稳定。特别是砂浆强度、2h 稠度损失率、凝结时间、28d 收缩率都在提高。当砂浆性能不变时，为达到一定的流动性，砂浆用水量将随着水泥标准稠度用水量的增大而增大；反之随着水泥标准稠度用水量的降低而降低。由此可知：欲降低砂浆用水量必须降低水泥标准稠度用水量。

若水泥标准稠度用水量越大，砂浆要达到规定流动度的用水量和砂浆水灰比也会越大，其空隙就越多，密实度就越小，从而使砂浆的力学性能、耐久性能和施工性能变差，特别是砂浆强度影响最为明显。砂浆强度是反映砂浆整体质量的重要性能指标，从本试验中得出，砂浆配方设计两个基本参数，即水泥用量和水泥强度等级两个参数，水泥标准稠度用水量在普通预拌砂浆的配比设计中具有一定的重要性。

普通预拌砂浆强度同水泥用量和水泥强度等级成正比，提高砂浆强度必须增加水泥用量时，确保砂浆强度这一刚性指标不变。当砂浆用水量发生变化时，应保持水灰比不变，并相应调整水泥用量。为此，应尽量选用水泥标准稠度用水量小的水泥，控制其质量指标，稳定砂浆产品质量，降低其原材料成本，使砂浆产品具有良好的流动性和稳定性。

## 4　结论

（1）水泥标准稠度用水量应控制在合适的范围内，即当水泥熟料比表面积为 $350m^2/kg$ 时，水泥标准稠度用水量为 $24\%\sim26\%$，普通硅酸盐水泥允许有不超过 $15\%$ 的混合材掺入，也必须严格控制水泥标准稠度用水量 $\leqslant28.5\%$。

（2）降低水泥标准稠度用水量可以降低干混砂浆用水量和降低水泥用量，进而提高其砂浆强度，这对降低水泥用量及生产成本具有重要意义。

（3）在普通预拌砂浆中无需添加减水剂，因减水剂的价格不菲，砂浆企业必须考虑其生产成本，标准稠度用水量小的水泥与添加减水剂能达到同样的效果，是砂浆企业节能增效的最佳选择，更是增强企业核心竞争力的有效技术手段。

# 环保型多机塔楼式干粉砂浆生产线的研制

田云鹏

（郑州三和水工机械集团有限公司　郑州）

自 20 世纪 50 年代，郑州三和水工机械（集团）有限公司（下称"三和水工"）核心团队开始研制国内第一台全自动混凝土搅拌楼，距今已经六十多年历史。六十几年来，三和水工专注于配料搅拌行业，专心从事配料搅拌类高端建材机械装备研制，积累了丰富的经验。

目前公司形成了水工机械、商品混凝土机械、新型墙材机械、预拌砂浆机械与精品砂石骨料机械、建筑固废资源化及破碎筛分机械、电气控制产品等 6 个事业部（子公司），成为集产品研发、市场开拓、生产制造、安装服务、技术咨询于一体的大型现代化股份制企业集团。

三和水工团队核心骨干曾主持或参与国家级"重大技术科技攻关"项目 3 项，省部级科研项目 2 项，作为主要编写人员参与国家及省部级行业标准 3 部，目前拥有 120 多项产品发明及实用新型专利。近年成功研制目前全世界最大的强制式混凝土搅拌楼——$2 \times 7m^3$ 搅拌楼和国内最大的自落式混凝土搅拌楼——$4 \times 4.8m^3$ 搅拌楼，以及双机及多机高端环保型预拌砂浆生产线等国内外领先的成套装备。

三和水工注重研发与创新，多个型号产品为行业首创，产品遍布大江南北，并部分出口国外。公司是国家推散工作骨干会员企业，河南省"高新技术企业"；技术中心为河南省省级及郑州市级"企业技术中心"、河南省及郑州市级"混凝土及干粉砂浆生产设备工程技术研究中心"、河南省工业百强企业。

"责任大于天，只做好产品"，三和水工专一于配料搅拌行业，专注于大型高端绿色节能环保型成套建材装备研制，创造天更蓝、水更绿、空气更清新的生活家园是三和人多年不变的初衷。

## 一、多机塔楼式砂浆生产线研制背景

目前，随着国家对工程质量及环境污染治理越来越规范，越来越重视，除混凝土禁止现场搅拌外，砂浆"禁现"工作也在全国范围内引起重视，比如河南省已经把砂浆"禁现"工作列入"蓝天行动计划"，另外很多地区也把预拌砂浆推广列入大气污染防治范围。各地不同举措均体现了政府对工程质量、大气环境改善的重视。

而预拌砂浆生产的成套设备目前发展良莠不齐，大多环保效果还不尽如人意，并且规模较大的设备大多只能生产普通砂浆，部分大型生产线生产特种砂浆时需要停机反复冲洗生产通道；而生产特种砂浆的大多为作坊式简易小型设备，不但效率低下，且所生产的产品质量很难保证，另外生产环境的粉尘排放难以控制，与行业发展需求有很大差距。

鉴于以上情况，三和水工结合几十年生产混凝土设备，特别是近 60 年大型国家重点工程用多机型混凝土搅拌楼研制经验，成功研制双机或多机型预拌砂浆塔楼式生产线。

## 二、该机型特点

本次研制的新机型为"双机及多机高塔式预拌砂浆成套设备"，该机型具有以下优点：

1. 设备整体布局紧凑，占地面积小

现在无论大小城市，均是寸土寸金，采用塔楼式结构，设备布局紧凑，占地面积小。新建厂整个厂区约需 10 亩地即可，如在原有砂浆厂或混凝土搅拌站需 2～3 亩地即可完成双机或多机塔楼式生产线建设。为用户节约了土地成本，并且为国家节约了土地资源。

2. 造型美观、气势恢宏

双机或多机高塔式布局，设备高度很高，并整体封装，针对客户的不同要求，聘请专业的美工进行造型设计，色调搭配，使整套设备不但能保证在高环保的工况下完成生产任务，同时使设备本身成为工厂内的一道风景。

3. 绿色综合环保

该机型按绿色、高端、环保设计，不但整体封装，所有容易产生粉尘的环节，均采用脉冲式大过滤面积除尘器除尘，确保粉尘无外泄，并保证所有粉尘回收再利用，另外所有易产生噪声的环节采取消音措施，控制噪声污染，加上上述节能设计，整套设备均可达到绿色生产、综合环保的效果。

4. 整体节能

采用双机塔楼式结构，采用一次提升工艺，所有耗能点采用节能产品，并在生产效率上下功夫，降低生产综合运行成本。

5. 可同时生产普通砂浆及特种砂浆

双机或多机干粉砂浆生产线普通砂浆生产专用普通砂浆系统，特种砂浆专用特种砂浆系统。在生产过程中，传统的单机生产线生产特种砂浆时需要反复冲洗通道，而双机或多机设备，无需中断生产反复冲洗配料、搅拌及出料通道，即可同时完成普通砂浆及特种砂浆的生产。

6. 砂浆产品质量有保障

该双机或多机型自砂原料处理、所有材料存储、配料、搅拌、出料整个环节为全自动生产，小料添加剂采用独特的精湛技术，无论普通砂浆还是特种砂浆生产，质量均有可靠保障。

7. 综合投资少

该双机或多机型，共用粉仓、砂仓等原料仓及设备整体结构，共用一套控制系统，而配料、搅拌、出料、包装等环节均为相对独立。从外观看是一套设备，实际可以同时不间断生产两种或多种砂浆，同时具备两套或多套砂浆生产线功能。所以综合投资比分别建普通砂浆生产线和特种砂浆两套或多套生产线，大幅度降低了设备的投资。

### 三、推广使用情况

双机或多机塔楼式砂浆生产线是三和水工发明专利、实用新型发明产品。2008 年，三和水工推出国内首套"双机塔楼式"干混砂浆生产设备，并在新乡亿丰成功应用，并经不断总结创新，目前已经涵盖双机型/多机型若干种型号的系列产品。该机型具有占地面积小、综合投资少、稳定可靠、生产效率高、综合节能环保、可同时生产特种砂浆与普通砂浆等多方面优点。一经推出，便得到了用户的肯定和认可。目前，双机型/多机型塔楼式生产线已经在北京、天津、内蒙古、浙江、湖北、山东、福建、河南等地推广应用。

# 半干地坪砂浆的施工工法

陈鹏 邱云超

（开封市巨邦建筑材料有限公司 开封）

## 1 基层处理

1. 基层地面清理

为使基层养护及界面处理的时间充裕，要求地坪清理工作至少要在地坪施工前两天完成。清理内容包括：

（1）面上木料、塑料、抹灰落地料、铁丝头等杂物及碎屑。

（2）地面上突出的混凝土结料及落地料结块，必要时要用机械设备予以剔除。

（3）清理完以上杂物后，用水管连接水枪头将地面上的灰尘用水冲洗干净。

基层清理工作可以大幅度降低地坪砂浆出现空鼓、开裂等不良现象的发生概率，省去了不必要的后期修补。基层地面清洁作为地坪施工前的一个重要环节，各部门一定要做好宣传、动员、监督和检查。

2. 基层厚度控制

根据设计层高和现场主体结构情况，定出砂浆地坪的厚度。对于主体结构尺寸不合理的，造成厚薄相差较大的，要合理定出整体厚度控制点（一般干混砂浆地坪建议不低于 8mm）。厚度控制点要求使用的材料强度等级与地坪施工材料保持一致。

3. 地面养护

应提前一天对地面进行洒水养护，保证楼底板吸水充分。有些施工班组为了省工，只在开始施工前几个小时对地面漫灌，甚至是边施工边洒水，这些行为都是不可取的，需要予以禁止。基层地面由于完工较早，相对非常干燥，如果不能提前洒水养护，一旦地坪材料铺摊上去，基层地面开始迅速从这些材料中吸水，造成地坪材料与楼底板接触的部分不能进行正常的水泥水化反应，地坪材料上下层由于水化不均匀就会带来诸多质量问题（尤其是夏季高温时，易出现地面空鼓）。

4. 基层界面处理

目前，常规界面方法是扫水泥净浆。正确做法是将适量的水装入容器，再将水泥倒入，用搅拌枪搅拌 2~3min，然后用扫把蘸浆对地面做界面处理，有条件的工地可以在净浆中加入工程胶水。

禁止将干水泥直接撒在地面上，然后再洒水扫浆；禁止将地面放水后再向水中撒水泥。这种做法在一些工程案例中多次出现整体空鼓现象，无论是砂浆地坪还是细石混凝土地坪，如果界面层水泥净浆过稀或是有水泥灰层（干灰面），都会导致地坪材料与楼底板强度出现断层，进而造成质量事故。严格按照要求对地面做界面处理，可以较好地保障地坪材料与楼底板的结合，大大降低维修风险。

## 二、半干砂浆的拌制

1. 拌制要求

拌制的砂浆用手轻松可以握成团，手松开后可以轻易将砂浆团捏碎或摔开。

2. 错误做法

砂浆过干则磨光机施工时需要洒水较多（磨光机效率也将降低），并且不易洇透，造成地坪材料干湿度不均匀；砂浆过稀则砂浆易结团，结块打不开，造成不能顺利摊灰，且磨光机不易施工。这是半干砂浆施工成效最重要的控制点之一，要求推砂浆工人务必掌握。

3. 搅拌机调整

应让专业设备操作员对搅拌机进行调节。首先，将电源关闭，把搅拌机舱门打开；然后用 6cm 左右的木条支在舱门盖和搅拌机舱壳体之间，使舱门固定打开一定的距离，以便于出灰；调整好舱门出灰口后，用木板或软布将舱门盖遮挡，以降低抛洒或起灰；最后用豆丝钢筋将舱门盖固定拧紧。

4. 水量调节

根据出砂浆情况调节出水阀门，调节好后一般不需要再调整。搅拌机停止工作后重新启动时，会出现短暂的砂浆稠度变化，一般不需要调节，出砂浆稳定后即可恢复正常。

## 三、摊砂浆与刮平

半干砂浆推到已经做好界面处理的施工点后，用铁锹或铁耙将材料摊开、搂平，然后用尺杆沿厚度控制点将材料刮成统一厚度，要求半干砂浆铺设厚度稍微比厚度控制点高出 5～8mm。

## 四、磨光机打磨

将磨光机推到已经铺摊刮平的施工作业点，洒水的同时磨光机进行磨平提浆。洒水人员在磨光机工作间隙将低于水平面的部位及时用半干砂浆填平，洒水要求不能一次过多，要循序进行。墙角等磨光机不能打磨的部位要人工处理。在第一遍大致磨平后由专门工人对局部不平整部位人工修复，对预留的沟槽部位采用人工修补、修齐；对于较多修补、修齐的房间，打磨机应进行第二遍打磨处理。

注意：（1）尽量少的人员在施工房间，避免踩出较多脚印，影响施工效果；（2）施工人员穿专用鞋子（或用泡沫板制作简易鞋板），尽量避免二次磨光时将成品踩出过多脚印；（3）磨光机应由技术熟练人员操作。

## 五、成品养护

地坪施工完毕后应及时封闭房间，地面面层砂浆凝结后，应及时保湿养护，养护时间不应小于 7d。养护工作的好坏对地面砂浆质量影响极大，潮湿环境有利于砂浆强度的增长；养护不够，且水分蒸发过快，水泥水化减缓甚至停止水化，从而影响砂浆的后期强度。另外，地面砂浆一般面积大，面层厚度薄，又是湿作业，故应特别防止早期受冻，要确保施工环境温度在5℃以上。地面砂浆未达到养护龄期，过早投入使用时，面层易遭到损伤和污染，从而影响美观及使用，故要做好成品养护、保护工作。

注意事项：（1）当地坪施工结束24h后洒水养护；（2）在第一天洒水养护结束后，将房间门口堵好，进行蓄水养护，养护6d以上为宜；（3）阳台等向阳、通风处要多次检查，施工完毕4d内要保证蓄水充足，否则阳台及向阳、通风处极易出现风干开裂。

# 添加剂掺加方法对预拌砂浆性能的影响

陈 鹏 邱云超

（开封市巨邦建筑材料有限公司 开封）

砂浆添加剂在干混砂浆中起到至关重要的作用，加入合适的添加剂可以保证砂浆抗压强度、拉伸黏结强度、28d收缩率、保水性等。在生产质量控制环节，一方面要确保添加剂在试验配比砂浆各项物理性能达标，另一方面要确保添加剂能够达到国家标准和砂浆自身性能要求的扩散均匀性。为了达到这两方面要求，在试配成功的基础上，可以将核心添加剂与干混砂浆中的填料预混合，然后通过一定设备将混合扩充后的添加剂打入储存仓备用。这里我们将预混的添加剂与填料混合的料称为大掺量混合料，而将无预混的料称为小掺量混合料。

## 1 提高混合机搅拌效率

目前，普通干混砂浆主要采用的混合设备为双轴桨叶无重力搅拌机和单轴犁刀式搅拌机，个别企业也有采用连续式干粉砂浆生产线。各类混合设备不同，但混合效率与搅拌时间都是成正比例关系。普通干混砂浆除了满足其搅拌均匀度以外，尤其要注意添加剂在砂浆中的扩散均匀度，这将对砂浆质量起到决定性影响。

### 1.1 砂浆均匀性测试

采用双轴桨叶无重力搅拌机为研究对象，对其搅拌时间和砂浆均匀度进行研究。搅拌机参数见表1。

表1 搅拌机参数试验

| 型号/项目 | 全容积（m³） | 装载系数 | 电机功率（kW） | 设备重量（kg） | 外型尺寸（mm）最大直径×高 |
|---|---|---|---|---|---|
| WZ—10 | 10 | 0.4～0.6 | 55 | 8000 | 3550×3150×2400 |

试验共分为八组，试验以大掺量和小掺量添加剂为一个控制变量，试验搅拌时间为第二个控制变量。试验搅拌时间分别设定为90s、120s、150s和180s。每个混合单元为4t。

试验砂浆配比见表2。

表2 试验砂浆配比 （kg/t）

| 物料名称 | 小掺量混合料 | 大掺量混合料 |
|---|---|---|
| 水泥 | 130 | 130 |
| 粉煤灰 | 70 | 60 |

续表

| 物料名称 | 小掺量混合料 | 大掺量混合料 |
|---|---|---|
| 机制砂 | 700 | 700 |
| 特细砂 | 100 | 100 |
| 添加剂 | 700 | 10 |

## 1.2 试验砂浆测试分析

经过搅拌机混合后，我们对试验砂浆分别测试混合细度均匀度和砂浆保水率均匀度，并将八组试验数据离散系数进行分析。试验结果如图1所示。

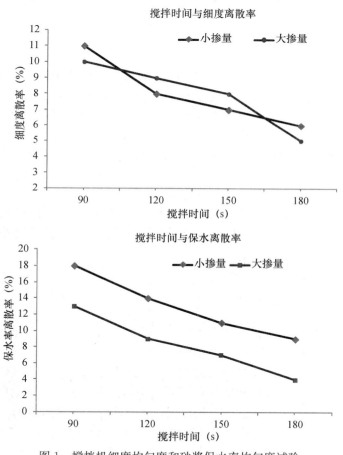

图1 搅拌机细度均匀度和砂浆保水率均匀度试验

根据生产实例测试，双轴桨叶无重力搅拌机搅拌90s时，无论小掺量还是大掺量添加剂的砂浆，其细度均匀度均能达到85％以上；但是在保水率均匀度方面，小掺量砂浆添加剂的保水率离散系数达到18％，而大掺量添加剂的只有13％。当小掺量添加剂搅拌时间达到180s时，其保水率离散系数为9％，而大掺量达到同样数值只需要搅拌120s。

根据《预拌砂浆应用技术规程》JGJ/T 223—2010 中规定，砂浆均匀度达到 90％才能符合使用要求。由此可见，大掺量添加剂仅混合时间一项可以缩短搅拌时间 30％以上，这将显著提高混合工序生产效率。

## 2 降低动力能耗和设备磨损

### 2.1 降低电能消耗

在砂浆中的大掺量混合料添加剂（预混料添加剂）是小掺量的几十倍，甚至是上百倍。所以，在预混料中添加剂的混合分散性更好，可以大大缩短搅拌时间和搅拌均匀度。这不但提高了产品质量的稳定性，而且减少了混合搅拌机搅拌时间，使混合工序电能消耗降低 25％以上。

### 2.2 延长设备使用寿命

无论哪种搅拌机，桨叶（或者犁刀）的磨损都是不可避免的。以单轴犁刀式搅拌机为例，用小掺量添加剂生产 8 万吨是一个节点，此时混合机桨叶一般会出现严重的磨损现象。如果不及时更换桨叶，则搅拌均匀度将会显著下降，进而引起一系列质量波动等方面的问题。一套搅拌机桨叶或犁刀更换起来费时费力，且造价不菲。对于只有一条生产线的砂浆企业，更换搅拌机桨叶一般需要停产 5h 以上（且是备件及时到位）。更换搅拌机桨叶显得"既费钱又费力"，而且产品供应的及时性大打折扣。粗略计算，采用扩充料添加剂，桨叶或犁刀使用寿命将会延长 30％以上。

除此之外，搅拌机其他部位，如各处轴承、液压系统、混合机舱壁、减速机等，都将随着混合时间的缩短而大幅度减少磨损时间，从而延长设备使用寿命。

## 3 添加量误差小、投料过程可追溯

### 3.1 未预混料添加剂投料特点

小掺量砂浆添加剂一般有两种投放模式：（1）人工称量好，逐盘投料；（2）采用专业小料秤计量。小掺量砂浆添加剂用量在 200～1000g/t。人工称量必定要考虑工人的细心程度和责任心，而逐盘投料又必须有专人负责投添加剂，这期间要考虑投料人员是否会漏投、错投等现象。既增加了管理成本，又给生产带来了不确定因素，整个过程没有电脑操作记录，无法追溯生产过程，大大增加了质量风险。

采用专业小料秤计量，具有投料自动化，减少劳动量和管理成本，投料过程有电脑记录，减少误投、漏投等特点。但是，目前添加剂计量秤由于设备振动，本身精度规格限制，即使比较好的设备，误差一般仍在 10～100g 不等。另外，干混砂浆添加剂都是极易潮解的化工材料，细度往往在 150 目以上，在计量系统中容易沉积、结块、黏合输送管道，造成设备堵塞、结皮，造成添加剂投料误差。

### 3.2 预混料添加剂投料特点

预混料直接将核心添加剂按重量放大 50～100 倍，所用基础材料为砂浆混合材。

除了上述混合均匀、混合速度快、省电之外，即使一盘误差达到千克级别，这个误差相对小掺量添加剂误差仍然较小。预混料可以直接打入稠化粉储料仓，生产时采用与水泥计量设备同步的计量秤。整个过程在生产记录里可以随时查阅，在质量追溯时非常容易查找，保障了产品质量的过程控制。

## 4　结论

预混料可以显著提高砂浆添加剂在混合过程中的均匀度，从而有效降低混合时间，增加生产产量。由于混合时间缩短，设备磨损率和单位产品能耗也随之降低。相比小掺量添加剂，预混料混合时间一项可以缩短搅拌时间30％以上，使混合工序电能消耗降低25％以上，桨叶或犁刀使用寿命将会延长30％以上，混合机轴承、液压系统、混合机舱壁、减速机等，都将随着混合时间的缩短而大幅度减少磨损时间，从而延长设备使用寿命。

所以，预混料既是砂浆添加剂发展的必然方向，也是企业精细化质量管理的必然途径。小掺量添加剂随着生产实践应用，已经越来越显示出其短板。企业在选择砂浆添加剂时，既要算小账，又要算大账，确保企业长远发展的核心切实得到保障。

**参考文献**

[1]　黄戌尉．干混砂浆搅拌机的设计构造［J］．建设机械技术与管理，2015（08）．
[2]　郭玉娜．干混砂浆外加剂的基本性能［N］．工程技术·建筑，2017.08（02）．

# 共享创新"互联网＋砂浆"为绿色砂浆助力

邬正好

（河南奇点网络科技有限公司　郑州）

在互联网日益成熟和完善的背景下，"互联网＋"是必然发展趋势。尤其是"互联网＋"被提升为国家战略之后，业界便掀起了一股"互联网＋"企业转型升级浪潮，砂浆生产和物流企业也难置身事外。实际上"互联网＋砂浆"是一个有望获得在"互联网＋"信息大网下生存的一个项目。

从可能的途径来看，可以建立一个省级"预拌砂浆生产质量、运输动态远程监管平台"，利用"互联网＋"技术实现对预拌砂浆质量、运输动态监管是可能的。这种平台可以通过在预拌砂浆生产线安装自主研发的数据采集仪，采集生产线计量传感器信号，自动实时采集水泥、掺和料、砂、水等原材料的生产投料数据，并采集运输罐的数据通过互联网上传至监管平台，各级监管部门、生产施工单位等均可从中查看相关数据，这种模式有可能会在全国推广。

（1）"互联网＋砂浆"的概念

目前已有一些企业开始"互联网＋砂浆"的尝试，"智慧砂浆"的概念已经在酝酿。实际上，互联网时代任何企业都要考虑互联网思考方式。需要将互联网思维理解成在（移动）互联网、大数据、云计算等科技不断发展的背景下，对市场、对用户、对产品、对企业价值链乃至对整个商业生态进行重新审视的思考方式。在买方市场中，客户的要求越来越苛刻，服务难度加大；优质水泥、砂子等原材料的运距越来越远，如果运用互联网思维，就能取得时间和空间局限的突破。

通过"互联网＋砂浆"实现内部流程的精细整合。进行"互联网＋砂浆"需要消除信息孤岛，对企业 ERP 进行升级换代，通过射频识别、红外感应器、全球定位系统、激光扫描器等信息传感设备，初步形成物联网，实现智能化识别、定位、跟踪、监控和管理。通过移动 APP 掌上信息管理平台。

然后通过"互联网＋砂浆"实现可利用资源的有效整合。充分利用社会上闲置的罐车，提供代驾、代运等服务。这样有助于需求聚合，去中介化，在价格战中掌握主动权。当然，这不仅是为了打破企业原有边界，更是一种转型的尝试。

（2）"互联网＋砂浆"的优势

从现阶段效果来看，"互联网＋砂浆"加强了互联网与传统砂浆企业的联系，并为传统企业找到了更加方便的产品销路，还催生了增值服务，促进了物流业的发展，加速了平台（生态）型电商、供应链平台的快速发展。另外，O2O 体验经营模式使得企业与消费者之间的信任度大大加强，促进部分互联网企业快速落地。可见，"互联网＋砂浆"可助力解决砂浆企业产能利用率低、诚信经营缺乏、技术支撑不足、企业利润低、资金压力大等问题。

（3）奇点科技"互联网＋砂浆"的做法

河南奇点网络科技有限公司（下称"奇点科技"）是一家高新技术企业，以物联网、大数据、云计算等为技术支撑，着眼于水泥砂浆企业的智能化管理，宗旨是通过科学的数据化调度管理为企业提供专用车辆的安全监控、卸料管理、运营调度、行车记录、司机违规报警、盲区监控、安全行驶分析报告等服务，从而大大提高行业信息化管理水平，促进预拌砂浆行业的科学发展。公司以智慧砂浆为中心，打造北斗/GPS卫星定位平台、智能车载终端、砂浆罐租赁共享平台、智能交通平台、线下综合业务平台等一系列符合国家发展思路的产品，面向政府提供共商、共创的技术支撑，面向企业提供共享、共赢的综合服务。公司已取得 ISO 9001：2015 质量管理体系认证及多项软件著作权，并拥有"中国 GPS 运营中心""STARSOFT 星软"等著名品牌。

近几年来，我们主要做了三件事，一是建立了河南省砂浆运输车辆信息服务平台，二是建立了共享砂浆罐平台，三是开发了车载/罐体终端设备。通过开发平台，达到了加强互联网与传统企业紧密联系，催生了增值服务，促进了物流业的发展效果。举个简单例子，某市散办需要了解当前动态生产数据，可以通过网络视频和物流平台系统来完成，并不需要生产企业报表、管理人员赶到现场查看，为管理部门、企业节省了人力资源成本。而且还能促进下步交易平台的发展，也为预拌砂浆建立一个可交易平台的基础。

1. 河南省砂浆运输车辆信息服务平台

水泥砂浆专用运输车辆一直以来都是受政府重点监管的特殊用途车辆，主要原因有：一是由于水泥砂浆作为重要的建筑材料，其质量关系到千家万户，维系着国计民生；二是由于水泥砂浆运输车辆吨位高、车身长，较常行驶于城市内区域，事故多发。河南省散装水泥管理办公室（以下简称河南省散办）在奇点科技的技术支持下，建立覆盖全省 18 个地市的散装水泥运输车辆公共信息服务平台，之后又将省内水泥砂浆企业为所属专用车辆安装北斗/GPS定位装置后纳入省信息服务平台。

从企业生产管理层面来看，平台以专用车辆行为轨迹在线为中心，以时间发展为轴线，向前回溯至水泥砂浆的成分计量、生产、库存和销售，向后延伸到公司员工绩效考核、生产和财务数据统计上报，企业内部的业务单元均被纳入到智能闭环中，为企业节约经营管理成本；同时，处于实时监管下的专用运输车辆的油、料丢失现象不复存在，车辆事故率也呈逐年下降趋势，减少企业的经济损失（图1）。

从政府管理层面来看，平台以原始数据为基础，周期性地进行数据多维度存储、分析，形成全省水泥砂浆生产运输安全报告，上报至河南省散办，再由河南省散办根据具体内容报送至相关职能部门。目前，河南省针对水泥砂浆专用运输车辆的管理已经形成以奇点科技车联网平台为基础，以散办为核心，结合安监、公安、交通运输、保险等多部门"齐抓共管"水平管理脉络，以及面向政企的"省－市－区－企业"四级垂直体系，大幅降低司机违法违规行为，进而降低事故率，防范重大安全隐患。

2. 共享砂浆罐平台

共享砂浆罐平台是干混砂浆行业供给侧结构性改革的一个创新性尝试，旨在实现地区内全行业基础设施的闲置资源共享，提高资源利用率，降低企业投资门槛，增加企业内部流动资金占有率。普遍情况下，砂浆罐的所有方和使用方并不在同一处，所有方不但需要实时确定砂浆罐的位置，还要掌握砂浆用量，做到砂浆的及时补给，因此，平台针对砂浆罐，除了安装必要的北斗/GPS定位装置外，还增加了称重传感器。

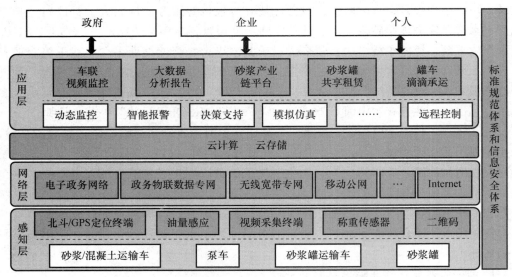

图1　奇点科技预拌砂浆产业生态链体系结构

奇点科技着眼于区域内全行业砂浆罐的统一调配，从2016年底开始筹备运营共享砂浆罐项目，截至2017年11月，共享砂浆罐运营平台在郑州市已运营了近1300个砂浆罐，为几十家砂浆企业提供砂浆罐共享租赁业务及延伸增值服务。租用共享砂浆罐的企业普遍反应：租用砂浆罐节约了企业的生产运营成本，相对于传统的购买砂浆罐方式，企业能够节约近三分之一的设备购买成本用于生产经营，将企业固定资产转化为流动资金；企业不再是共享罐的所有人，不负责砂浆罐的日常清理和维护，一个中等规模的砂浆企业每年能节约出几百个砂浆罐的维护费用，这是很大一部分成本投入。

在砂浆罐共享项目运营过程中，奇点科技从管理流程和技术创新两个方面持续投入研发。首先，共享砂浆罐业务已经形成了租赁合同签订、工地进场安装、租（押）金结算、租后保障运维、粉料运输供应链、工地间调拨及退场等各项工作的闭环管理。在明确业务流程的基础上，平台在砂浆罐定位和余量监控这些基础功能之上扩展了砂浆罐共享新业务，同时针对新功能开发了新的传感设备：砂浆罐充料口自动控制开关、前端传感集成面板，用于共享的砂浆罐已经成为新一代的智能砂浆罐。与平台具有相似功能的手机APP应用也在研发过程中。

水泥砂浆运输车的忙/闲状态和砂浆罐类似，受制于所属企业的生产订单，忙时企业会加大投入，闲时对企业而言则是成本浪费。从区域内全行业的层面来看，打破专用车辆和企业之间的紧耦合，利用互联网平台在专用车辆司机或车主与企业之间建立起一种松散耦合——按需调用闲置车辆，以此来实现全行业运输能力均衡调配。

3. 车载/罐体终端设备

（1）北斗/GPS 定位终端。规格型号 MB-N、XRD-W。MB-N：支持断油断电功能，支持 9～90V 电压保护，内置天线智能迷你型设备，ACC 可自动根据发动机震动检测开启或关闭状态，带后备电池和远程断电功能。XRD-W：扩展支持正反转，油耗传感器。

（2）罐体称重传感器。

（3）部标行驶记录仪。规格型号 BSJ-A6—BD（M），可扩展智能正反转，电容油杆，超声波油耗功能。

（4）正反转传感器。

（5）油位传感器。

（6）砂浆罐操控终端。

公司建立了完备的全网服务、即时服务、精工服务体系，即在全省 18 个地市，我们设立了近 30 个服务网点，围绕区域旗舰营业厅，辐射铺建服务网络，构建了严谨的服务体系和统一的服务标准。旗舰营业厅于 2008 年在国内首创的运营方式，以耗资千万自主研发的 BOSS 业务支撑系统作为营业厅模式标准化可持续运营的良好保障。在旗舰营业厅内，客户能够享受到咨询、体验、入网设备安装、故障报修、售后服务等一站式、全方位的服务。

即时服务包括全天候服务、多渠道服务和警务式服务。全天候服务——Call Center 呼叫中心 7×24h 恭候用户来电垂询，及时提供技术支持；多渠道服务——电话、传真、E—Mail、Web 网站，全方位服务；警务式服务——保证在接到用户报修通知的最短时间内，派遣相应技术人员携带备件到用户现场进行设备测试、故障处理、更换良品及升级软硬件版本等。

精工服务是由星级装维服务团队提供专业的安装施工与维护来实现的，通过定期举行培训与考核，对装维工程师进行评星评级，同时建立明确的服务标准与服务流程，设定明确的响应时间，保证对整个装维服务过程进行监管与考核。

# 第三部分　研究标准

# 掺外加剂预拌砂浆性能优化与机理研究进展

曲　烈　杨久俊

（天津城建大学材料科学与工程学院　天津）

**摘　要**　分析了矿物外加剂和化学外加剂在预拌砂浆中的作用，考察了最新的掺外加剂干混砂浆和湿拌砂浆配伍设计和性能优化的研究成果，综述了砂浆中水化硬化过程、保水、增塑和收缩开裂机理及结构特征，在此基础上提出了下步研究的某些设想。

**关键词**　预拌砂浆；配伍；性能优化；机理；结构特征

与现场搅拌相比，预拌砂浆具有用途广泛、施工效率高、节能环保的优点，主要品种为砌筑砂浆、抹灰砂浆和地面砂浆等，其生产方式为干混砂浆和湿拌砂浆。砂浆组分中，除了胶凝材料和骨料之外，外加剂是其重要组分，影响到砂浆在搅拌和施工过程中以及砂浆硬化后的各种性能。因此，掺外加剂砂浆的性能优化与机理研究，对其应用发展有着很重要的作用。

据统计，我国预拌砂浆的年产量约为 7000 万吨，干混砂浆所占比例约 80％，湿拌砂浆所占比例约 20％。目前，预拌砂浆性能优化的研究热点是用固体废弃物作为辅助胶凝材料或细骨料来降低成本和提高砂浆性能，以及采用有机、无机材料来提高砂浆的工作性、力学性能、抗裂性能和施工性能。

在砂浆中大量掺入粉煤灰、矿渣粉、石灰石粉和机制砂等不仅能够改善砂浆的工作性、耐久性和强度；而且还可以节约能源和资源，减轻环境负荷。掺化学外加剂是提高预拌砂浆性能的关键，可起到减水增强、增稠保水、缓凝作用，并改善和易性和提高砂浆黏结性与强度。一般由多种组分复合而成，对砂浆的施工性能和成品性质也有重要影响。

为使砂浆具有良好的施工性能，干混砂浆的用水量和稠度设计值比较大。一般来说，砂浆的强度不高，故其水泥用量较低，属于贫水泥基材料的范围。由于胶凝材料的用量较少，砂浆的保水性能也较差，很容易出现泌水和离析现象，加之上墙后容易失水，所以要使用纤维素醚作为保水剂。以抹面操作为例，普通的水泥浆在抹到基材表面上时，由于干燥多孔的基材会从浆体中快速大量地吸收水，靠近基材的水泥浆层很容易失去了水化所需的水，造成表面水泥浆层脱落，施工质量难以控制，故干混砂浆标准中对保水率有指标规定。

湿拌砂浆自加水拌和到施工应用之前的时间称为砂浆存放时间。随着存放时间的延长，砂浆的稠度降低，流动性降低，称之为稠度经时损失。当砂浆发生稠度经时损失后，二次加水重拌可以使砂浆重具和易性，但是会影响到砂浆的硬化强度，而采用减水剂和缓凝剂可以避免这个问题，但对砂浆后期性能也不得而知。因此如能将上述问题加以解决，则对预拌砂浆的整体性能将会有很大提高。

本文针对矿物外加剂和化学外加剂作用、掺外加剂预拌砂浆的配伍设计、性能优化与机理的研究做一综述，在此基础上提出了下步工作的方向。

## 1 外加剂组分及其作用

预拌砂浆产品组分中，因抹灰砂浆对强度要求不高，如能合理地掺入粉煤灰、石膏、矿渣等工业废料，减少水泥和天然砂用量，不仅能够消耗大量的工业废料、减轻环境压力，而且可以节约生产成本。加入适量化学外加剂可以改善砂浆和易性，如纤维素醚、可分散乳胶粉、纤维和减水剂，这些外加剂对砂浆的塑性及硬化后的性能有重要作用。

庄梓豪等研究了石灰石、矿渣、粉煤灰对干混砂浆性能的影响。发现与空白样相比，掺有 50%石灰石和粉煤灰的试样 60d 干缩值分别降低了 17.1%和 5.1%，而矿渣试样 60d 干缩值增加 20.5%。最优配比为 8%石灰石粉、30%矿渣和 4%粉煤灰的试样，砂浆流动度为 185mm，保水率为 98.80%，28d 抗压、抗折强度分别为 17.8MPa 和 4.8MPa。

Laetitia Patural 研究表明，砂浆的保水率随着纤维素醚（celluloseether，CE）分子量的增加而增加，砂浆的屈服应力减小、稠度增加。通常纤维素醚的添加量越大、黏度越高、颗粒细度越细，保水性越高。杨雷等研究了羟乙基甲基纤维素（HEMC）保水和增稠作用，当用量为 0.2%时，干混砂浆的保水率得以提高，分层度有所减小。

## 2 掺外加剂预拌砂浆的配合比设计

预拌砂浆的配合比设计可以采用正交、神经网络、单双因素法。砂浆强度的主要影响因素是水泥用量和不同胶凝材料的比例，不是用水量。有的研究人员发现在粉煤灰-水泥-脱硫石膏体系中，掺入石膏后能较好地激发粉煤灰活性，粉煤灰和脱硫石膏最佳比例为 7∶3，可以配制 M5、M7.5、M10、M15 强度等级的干混抹灰砂浆。在此体系中脱硫石膏能激发磨细粉煤灰的活性，具有较高的强度和较好的保水性。

顾彩勇等提出了不同强度砂浆优化配合比的指导原则：（1）对于低强度等级（28d 抗压强度在 16MPa 以下）的砂浆，建议砂浆体系灰砂比为 0.20～0.25，或可以稍高一些；水泥掺量在 30%左右即可，粉煤灰掺量在 50%～70%之间；MC 掺量可维持在 0.08%～0.1%。（2）对于中等强度等级（28d 抗压强度在 16～30MPa 之间）的砂浆，建议砂浆体系灰砂比在 0.25～0.33 之间选择；水泥掺量仍在 30%左右；粉煤灰掺量在灰砂比小于 0.3 时可取 20%～30%，在灰砂比大于 0.3 时可取 50%左右；MC 掺量相应可减小为 0.025%～0.06%。

纤维素醚、淀粉醚是提高砂浆保水率的主要组分。曲烈等发现以砂、粉煤灰、硅酸盐水泥、水为原料，并加入纤维素醚、淀粉醚、膨润土作为外加剂，当纤维素醚用量为水泥用量 0.05%时，干混砂浆稠度可以达到 88mm，保水率 88.9%，7d 抗压强度 6.1MPa；当淀粉醚掺量为水泥用量 0.05%，砂浆稠度可以达到 88mm，保水率 90.3%，7d 抗压强度 10MPa。当纤维素醚和淀粉醚复掺时，砂浆稠度为 78mm，保水率 89.19％，7d 抗压强度 5.9MPa。

## 3 掺外加剂预拌砂浆性能优化的研究进展

### 3.1 工作性

目前，干混砂浆生产中的砂子烘干系统，将导致砂浆温度偏高，尤其是在夏天，有的甚至高达 90℃，现场加水搅拌后砂浆温度仍高于 40℃，即存在干混砂浆稠度损失快、和易性差、收缩大问题。谢玲丽等指出可通过优化添加剂配方可解决热干混砂浆问题，其配合比例为：HPMC0.30‰；PAV29 2.0‰；FDN-1 2.0‰；STPP0.3‰；重钙粉 10‰。掺重钙粉不仅可以提高砂浆保水率，降低收缩率，而且还能够抑制热砂浆水分蒸发速率，从而降低砂浆 2h 稠度损失率，改善砂浆的施工性。

段瑞斌等研究了夏季掺外加剂的湿拌砂浆经时损失问题，发现在砂浆中掺缓凝剂具有延长凝结时间，保持稠度的作用，是解决湿拌砂浆存放时间短的关键所在。环境温度对掺减水剂、缓凝剂和保水剂砂浆工作性能影响较大，随着温度升高，砂浆凝结时间明显缩短，稠度损失明显加快；20℃±2℃～25℃±2℃温度段比较稳定，25℃±2℃～30℃±2℃，30℃±2℃～35℃±2℃温度段，下降很快（图 1）。

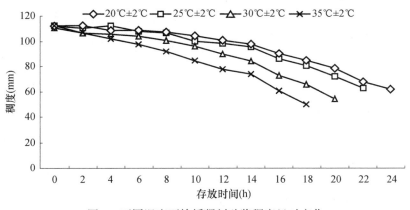

图 1　不同温度下掺缓凝剂砂浆稠度经时变化

### 3.2 收缩和开裂性

砂浆开裂经常是工程中遇到的顽疾，有时刚刚施工后不久就出现，有时会在硬化阶段发生。导致开裂的原因从材料因素上看，有胶凝材料和辅助胶凝材料的质量、水胶比、外加剂用法、砂子数量和质量的问题，比如有的采用砂子偏细；从工程因素上看，有墙面不处理、炎热或大风天气施工、养护条件差等导致的。

且正吉研究了水胶比、龄期对水泥砂浆、干缩性的影响，发现同水胶比下，水泥砂浆的干缩性随着龄期的变化而不断变化，前期变化较大，但后期变化较小。相同胶砂比下，水胶比 0.5 与 0.55 时砂浆的干缩率均大于 0.45。14d 前，0.55 水胶比砂浆干缩率小于 0.50 水胶比，但 14d 后，0.55 水胶比砂浆干缩率超过了 0.50。在 60d 时，水胶比 0.45、0.5、0.55 的砂浆的干缩率分别为 0.071%、0.081%、0.084%。

马保国等研制出 KH2 高效抗裂外加剂，砂浆配方为 $m$（水泥）：$m$（粉煤灰）：$m$（硅质细砂）＝1：0.43：2.86，KH2 成分为微膨胀剂、改性钢渣粉和其他外加剂。KH2 掺量在 1%、3%、5% 时，砂浆 28d 的干燥收缩分别为 0.045%、0.030%、0.023%，初始开裂时间分别延长了 0.48、1.07、1.43 倍；有效提高砂浆的自修复能力。蔡安兰等研究了环境条件对粉煤灰硅酸盐水泥砂浆干缩性能的影响，发现掺粉煤灰水泥砂浆的干缩性小于不掺粉煤灰的水泥砂浆。区洪英指出伴随着相对湿度的下降，水泥砂浆的干缩性能增加；相对湿度条件一定时，随着环境温度的上升，水泥砂浆的干缩性将增大。

高英力等研究了水泥-粉煤灰-脱硫石膏干混抹面砂浆的开裂情况，优选的三组干混砂浆力学性能分别满足 M7.5、M10 的强度要求；脱硫石膏掺量越大，减缩效应越明显，28d 干缩率最大仅为 $110 \times 10^{-6}$；水泥掺量不超过 15% 时，砂浆 28d 均未见肉眼可见裂纹。推荐干混砂浆配比为：水泥：粉煤灰：脱硫石膏：砂＝0.15：0.60：0.25：3.00。有的研究者发现减少水泥用量明显减小胶凝材料的收缩性，掺入粉煤灰的胶凝材料体积稳定性明显优于纯水泥，掺入粉煤灰和石膏的胶凝材料前出现微膨胀，由于石膏与硅酸二钙、硅酸三钙反应生成了钙矾石，补偿了水泥自身的收缩。

刘丽芳等指出聚丙纤维的细度、长度及表面改性均能够影响水泥砂浆的干缩性。姚武等通过采用圆环法的对比试验，发现聚丙烯纤维体积分数越高时，水泥砂浆出现裂缝的时间也就越晚，且各个体积分数下的聚丙烯纤维水泥砂浆裂缝形态为多发性细微裂缝。

### 3.3 抗压、黏结抗拉强度

砂浆强度不能套用保罗米公式，因为大水灰比时，水灰比对砂浆强度影响不敏感。但砂浆强度与水泥强度等级和用量成正比；当掺入矿物外加剂后，尤其是复合矿物外加剂，由于存在滚珠效应、二次火山灰效应和复合效应等，使砂浆强度明显受其影响。

杨长利等发现当水泥 20% 时，不同石膏掺量的原状灰、低钙灰干混砂浆强度均大于 5MPa，适合配制 M5 砂浆，其中在石膏 30%～40% 时原状灰砂浆强度大于 10MPa，可以配制 M10 砂浆，磨细灰砂浆强度均大于 15MPa，可以配制 M15 砂浆。石膏掺量较少时，粉煤灰强度随着石膏掺量的增加而增大，石膏掺量相同时磨细灰强度远远高于原状灰和低钙灰强度，说明磨细后粉煤灰中的多孔玻璃微珠和微珠黏连结构破碎，增加了粉煤灰的火山灰活性，粉煤灰颗粒变细更利于石膏对其的激发作用，从而大大提高了强度（图2）。

肖海波研究了石灰石粉掺量和细度对机制砂干混砂浆黏结强度的影响，发现随着石灰石粉掺量的增加，磨细石灰石组砂浆拉伸黏结强度呈现先增大后减小的趋势，而原粉石灰石组砂浆呈现一直下降的趋势；磨细石灰石组砂浆中，当石灰石粉等量取代粉煤灰的取代率为 60% 时，砂浆黏结强度达到最大；磨细石灰石组砂浆拉伸黏结强度较原粉石灰石组增加 11.8%、19.6%、25.5%。

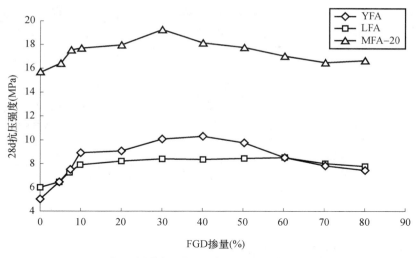

图 2　水泥-粉煤灰-脱硫石膏配比与砂浆强度的关系

## 3.4　砂浆施工可喷涂性

目前，对于砂浆施工可喷涂性，砂浆标准上尚无具体指标。作者认为砂浆施工可喷涂性可根据砂浆稠度、泌水量及含气量来确定，一般情况下，可喷涂砂浆稠度范围为 80～110mm。张志平研究了机制砂替代天然砂对预拌砂浆喷涂性的影响，发现砂浆稠度控制范围为 90～100mm。砂子级配对砂浆保水率的影响较小，对砂浆的含气量影响较大，且机制砂抗压强度大于天然砂。与天然砂相比，机制砂的泵送性相差不大。作者还发现细度模数越小的砂浆，其含气量越小，其黏性越好，泌水现象较少，见表 1。细度模数越大的砂浆越容易出现泌水现象。细度模数越小的砂浆其 28d 抗压强度越小。

许霞等研究了轻质骨料、保水剂、触变剂等对脱硫石膏基喷涂石膏砂浆性能的影响，其最佳配比为：脱硫石膏 50％，轻骨料玻化微珠 3％，细砂 46.4％，保水剂纤维素醚 0.2％，石膏缓凝剂 0.25％，触变剂淀粉醚 0.05％。制备的脱硫石膏基喷涂石膏砂浆初凝、终凝时间分别为 85min、104min，抗折、抗压强度分别为 2.3MPa、4.7MPa，与混凝土板和加气混凝土砌块的拉伸黏结强度分别为 0.45MPa、0.37MPa。掺入玻化微珠，可降低砂浆密度，改善施工性，降低喷涂设备的损耗。掺入纤维素醚可增加砂浆的保水率、拉伸黏结强度。掺入淀粉醚可提高材料的抗下垂能力、润滑性，使操作更滑爽，改善了材料的操作性能，满足施工要求。

表 1　机制砂细度模数对机械喷涂影响的试验

| 编号 | P1 | P2 | P3 | P4 |
|---|---|---|---|---|
| 稠度（mm） | 96 | 95 | 94 | 95 |
| 用水量（g） | 170 | 170 | 175 | 175 |
| 湿体积密度（g） | 2127 | 2106 | 2154 | 2097 |

续表

| 编号 | P1 | P2 | P3 | P4 |
|---|---|---|---|---|
| 含气量（%） | 2.35 | 2.30 | 2.25 | 2.28 |
| 28d抗压强度（MPa） | 21.75 | 20.34 | 19.83 | 18.77 |
| 泌水性 | 微泌水 | 微泌水 | 微泌水 | 轻微泌水 |
| 操作性 | 有黏性，粗颗粒影响操作 | 有黏性，粗颗粒影响操作 | 有黏性，操作可以 | 有黏性，操作性好 |
| 泵送性 | 手里留下砂子，水泥浆流走，泵送性差 | 手中留下部分砂子。失去水泥浆，泵送性较差 | 指缝间带走大量的砂子，泵水性好 | 指缝间带走大量的砂子，泵水性好 |

## 4　作用机理

### 4.1　水化产物形貌和水化硬化过程

当水泥水化早期时，其水化产物为水化硅酸钙、水化铝酸钙凝胶及针状晶体钙矾石，水泥石中晶体发育不完全，有较多的空隙，水泥石强度较低。到 28d 水泥颗粒基本水化完成，大量的针状晶体相互交错将颗粒之间黏连成一个整体，产生较高的强度。

研究人员发现在粉煤灰-水泥-脱硫石膏体系中掺入磨细粉煤灰胶凝材料养护 28d 时，水泥的水化基本完成，胶凝材料中生成大量的棒状、针状和簇生的放射状钙矾石晶体和石膏晶体，粉煤灰颗粒中的活性 $SiO_2$、活性 $Al_2O_3$ 与 $Ca(OH)_2$ 和石膏反应生成大量的水化硅酸钙凝胶，大量的水化产物和粉煤灰颗粒相互交错形成密实的结构，这是砂浆强度提高的原因（图 3）。

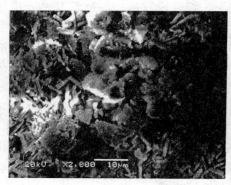

(a) ×2000倍　　　　　　　　　　　　　(b) ×5000倍

图 3　粉煤灰-水泥-脱硫石膏胶凝材料 28dSEM 照片

### 4.2　保水增稠机理

水泥的水化反应是一个复杂的物理化学过程，纤维素醚 CE 早期吸附现象反映在其初始阶段；CE 影响水泥浆体和熟料单矿物早期水化现象反映在其加速阶段；孔结构演变的结果则反映了其稳定阶段。Nguyen 等认为 CE 存在 4 种吸附机理：氢键作用、化学络合作用、憎水作用、静电作用。CE 颗粒在新拌砂浆中吸水后膨胀形成胶体膜结构，胶体膜吸附在不同水泥颗粒表面，起到了桥接的作用；有的胶体膜聚集在一起形成了较大的"CE 胶团"，这些"CE 胶团"或吸附在水泥颗粒表面或分散在颗粒间的溶液内。

Bülichen 提出了 CE 保水机理：CE 的吸附改变了新拌水泥浆体孔壁表面结构，与水化产物一起缩小或堵塞了水分的传输通道，减少了水渗透量。CE 溶于水形成的"胶体"属于黏弹性溶液，可用形变量表征其流动性能；当形变量较小时，自身的弹性模数大于黏性模数，溶液的弹性模数发挥主要作用，即恢复形状的能力较大；当形变量较大时，自身的弹性模数小于黏性模数，溶液发生黏性流动，即恢复形状的能力较小。测试过程中水泥浆体基本不发生形变，CE 胶体使得混合浆体局部区域具有较高的形状恢复能力而留住了水分。

## 4.3　增塑机理

砂浆保水增塑剂一般包括缓凝组分、引气组分、保水组分、减水组分等。缓凝剂可起到减少经时损失的作用。保水组分为 CE 等，引气组分使水溶液表面能降低，不仅使砂浆具有较高的含气量，而且气泡膜的韧性比纯水气泡膜韧性高，气泡不容易被排出，稳定性好。

不同缓凝剂的作用机理是不同的。白糖主要是通过羟基的氢键作用，在水泥颗粒形成水膜，阻碍了水泥水化，从而起到缓凝作用。葡萄糖酸钠是因其含有络合物形成基，在水泥水化的碱性介质中，与游离的 $Ca^{2+}$ 生成不稳定的络合物，致使液相中 $Ca^{2+}$ 质量浓度下降，同时络合物形成基也可能吸附于水泥颗粒表面与水化产物表面上的 $O^{2-}$ 形成氢键，并且络合物形成基又与水分子通过氢键络合，使水泥颗粒表面形成一层溶剂化水膜，从而抑制了水泥水化进程。

## 4.4　收缩开裂机理

砂浆中较为常见的是塑性收缩裂缝、干燥收缩裂缝。塑性收缩是指砂浆在凝结前，其表面由于失水较快进而导致的，所产生的裂缝往往在大风或干热的天气中出现。干燥收缩裂缝是干缩失水引起的砂浆开裂。由于砂浆外部水分损失较快，进而变形也就越大；反之内部水分散失若较慢，砂浆往往处于不同约束状态引起拉应力，抗拉强度较低，导致砂浆开裂。

## 5　结语

基于前期研究，本课题组提出提升预拌砂浆性能的新构想：强度通过复合胶凝材料体系来实现，保水增稠性则通过氢键、化学络合、憎水、静电作用形成吸附于水化产物表面和胶体膜结构来实现，增塑通过复合缓凝、引气、保水、减水组分体系来实现，砂浆性能优化将形成多层次增强体系，具有实用价值。未来主要研究方向仍是在开发新的复合胶凝材料同时增强保水增稠、增塑、抗裂等性能。因此，研究清楚掺外加剂的砂浆的物理化学本质，将对预拌砂浆在新型建筑工业化发展过程中产生深远影响。

# 工业废渣在干混砂浆中的应用

刘凤东[1]　耿国良[2]　王冬梅[1]

（1　天津天盈新型建材有限公司　天津，2　天津市发展散装水泥管理中心　天津）

**摘　要**　随着社会的发展，人们对环境愈加重视，节能减排渗透到经济发展的多个环节，节约能源、变废为宝成为各行各业新的研究方向。本文主要针对天津地区产生的粉煤灰、矿渣、液态渣等多种工业废渣应用于干混砂浆中的物理指标进行了研究。废渣的掺入起到了改善水泥基材料的综合性能，降低生产成本和减轻环境负荷的作用，既节约了自然资源，又保护了生态环境，值得推广。

**关键字**　工业废渣；干混砂浆；节能减排；应用

## 1　概述

天津市是我国重要的大工业城市，其工业门类繁多，产品及原材料消耗种类复杂，随着工业的发展，各种工业废渣的排放量日益增加。天津地区的工业废渣主要有热电场排放的粉煤灰和液态渣、钢厂在炼钢过程中排出的废钢渣、炼铁过程产生的矿渣、石料开采后的尾矿石等几大类。目前，针对将废渣再利用于混凝土、水泥等生产中的研究比较多，本文重点在于研究将废渣应用于干混砂浆后的物理性能。

## 2　各种工业废渣在干混砂浆中的应用

### 2.1　工业废渣化学成分

表1　选用的工业废渣化学成分

| 材料 | 化学组分（%） | | | | | | | | | | |
|---|---|---|---|---|---|---|---|---|---|---|---|
| | $SiO_2$ | $Al_2O_3$ | $Fe_2O_3$ | CaO | MgO | $SO_3$ | $K_2O$ | $Na_2O$ | $P_2O_5$ | FeO | f—CaO |
| 粉煤灰 | 52.75 | 25.80 | 9.71 | 3.72 | 1.20 | 5.03 | — | 0.53 | — | — | — |
| 矿渣 | 34.18 | 13.80 | 15.32 | 26.60 | 8.14 | 0.29 | 0.43 | 0.60 | — | — | — |
| 钢渣 | 9.29 | 0.49 | 0.74 | 44.85 | 9.77 | — | — | — | 1.74 | 13.44 | 11.96 |
| 液态渣 | 49.64 | 14.18 | 5.92 | 27.92 | 1.07 | — | — | — | — | — | — |
| 石矿渣 | 90 | — | — | — | — | — | — | — | — | — | — |

### 2.2　根据各种工业废渣的特点，单独或复合掺用到干混砂浆中，考察其性能指标，最终配制出合格的产品

#### 2.2.1　粉煤灰的应用

粉煤灰以不同掺量等量取代水泥对干混砂浆性能的影响：

（1）不同掺量粉煤灰对砂浆的流动性、保水性的影响

试验中固定灰砂比为 1∶3，水灰比为 0.15，粉煤灰的掺量指粉煤灰相对水泥质量的百分数（表 2）。

**表 2 不同掺量粉煤灰对砂浆流动性、保水性影响**

| 序号 | 粉煤灰掺量（%） | 稠度（mm） | 分层度（mm） |
|------|---------------|-----------|-------------|
| 1 | 0 | 94 | 7 |
| 2 | 10 | 94 | 7 |
| 3 | 20 | 95 | 8 |
| 4 | 30 | 98 | 10 |
| 5 | 40 | 96 | 11 |
| 6 | 50 | 94 | 14 |
| 7 | 60 | 90 | 15 |
| 8 | 70 | 88 | 17 |

由表 2 可知，粉煤灰掺量小于 30％时，在一定程度上提高了砂浆的流动度，砂浆的稠度随其掺量增加而增大，当掺量超过 30％时，稠度随其掺量增加而减小。当掺量小于 30％时，粉煤灰中的光滑圆球状颗粒均匀地分散在水泥微颗粒之间，有效减少吸水性和内摩擦，从而增强密实性，由于粉煤灰相对体积质量较小，加入后混合物的胶凝物质含量增加，水灰比随之增大，提高了砂浆的流动性。粉煤灰粒径较小，比表面积较大，当掺量大于 30％时，表面润湿需水量的增加超过其形貌的减水作用，同时，粉煤灰的密度小于水泥密度，等质量取代水泥后，粉煤灰体积量增大，因而需水量增多，稠度变小。粉煤灰的掺入降低了砂浆的保水率，砂浆的分层度随着粉煤灰掺量的增大而增大。掺加粉煤灰的浆体在静置时，由于重力作用，水泥颗粒沉降，原处于浆体结构内部的自由水上升集于浆体表面，形成泌水，并且搅拌过程持续上浮，进而造成浆体的不均匀且失去连续性，保水性因此而下降。

（2）不同掺量粉煤灰对砂浆抗压强度的影响

试验中固定灰砂比为 1∶3，砂浆稠度控制在 90～100mm 范围内，粉煤灰的掺量指粉煤灰相对水泥质量的百分数（表 3）。

**表 3 不同掺量粉煤灰对砂浆抗压强度的影响**

| 序号 | 粉煤灰掺量（%） | 稠度（mm） | 28d 抗压强度（MPa） |
|------|---------------|-----------|---------------------|
| 1 | 0 | 94 | 42.10 |
| 2 | 10 | 94 | 31.45 |
| 3 | 20 | 95 | 26.80 |
| 4 | 30 | 95 | 23.42 |
| 5 | 40 | 94 | 20.15 |
| 6 | 50 | 95 | 15.68 |
| 7 | 60 | 93 | 11.54 |
| 8 | 70 | 95 | 6.85 |

由表 3 可见,在砂浆中用不同掺量的粉煤灰取代水泥后,砂浆的 28d 抗压强度随着粉煤灰掺量的增大逐渐下降。

因此,粉煤灰取代适量水泥有利于改善砂浆的密实度,也有利于降低成本,适宜的取代量为 30% 左右。

### 2.2.2 磨细矿渣的应用

将磨细矿渣不同掺量等量取代水泥配制成干混砂浆,考察其对性能的影响:

(1) 不同掺量的磨细矿渣对砂浆流动性、保水性的影响

试验中固定灰砂比为 1:3,水灰比为 0.15,磨细矿渣的掺量指矿渣相对水泥质量的百分数(表4)。

表 4 不同掺量磨细矿渣对砂浆流动性、保水性的影响

| 序号 | 磨细矿渣掺量(%) | 稠度(mm) | 分层度(mm) |
|---|---|---|---|
| 1 | 0 | 94 | 7 |
| 2 | 10 | 94 | 7 |
| 3 | 20 | 94 | 7 |
| 4 | 30 | 93 | 7 |
| 5 | 40 | 93 | 6 |
| 6 | 50 | 92 | 6 |
| 7 | 60 | 92 | 5 |
| 8 | 70 | 91 | 5 |

由表 4 可见,砂浆的稠度随着磨细矿渣掺量的增大而逐渐减小,但幅度不大。矿渣减少水泥初期水化产物的互相搭接,在水泥水化初期,矿渣颗粒分散并包裹在水泥颗粒的表面,对水泥水化产物的搭接有隔离作用,从而起到增加水泥砂浆流动度的作用。但磨细矿渣多比水泥细,且多为棱角状,因而可以降低稠度,但幅度不大。磨细矿渣的掺入提高了砂浆的保水率,砂浆的分层度随着矿渣掺量的增大而减小。

(2) 不同掺量的磨细矿渣对砂浆抗压强度的影响

试验中固定灰砂比为 1:3,稠度控制在 90~100mm 范围内,磨细矿渣的掺量指矿渣相对水泥质量的百分数(表5)。

表 5 不同掺量磨细矿渣对砂浆抗压强度的影响

| 序号 | 磨细矿渣掺量(%) | 稠度(mm) | 28d 抗压强度(MPa) |
|---|---|---|---|
| 1 | 0 | 94 | 42.10 |
| 2 | 10 | 95 | 43.42 |
| 3 | 20 | 97 | 45.00 |
| 4 | 30 | 96 | 47.25 |
| 5 | 40 | 94 | 39.25 |
| 6 | 50 | 94 | 27.64 |
| 7 | 60 | 95 | 12.36 |
| 8 | 70 | 93 | 7.28 |

由表5可见，在砂浆中用不同掺量的磨细矿渣取代水泥后，在磨细矿渣掺量小于30%时，砂浆的28d抗压强度随着磨细矿渣掺量的增大而增大，当掺量大于30%时，抗压强度逐渐下降。

因此，磨细矿渣取代适量水泥有利于砂浆硬化性能的改善，也有利于降低成本，适宜的取代量为30%左右。

### 2.2.3　粉煤灰和磨细矿渣的应用

将粉煤灰和磨细矿渣复合使用以不同掺量等量取代水泥，配制的干混砂浆性能影响：

（1）不同掺量的粉煤灰和磨细矿渣对砂浆流动性、保水性的影响

试验中固定灰砂比为1：3，水灰比为0.15，粉煤灰掺量及磨细矿渣掺量指粉煤灰或磨细矿渣相对水泥质量的百分数（表6）。

表6　不同掺量的粉煤灰和磨细矿渣对砂浆的流动性、保水性的影响

| 序号 | 粉煤灰掺量（%） | 磨细矿渣掺量（%） | 稠度 | 分层度 |
|---|---|---|---|---|
| 1 | 0 | 0 | 94 | 7 |
| 2 | 30 | 0 | 98 | 10 |
| 3 | 0 | 30 | 93 | 7 |
| 4 | 10 | 20 | 94 | 7 |
| 5 | 15 | 15 | 96 | 8 |
| 6 | 20 | 10 | 95 | 9 |

由表6可见，粉煤灰和矿渣复合掺加使用时，砂浆的稠度、分层度介于单独将粉煤灰或单独将矿渣取代水泥配制成的砂浆之间。

（2）不同掺量的粉煤灰和磨细矿渣对砂浆的抗压强度的影响

试验中固定灰砂比为1：3，稠度控制在90～100mm范围内，粉煤灰掺量及磨细矿渣掺量指粉煤灰或磨细矿渣相对水泥质量的百分数（表7）。

表7　不同掺量的粉煤灰和磨细矿渣对砂浆的抗压强度的影响

| 序号 | 粉煤灰掺量（%） | 磨细矿渣掺量（%） | 稠度 | 28d 抗压强度 |
|---|---|---|---|---|
| 1 | 0 | 0 | 94 | 42.10 |
| 2 | 30 | 0 | 95 | 23.42 |
| 3 | 0 | 30 | 96 | 47.25 |
| 4 | 10 | 20 | 95 | 39.22 |
| 5 | 15 | 15 | 95 | 33.00 |
| 6 | 20 | 10 | 97 | 28.15 |

由表7可见，掺加粉煤灰和磨细矿渣后，砂浆的强度有所降低，但相较之下，同等量代替水泥，粉煤灰和磨细矿渣复合使用强度值高于单独使用粉煤灰的情况。首先水泥中存在着 f-CaO，其作为激发剂能使矿渣立即水化释放出大量的低密度水化硅酸钙、钙矾石及 $Ca(OH)_2$，这些物质均具有大比表面积，聚集在粉煤灰颗粒周围，起着

晶核的作用，从而加速粉煤灰水化反应。其次由于矿渣的碱度远大于粉煤灰，矿渣水化时提高胶凝材料体系中 $OH^-$ 含量，砂浆碱度提高将打破粉煤灰的玻璃相，加速水化。二者复合使用优势互补，各项性能优于单独使用的情况。

### 2.2.4 钢渣的应用

常温下，钢渣的强度活性较低，可通过提高比表面积物理激发活性以及通过压蒸养护化学激发提高钢渣活性。本研究未对钢渣的处理技术作深入探讨。

普通砂的主要成分为 $SiO_2$，钢渣主要成分为 $CaO$，二者不同点就是在砂浆的水化进程中，低筛分区的钢渣与水泥一道参与了水化反应。

本研究只对钢渣的应用进行了初步试验，用其取代部分砂来配制砂浆。本试验中采用的钢渣，只经过简单的筛分处理，剔除大于 3mm 的部分。

（1）不同掺量的钢渣对砂浆流动性、保水性的影响

试验中固定灰砂比为 1∶3，水灰比为 0.15，钢渣掺量指钢渣相对砂质量的百分数（表 8）。

**表 8　不同掺量的钢渣对干混砂浆的流动性、保水性影响**

| 序号 | 钢渣掺量（%） | 稠度（mm） | 分层度（mm） |
|---|---|---|---|
| 1 | 0 | 94 | 7 |
| 2 | 10 | 94 | 6 |
| 3 | 20 | 93 | 7 |
| 4 | 30 | 92 | 8 |
| 5 | 40 | 92 | 9 |
| 6 | 50 | 91 | 9 |

由表 8 可知，钢渣取代部分砂，砂浆的稠度、分层度变化幅度很小，影响不大。

（2）不同掺量的钢渣对砂浆抗压强度的影响

试验中固定灰砂比为 1∶3，稠度控制在 90～100mm 范围内，钢渣掺量指钢渣相对砂质量的百分数（表 9）。

**表 9　不同掺量的钢渣对干混砂浆的抗压强度的影响**

| 序号 | 钢渣掺量（%） | 稠度（mm） | 28d 抗压强度（MPa） |
|---|---|---|---|
| 1 | 0 | 94 | 42.10 |
| 2 | 10 | 92 | 42.00 |
| 3 | 20 | 92 | 41.70 |
| 4 | 30 | 94 | 41.88 |
| 5 | 40 | 93 | 40.65 |
| 6 | 50 | 95 | 40.10 |

由表 9 可见，钢渣代替部分砂，抗压强度略有下降，变化幅度不大。

为了考察钢渣对砂浆长期性能的影响，本试验将制得的试块，分别在自然和泡水两种条件下长期养护约一年，从外观及强度值上并未发现膨胀等异常现象，尚未做大

面积应用效果方面的深入研究。

### 2.2.5　增钙液态渣的应用

增钙液态渣其硅化物结构为无定型玻璃体，有易碎不易细的特点。本研究将经过预处理的增钙液态渣以不同掺加量代替部分砂配制成干混砂浆，其性能影响情况如下：

（1）不同掺量的增钙液态渣对砂浆流动性、保水性的影响

试验中固定灰砂比为 1∶3，水灰比为 0.15，增钙液态渣掺量指液态渣相对砂质量的百分数（表 10）。

表 10　掺加增钙液态渣对干混砂浆的流动性、保水性影响

| 序号 | 液态渣掺量（%） | 稠度（mm） | 分层度（mm） |
|---|---|---|---|
| 1 | 0 | 94 | 7 |
| 2 | 10 | 94 | 7 |
| 3 | 20 | 94 | 8 |
| 4 | 30 | 93 | 8 |
| 5 | 40 | 92 | 8 |
| 6 | 50 | 91 | 9 |
| 7 | 60 | 90 | 10 |

由表 10 可知，增钙液态渣的掺量增加，砂浆的稠度变小，分层度增大。

（2）不同掺量的增钙液态渣对砂浆抗压强度的影响

试验中固定灰砂比为 1∶3，稠度控制在 90～100mm 范围内，增钙液态渣掺量指液态渣相对砂质量的百分数（表 11）。

表 11　掺加增钙液态渣对干混砂浆的抗压强度的影响

| 序号 | 液态渣掺量（%） | 稠度（mm） | 28d 抗压强度（MPa） |
|---|---|---|---|
| 1 | 0 | 94 | 42.10 |
| 2 | 10 | 93 | 41.55 |
| 3 | 20 | 92 | 40.18 |
| 4 | 30 | 95 | 38.23 |
| 5 | 40 | 95 | 36.50 |
| 6 | 50 | 96 | 35.10 |
| 7 | 60 | 94 | 34.87 |

由表 11 可见，抗压强度随着增钙液态渣取代砂量的增大而减小，增钙液态渣的比表面积大，需要更多的水泥包裹，使得砂浆的需水量增多，强度降低。

虽然增钙液态渣的活性比矿渣低，单一掺加后早期强度增长较慢，但对后期强度影响不大。

### 2.2.6 石矿渣的应用

将石矿渣进行处理，制成机制砂。常温下，将石矿渣破碎磨，过筛，最大粒径小于 5mm，配成近似砂的级配，应用于干混砂浆中取代砂，各项性能指标影响情况如下：

（1）不同掺量的石矿渣对砂浆流动性、保水性的影响

试验中固定灰砂比为 1：3，水灰比为 0.15，石矿渣掺量指石矿渣相对砂质量的百分数（表12）。

表 12　掺加石矿渣对干混砂浆流动性、保水性的影响

| 序号 | 石矿渣掺量（%） | 稠度（mm） | 分层度（mm） |
|---|---|---|---|
| 1 | 0 | 94 | 7 |
| 2 | 10 | 94 | 7 |
| 3 | 30 | 93 | 8 |
| 4 | 50 | 93 | 8 |
| 5 | 70 | 93 | 9 |
| 6 | 85 | 92 | 9 |
| 7 | 100 | 92 | 10 |

由表 12 可知，石矿渣代砂，随着掺量的增加，流动性、保水性均略有下降，但幅度不大。

（2）不同掺量的石矿渣对砂浆的抗压强度的影响

试验中固定灰砂比为 1：3，稠度控制在 90～100mm 范围内，石矿渣掺量指石矿渣相对砂质量的百分数（表13）。

表 13　掺加石矿渣对干混砂浆的强度影响

| 序号 | 石矿渣掺量（%） | 稠度（mm） | 28d 抗压强度（MPa） |
|---|---|---|---|
| 1 | 0 | 94 | 42.10 |
| 2 | 10 | 94 | 42.08 |
| 3 | 30 | 95 | 42.00 |
| 4 | 50 | 93 | 41.80 |
| 5 | 70 | 95 | 41.68 |
| 6 | 85 | 94 | 41.20 |
| 7 | 100 | 95 | 41.00 |

由表 13 可见，石矿渣可以完全取代干混砂浆中的砂。

### 2.2.7 各种工业废渣应用于干混砂浆中的情况

鉴于上述大量试验得出的结论，我们复合使用工业废渣配制了干混砂浆，具体试验结果如下（表14）。

试验中，固定灰砂比为 1：3，稠度控制在 90～100mm 范围内，其中，水泥、粉煤灰、磨细矿渣的掺量为相对水泥掺量的质量百分数，砂、液态渣、石矿渣的掺量为相对砂质量百分数。

**表 14　工业废渣用于干混砂浆的性能影响**

| 序号 | 水泥掺量（%） | 粉煤灰掺量（%） | 磨细矿渣掺量（%） | 砂掺量（%） | 石矿渣掺量（%） | 28d 抗压强度（MPa） |
|---|---|---|---|---|---|---|
| 1 | 100 | — | — | 100 | — | 42.10 |
| 2 | 100 | — | — | — | 100 | 41.00 |
| 3 | 100 | — | — | 50 | 50 | 41.80 |
| 4 | 70 | 30 | — | 100 | — | 23.42 |
| 5 | 70 | 30 | — | — | 100 | 22.00 |
| 6 | 70 | 30 | — | 50 | 50 | 23.20 |
| 7 | 70 | — | 30 | 100 | — | 47.25 |
| 8 | 70 | — | 30 | — | 100 | 46.80 |
| 9 | 70 | — | 30 | 50 | 50 | 47.00 |
| 10 | 70 | 20 | 10 | 100 | — | 28.15 |
| 11 | 70 | 20 | 10 | — | 100 | 26.53 |
| 12 | 70 | 20 | 10 | 50 | 50 | 27.21 |
| 13 | 70 | 10 | 20 | 100 | — | 39.22 |
| 14 | 70 | 10 | 20 | — | 100 | 38.50 |
| 15 | 70 | 10 | 20 | 50 | 50 | 38.87 |
| 16 | 70 | 15 | 15 | 100 | — | 33.00 |
| 17 | 70 | 15 | 15 | — | 100 | 31.55 |
| 18 | 70 | 15 | 15 | 50 | 50 | 32.60 |
| 19 | 50 | 50 | — | — | 100 | 14.23 |
| 20 | 50 | — | 50 | — | 100 | 25.90 |
| 21 | 50 | 15 | 35 | — | 100 | 24.00 |
| 22 | 50 | 25 | 25 | — | 100 | 20.35 |
| 23 | 50 | 35 | 15 | — | 100 | 18.00 |

由表 14 可知，在等稠度、等强度级的情况下，当粉煤灰、矿渣取代水泥率为 10%、20%，石矿渣取代全部砂时（第 14 组），所制得的砂浆性能基本达到普通干混砂浆性能，且此时工业废渣品种与数量均最大量地得到有效利用，产品成本也相应明显降低。

## 2.3　工业废渣在干混砂浆中应用时应注意的问题

（1）工业废渣成分波动大，使用前先要取样分析，且取样要有代表性，并进行砂浆配制试验；

（2）为了使生产出的产品质量稳定，使用前应根据需要对废渣进行相应的处理；

（3）工业废渣的掺加量应有所控制；

（4）使用时对生产工艺要进行适当调整。

## 3  结论

（1）本研究通过大量试验可知，粉煤灰等工业废渣可以应用到干混砂浆中，但其掺加量要根据砂浆的强度、施工性等性能要求有所不同。将几种工业废渣复合使用，使废渣间优势互补，既实现了资源的综合利用及可持续发展又降低了产品的成本，得到更高的经济效益和环境效益，配制的干混砂浆性能指标亦符合相关行业标准要求。

（2）经计算，每吨采用工业废渣生产的预拌砂浆可以降低成本 20～50 元。利用工业废渣生产的普通干混砂浆相较于传统干混砂浆，每吨可利用粉煤灰、磨细矿渣等工业废渣 80 多千克，还可利用尾矿渣、液态渣等工业废渣代替 50％～90％的天然砂，大大节约砂浆材料。

# 干混砂浆生产应用中若干问题探讨

曲　烈[1]　李　鹏[2]　朱南纪[2]　刘海中[2]　杨久俊[1]

（1　天津城建大学材料学院　天津，2　河南省散装水泥办公室　郑州）

**摘　要**　在部分城市限期禁止现场搅拌砂浆的政策推动下，近年来，干混砂浆正处于快速发展阶段，干混砂浆具有集中搅拌、分散使用、随拌随用的特点，在市场上占很大优势。但是，干混砂浆投资大、技术标准高、前期推广中出现一些问题已经部分影响其应用发展。本文就干混砂浆的生产技术最新进展及在设计、生产、运输、施工与管理环节中的问题，分析原因和提出对策，以促进我国干混砂浆行业的可持续发展。

**关键词**　干混砂浆；配合比；机制砂；固废利用；工法

## 1　引言

　　建设部、交通部等部委于 2007 年联合发布《关于在部分城市限期禁止现场搅拌砂浆工作的通知》，明确提出在全国 127 个城市限期禁止现场搅拌砂浆，倡导使用预拌砂浆。现场搅拌砂浆产生扬尘、噪声、质量及城市交通压力的问题在公众中造成很大影响，而预拌砂浆可在工厂集中生产，然后运到工地使用，可避免上述现象发生，因而得到大力推广。

　　截至 2013 年底，全国生产预拌砂浆 4122 万吨，同比增长 50.29%。规模以上预拌干混砂浆生产企业 687 家，同比增长 25.82%；年设计生产能力 21646 万吨；全年生产干混砂浆 3392 万吨，平均产能利用率为 15.67%，其中：东部地区生产干混砂浆 2305 万吨；中部地区生产 445 万吨；西部地区生产 643 万吨，分别占全国总量的 68%、13%、19%；而湿拌砂浆仅生产 730 万吨。未来几年中全国预拌砂浆行业将处于快速发展阶段。

　　2009 年前，推广预拌砂浆指的是推广湿拌砂浆，后来由于质量问题，各省市以推广干混砂浆为主。干混砂浆的技术优势主要有集中搅拌、分散使用、随拌随用；级配要求技术标准高；利于机械化施工特点，但投资大，现场还需要立储罐等。从技术上看，郑州筑邦建材有限公司很早就采用德国莫泰克设备，其投资额较大，实际产量也未能达到设计能力。近几年来，国内的三一重工、中联、南方路机、郑州三和水工等设备厂家在消化国外设备的基础上，技术水平有了明显提高，设备故障率大大下降，更重要的是性价比非常合适。

　　最近，为了实施河南省蓝天行动计划和禁限现场搅拌，省散办组织郑州、开封、洛阳有关单位和天津城建大学、郑州大学和华北水利水电大学一起，到各地进行调研预拌砂浆生产技术与管理情况，以便编制河南省生产技术与管理的地方规范和规程。

通过现场考察和与管理部门、砂浆企业座谈，我们认为与干混砂浆相比，尽管湿拌砂浆的投资小，生产成本低，但为了延长现场存放时间须加入缓凝剂，使其早期强度下降而影响质量控制，这对无技术力量的企业，其质量控制存在很大问题。考虑砂浆企业整体质量控制现状，目前全国的预拌砂浆推广还应采用以干混砂浆为主、湿拌砂浆为辅技术路线。本文重点探讨干混砂浆在设计、生产、运输、施工及管理等环节中出现的问题及对策。

## 2 设计环节

在很多城市干混砂浆已经卖到每立方米 280 元左右，但由于实际产量还达不到设计规模，所以还没有使砂浆企业形成规模效应。达不到设计规模的原因有三个，一是在砂子烘干、筛分工序产量达不到；二是设备运行完好率低，有的企业一年只能生产 180 天；三是现场立罐和运输车跟不上。另外许多砂浆工厂的环保设计也存在问题，例如搅拌楼灰尘笼罩、砂子烘干和筛分时没有环保装置导致灰尘四起。实际上工厂设计上问题比较好解决，如选择主机为设计产量，应适当加大上料和烘干系统的产能；至于市场问题，则需在建厂时充分地调研市场容量；而管理部门在审批环节也应充分考虑当地的市场容量再进行审核。

另外，在砂浆配合比设计上，由于砂子质量差异较大，如砂子的级配和含泥量有较大差别，加之矿物添加剂和化学外加剂的种类很多，用原来设计方法计算不能准确预测其强度。砂浆配合比设计需要加上这些新的因素来制定新的设计规范。

## 3 生产、运输环节

干混砂浆中砂浆体积密度按 $1700kg/m^3$ 计，水泥为 $200kg/m^3$，砂子为 $1500kg/m^3$，砂子占比为 88.2%，故砂子来源和处理方法将影响成品的最终成本。目前使用的砂子主要有两种，即河砂和人工砂。河砂需要烘干后筛分，而人工砂或机制砂主要采用采石场的石头二级破碎或市售石子再次破碎、无需烘干但需选粉，对于砂浆企业而言，采用何种砂子主要取决于当地原料资源和成本比较。

对于采用河砂的企业，增加烘干工艺，不仅增加成本而且会因燃煤引起新的环保问题；对于采用机制砂的企业，石头经二级破碎往往含粉量较大，后续工序将增加选粉工艺，也会增加成本且也有环保问题。相比而言，采用机制砂，可利用掺加部分工业固体废弃物和矿山尾矿来降低成本。最近，南方路机在充分消化日本 V7 机制砂技术的基础上开发了自己的专门技术，但在增加选粉工序后，也存在运行成本和投资成本较高的问题。只有充分发挥这两种工艺技术的特点，才能增加市场认可度。

目前，利用工业固体废弃物和矿山尾矿作为胶凝材料和砂子，已经是一些砂浆企业布点考虑的重要因素。上海市物资集团投资的干混砂浆企业，采用脱硫石膏作为胶凝材料制备特种干混砂浆，取得了非常好的经济效益。也有企业采用钢渣和矿山尾矿作为细骨料制备普通干混砂浆，皆有很好的效益。但应注意的是工业废弃物中往往存在放射性物质和重金属，这些必须经过严格检验才能使用。

在我们的调研中发现，一些省市还有许多砂浆企业化验室缺乏技术人员，还有化验室的设备甚至未进行过标定，试验数据不可靠，有的企业设计砂浆强度等级是 M10，可试验结果出来竟达到 40MPa，浪费现象惊人。还有一些企业的砌筑、抹灰和地坪砂浆的出厂检测指标竟然是一样的，其质量问题及隐患无疑很大。解决方法是干混砂浆企业的化验室必须经主管部门或行业协会进行认证，上岗的化验室人员都应当经过主管部门认定的机构培训。

干混砂浆在工厂搅拌好后需要运到工地，在这个过程中很容易出现离析。许多砂浆运输车企业声称已解决了这个问题，而真正到砂浆企业了解情况仍存在问题。针对这个问题，我们专门去郑州宏达汽车工业有限公司考察，发现该厂在吸收澳大利亚的专利技术，改变车体内部形状、结构及气体路径，进而解决了砂浆运输中长久以来存在的离析问题。

## 4 施工环节

在工厂生产出合格的干混砂浆后，如果在工地施工上出现问题，也会影响其应用推广。比如我们发现对于不同基底，大多数施工单位均是采用同一工法进行施工，其砂浆上墙后的质量可想而知。最近，天津市散办组织技术力量攻克了这一难题，即根据混凝土墙、砖墙和加气混凝土墙体采用不同预处理方式，大大改善了砂浆与基底的黏结强度。再一个问题就是砂浆上墙后的后期养护，尽管国家标准对养护有严格的规定，但对南方和北方的特点未加以区别，加之实际施工中，工人的流动性很大，如不注意则很难满足要求。

机械化施工一直是推广干混砂浆工作的一个亮点。前些年在郑州召开过全国第一个干混砂浆机械化施工推广会，2014 年山东烟台召开了全国泵送砂浆现场会，一些企业介绍了泵送砂浆、机械喷涂技术的经验；这些技术的推广，可加快建设单位的施工进度和提高砂浆的质量水平。

## 5 管理、应用环节

在预拌砂浆应用过程中，如果生产线一哄而起将造成产能过剩，其结果就是造成产品恶性竞争而产品质量下降。解决问题的办法是各地应根据情况制定科学规划，分批上生产线。目前，预拌砂浆生产技术标准也存在很多不适应的内容，如国家标准、行业标准与地方和企业标准不一致，这就需要主管部门根据实际情况及时修订标准。

对于现场砂浆禁止搅拌和预拌砂浆推广应用工作，许多地方采取封闭式管理模式，即采用定额、招标、设计、生产、运输、施工、验收等全过程监督管理的模式，有利地促进了砂浆禁现工作。郑州市散办采取封闭式管理模式实施砂浆"禁现"工作以来，取得了很大成效。砂浆生产企业从中看到了产品销售前景；建设、施工单位对使用预拌砂浆也有了更深认识。其中也暴露出一些问题，例如：预拌砂浆的宣传工作还需加强，许多施工单位对使用预拌砂浆方面的重要性尚缺乏全面、正确认识；预拌砂浆物流体系需要健全，砂浆流动罐、搅拌器、物流设备缺乏，在一定程度上制约其快速发展；预拌砂浆价格较现场搅拌砂浆价格相对偏高，也在一定程度上影响其推广使用。

洛阳市为了使建筑市场积极使用预拌砂浆，做了大量的宣传工作，采取了一系列措施，并取得了积极进展。目前全市砂浆生产能力已达六十余万吨，市散办做了大量的工作，出台了相配套的各项政策措施，如以市建委名义下发了《禁止施工现场搅拌砂浆实施方案》，明确对施工单位提出要求，在办理施工许可证时要签订"禁止现场搅拌砂浆承诺书"；同时洛阳市建委、市城乡规划局、市国土资源局联合下发的《关于进一步规范我市建设暨房地产市场秩序的若干规定》中，明确规定使用预拌砂浆的要求：①培训一批能够熟练操作的工作人员，以厂家为主成立使用专业操作队伍；②典型引路，加大宣传力度，召开多种形式的现场会；③加大监管力度，实行闭合管理，组成工作组深入现场督查。因实际情况较复杂，故各地应根据当地情况制订相应的管理规范。

## 6  结语

尽管预拌砂浆行业在近几年来得到了快速发展，但中西部地区的发展仍处于起步阶段，许多城市还没有砂浆生产企业，新上企业一定要根据当地情况，确定合适的技术，以应对不断变化的形势。行业的技术进步，如机制砂的应用及主管部门的砂浆禁现督查作用，对今后推动预拌砂浆健康发展将起到重要作用。希望经过企业、政府及研究单位的共同努力，我国预拌砂浆行业，特别是干混砂浆企业得到快速可持续地发展。

**参考文献**

[1]  于东威．山东省城市砂浆"禁现"政策贯彻落实情况及预拌砂浆发展现状调研报告［J］．散装水泥．2013（02）．

[2]  李嘉建．全国散装水泥、预拌混凝土、预拌砂浆产业持续快速发展［OL］.http：//www.cement365.com/news/content/7458173376524/.

[3]  丁建一．坚持服务为本，凝聚行业力量，协同促进散装水泥产业全面协调发展—中国散装水泥推广发展协会第四届理事会工作报告［J］．散装水泥．2012（06）．

[4]  曲烈，杨久俊，朱南纪，李鹏．湿拌砂浆保塑性评价方法及可塑性区间的研究［J］．中国建材，2014（11）．

[5]  高钟伟．预拌砂浆推广使用中的困难和问题［J］．中国建材科技，2008（3）．

[6]  陈光．我国预拌砂浆产业现状及发展前景［J］．广东建材．2011（12）．

[7]  孙立萍．浅析江苏预拌砂浆推广现状、问题与对策［J］．散装水泥．2011（06）．

[8]  国家标准．（GB/T 25181—2010）预拌砂浆［S］.2010.

[9]  江苏省工程建设标准．（DGJ 32/J13—2005）预拌砂浆技术规范［S］.2005.

# 湿拌砂浆保塑性评价方法及可塑性区间的研究

曲　烈[1]　杨久俊[1]　刘海中[2]　朱南纪[2]　李　鹏[2]

（1　天津城建大学材料学院　天津，2　河南省散装水泥办公室　郑州）

**摘　要**　继干混砂浆推广之后，湿拌砂浆已有蓄势发展的可能。干混砂浆具有集中搅拌、分散使用的特点，而湿拌砂浆一旦克服了保塑时间短的技术瓶颈，将可满足集中搅拌、分散使用的目的，有望在今后得到快速发展。传统普通砂浆是利用稠度和保水性试验来评价其工作性。就湿拌砂浆而言，其工作性主要是指其保塑性。湿拌砂浆由于其自身的特点，以往单纯以稠度和保水性为指标已不足以评价其保塑性的好坏，借鉴其他研究者的经验，作者首次提出了以稠度、泌水量和保塑时间为指标评价湿拌砂浆保塑性的新方法，还综述了最近砂浆保塑剂的研究进展。

**关键词**　湿拌砂浆；稠度；泌水量；保塑时间；可塑性区间

## 1　引言

现场搅拌砂浆对环保、工程质量和公众认可度产生严重的负面作用，如扬尘、噪声等环境污染，砂浆质量难以保证，城市交通压力加大等。为保护环境和提高质量，2007 年建设部、交通部等联合发布《关于在部分城市限期禁止现场搅拌砂浆工作的通知》，明确提出在全国 127 个城市限期禁止现场搅拌砂浆，倡导使用预拌砂浆。预拌砂浆一度被认为是干混砂浆，而近年来出现一些地区大力发展湿拌砂浆的趋势，但不彻底解决其共性技术问题，则有可能出现新的混乱[1]。

湿拌砂浆指将原材料按一定比例在工厂拌制后，采用砂浆搅拌运输车运至建筑工地，放入专用储存池，并在规定时间内使用完毕的砂浆。湿拌砂浆可利用现有预拌混凝土生产线进行生产，并免去烘干砂子环节，故低投资、低成本、批量化生产的湿拌砂浆具有更节能、环保、可持续及更强竞争能力的优势。湿拌砂浆保塑时间较短（4～6h）是其发展的短板。如以减水剂（如萘系、聚羧酸）、增稠剂（如纤维素醚）和缓凝剂复配，也只能延长砂浆的凝固时间，而无法长时间保持其可塑性。近年来，可长时间保持砂浆稠度、黏度的新型砂浆外加剂研究已经得到了长足进步，其原理是利用合成的聚合物大分子吸附在水泥颗粒表面形成保护膜，减少水泥颗粒间的摩擦力并增加液体黏度，进而可长时间保持砂浆的可塑性[2]。

湿拌砂浆是由生产厂搅拌好后运到工地现场的，运量多少不一，且使用时间不统一。目前砂浆施工仍为手工操作，施工速度较慢，砂浆不会很快就使用完，需要在现场储存一段时间，一般是下午或晚上送到现场储存到第二天使用，使用前应保持塑性，而上墙后应尽快凝结。《预拌砂浆》GB/T 25181—2010 对湿拌砂浆的工作性和可操作时间做了以下规定[3]：湿拌砌筑砂浆的稠度等级为 50～90mm 和凝结时间为 8～24h，湿拌抹灰砂浆的稠度等级为 70～110mm 和凝结时间为 8～24h，湿拌地面砂浆的稠度等级为 50mm 和凝结时间为 4～8h。福建省、江苏省颁布的预拌砂浆的标准对湿拌砂浆的稠度和凝结时间进行类似的规定[4-5]。

最近深圳市标对湿拌砂浆工作性和可操作时间做出了新的规定[6]，即湿拌砌筑砂浆稠度等级为 50～90mm，湿拌抹灰砂浆稠度等级为 70～110mm，湿拌地面砂浆等级为 50～70mm，三种砂浆的保塑时间均为 8～24h；广东省标则提出开放时间的概念[7]。与稠度和凝结时间相比，采用稠度和保塑时间或开放时间来表征湿拌砂浆的保塑性能，在概念上有了明显的进步。但是单以稠度为指标，或以稠度和凝结时间（保塑时间或开放时间）不足以评价砂浆保塑性的好坏，借鉴这些研究者的结果，作者认为可以建立起以稠度、泌水量和保塑时间为指标的湿拌砂浆保塑性新的评价体系。本文重点讨论湿拌砂浆保塑性评价指标和方法及可塑性区间范围，还综述了最近砂浆保塑剂的研究进展。

## 2 工作性概述

### 2.1 流变学原理

用流变学的方法分析湿拌砂浆拌和物的流动和变形才能反映其本质。水泥的细度和用量、掺和料和细骨料的种类和用量、水灰比、温度和压力、拌和方法和时间、化学外加剂的种类和掺量等因素均会影响到新拌砂浆的流变学性能，而流变参数是表征新拌湿拌砂浆工作性的一项重要指标。湿拌砂浆流变特性的描述和研究，对指导实际工程和提高质量具有重要的意义。

流变参数是可以把湿拌砂浆工作性用普通数值表示的物理参数。流变物理参数有：剪切速率（Shearrate）、剪切应力（Shear Stress）、黏度（Viscosity）、触变性（Thixotropy）等。该参数比稠度更精准地表征浆体的真实特征。稠度只能表示浆体的最终变形能力，是新拌浆体在其悬浮体系中，通过自重作用克服屈服剪应力而产生流动能力，不能反映浆体内部的结构变化。一般用宾汉姆模型近似地表示湿拌砂浆的流变特性：

$$\tau = \tau_f + \eta_{pt} D$$

Ferraris 和 De Larrard 在 1998 年研究发现[8]，新拌砂浆、混凝土的流变行为与赫切尔-巴尔科来（Hurschel－Bulkley）模型符合得相当好。该模型的数学表达为：

$$\tau = \tau_f + \eta_{pt} D^n$$

当 $n < 1$、$\tau_f = 0$ 时，H-B 流体变为假塑性流体；当 $n = 1$、$\tau_f \neq 0$ 时，H-B 流体变为塑性流体；当 $n = 1$、$\tau_f = 0$ 时，H-B 流体变为牛顿流体；当 $n > 1$、$\tau_f = 0$ 时，H-B 流体变为胀流型流体（图 1）。一般新拌砂浆的流变性质可用回转黏度计测试。

触变性是表征新拌砂浆流变性能的另一个重要的参数。触变性是指流体在外力作用下，流动性会出现暂时性的增加，外力一旦撤除后，流体具有缓慢可逆复原的性能。很多学者研究得出，流体触变性是由结构内部絮凝程度的变化而引起的。对触变性、反触变性的研究常用双线法，SIh-Shsalom 等人对触变现象的定义为：上升曲线位于下

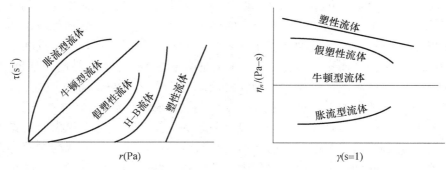

图 1　赫切尔-巴尔科来（H-B）流体及流变曲线

行曲线的右侧，反触变现象则表现为上升曲线出现在下行曲线左侧。由于上、下行曲线不重合，会形成圈状曲线，简称为回滞圈或滞后圈，并用该圈面积来衡量触变拆散的程度，对触变性大小进行度量。结合流变学的相关理论，最近有学者提出多级絮凝结构理论模型，用以解释不同减水剂减水率的差别，如聚羧酸减水剂可破坏第Ⅰ、Ⅱ、Ⅲ级次的絮凝结构，而木质素磺酸等普通减水剂仅能打破第Ⅰ级次的絮凝结构。

## 2.2　工作性

新拌砂浆工作性的优劣，直接影响硬化前砂浆的施工性能及硬化后砂浆强度和耐久性的优劣。工作性是一个非常复杂的概念，目前要想对它下一个确切而又完整的定义似乎是一件很困难的事情，不同的学者对它有不同的理解和描述。根据目前砂浆施工情况，笔者认为新拌砂浆工作性（又称工作度、和易性或可操作性）至少要包含流动性、黏聚性、保水性、保塑性四种主要性能。

流动性：是指湿拌砂浆拌和物在人工或机械施工的情况下，可以产生流动，并能抹面上墙、砌筑墙体或填实地坪的性能。

黏聚性：是指湿拌砂浆拌和物在施工过程中保持其组成材料黏聚在一起抵抗分离的能力，包括抗离析性和抗泌水性。

保水性：新拌砂浆中保持水分，拌和物稠度和不离析的能力。

保塑性：是指湿拌砂浆运到工地后通过加入化学外加剂的手段，按指定时间储存与保管，能保证砂浆一定的使用性能（如稠度、泌水量）的能力。随着机喷砂浆的推广应用，还应包括可泵性、可喷涂性的指标。

## 3　保塑性评价方法和保塑区间

### 3.1　保塑性评价方法

如前所述，新拌砂浆的保塑性，反映了在一定时间内保持砂浆的流动性、黏聚性等使用性能（如稠度、泌水量）的能力，包括：（1）湿拌砂浆拌和物在施工时易于流动；（2）有良好的黏聚性、保水性，在运输过程中不分层、不离析、不泌水；（3）经工厂制备后，湿拌砂浆运到现场在使用前的保持砂浆的一定稠度、黏聚性的能力。

保塑性是指通过加入化学外加剂，湿拌砂浆按指定时间在工地中储存与保管，能保证一定的使用性能（如稠度、泌水量）的能力。稠度是指砂浆稀稠程度的指标，与混凝土稠度意义相反，砂浆稠度大表示水分多，砂浆流动度就大，同时反映了材料内部摩擦和抵抗剪切应力而流动的能力。泌水量是衡量新拌砂浆黏聚性的一项重要指标，泌水是指砂浆体积已经固定但还没有凝结之前水分产生向上的运动，主要是新拌混合物的砂粒不能吸收所有的拌和水引起的，泌水率是指泌水量与拌和物含水量之比。

《预拌砂浆》GB/T 25181—2010 对湿拌砂浆的可操作性规定了稠度和凝结时间指标。实际上大多湿拌砂浆生产厂家的产量都比较低，故满足工程要求与国家标准还是有所差别的。广东省新制定的地方规程中，就在"凝结时间"的基础上，提出一个开放时间的质量内控概念。所谓开放时间（$Hk$）是指在规定时间 $Hk$ 内，砂浆拌和物的性能指标同时满足四项要求：（1）稠度损失率≤10％（参照但不等同于《预拌砂浆》GB 25181—2010）；（2）泌水变化率≤5％（参照但不等同于《普通混凝土拌和物性能试验方法标准》GB/T 50080）；（3）凝结时间≤1.3Hk（参照《预拌砂浆》GB 25181—2010）；（4）体积密度变化率≤5％（参照但不等同于《建筑砂浆基本性能试验方法标准》JGJ/T 70）。即它是一个描述砂浆拌和物施工性的概念，表征的是湿拌砂浆从在搅拌站生产、运输到在工地存放、二次运输、抹灰操作的施工过程特征综合性指标。与凝结时间不同，开放时间能表述湿拌砂浆搅拌站集中生产、集中配送和工地现取现用的全过程的质量要求。

考虑到辩析保塑性内部指标之间的关系及最近实际工程变化情况，作者提出了以稠度、泌水量和保塑时间为指标评价湿拌砂浆保塑性的方法。该方法明确规定在保塑时间内，砂浆拌和物的性能指标同时满足三项要求：（1）稠度；（2）泌水量；（3）保塑时间。即在保塑时间内湿拌砂浆运到工地后进行储存与保管，砂浆还能满足稠度、泌水量的性能指标，并满足流动性度、黏聚性、保水性等施工性能的要求。

### 3.2　保塑性试验设计

外桶放在振动台上，放入湿拌砂浆。振动台振动频率为（50±3）Hz，振幅为（0.5±0.2）mm，在振动过程中，压模逐渐沉入砂浆中，当压模不再下沉时，测定压模沉入砂浆的距离 $h$，并用吸管吸出砂浆上部的析出水，读取析水量 $w$。通过对流变学原理的论述，了解了砂浆保塑性的实质，这也是设计振动压模装置的理论基础。使用振动压模装置，测定砂浆保塑性的沉入距离和析水量，进而预测湿拌砂浆的抹面上墙、砌筑墙体或填实地坪的施工性能。该试验方法，十分简便，因实际情况较复杂，故该装置还需不断改进完善。

### 3.3　可塑性区间

湿拌砂浆的抗压强度范围为5～30MPa，水灰比和水泥用量的变化范围也较大，其可塑性区间可根据湿拌砂浆稠度、泌水量及保塑时间来确定，其中保塑时间是一个时间变量。一般情况下，湿拌砂浆稠度范围为 50～110mm；泌水量根据试验确定，单位 mm；保塑时间为 4～48h。

## 4　砂浆保塑剂的研究进展

　　传统砂浆的工作性主要决定水泥用量、水灰比、砂子种类和砂子细度，因即拌即用无保塑性的要求。预拌砂浆的发展，尤其是对湿拌砂浆性能，提出了集中搅拌分散使用及拌和后不立即使用的要求，即需要湿拌砂浆具有一定的保塑性能。普通湿拌砂浆中胶凝材料用量较低，砂浆的流动性和黏聚性很难达到统一，所以需要引入增稠增塑组分改善砂浆的和易性。市场上常用的产品分两大类，一类为在砂浆中引入大量均匀分布的小气泡，改善其和易性；一类为调节砂浆浆体的黏度，提高其和易性，但引气剂是市场上的主流产品。还有一些研究人员采取掺入缓凝剂、新型减水剂和调节剂的技术途径来解决这个问题。

　　20 世纪 90 年代以来，华东地区普遍采用的是水泥石灰砂浆中掺入塑化剂（微沫剂）的做法，依靠表面活性剂的起泡作用，增加砂浆含气量，改善砂浆的和易性。阎坤等人[9]采用江苏博特新材料有限公司生产的引气剂，发现随着含气量的增加，砂浆在保持相同稠度的情况下拌和用水量显著降低，可见含气量可以提高砂浆流动性（表1）。当砂浆中引入大量球形气泡，气泡就如同滚珠一样变砂粒间的滑动摩擦为滚动摩擦，使阻力大为减小，从而提高砂浆的流动性。他们的结论是：①随着含气量增加，可提高砂浆的流动性和保水性；②砂浆中水泥用量是影响砂浆强度的关键因素，引气类外加剂对强度的影响可通过调整用水量、灰砂比及水泥用量来克服；③含气量增加将导致砂浆的收缩变形增加，当砂浆的含气量大于 11.4％ 后，随着含气量的增加，砂浆的收缩减小；④含气量增加，砂浆的抗冻耐久性显著提高。

表 1　引气剂掺量对砂浆性能的影响

| 编号 | 水泥 | 砂 | 水 | 引气剂掺量（％） | 含气量（％） | 稠度（mm） | 分层度（cm） | 表观密度（kg/m³） |
|------|------|-----|------|------|------|------|------|------|
| M0 | 1 | 5 | 1.10 | 0 | 3.4 | 90 | 4.6 | 2200 |
| M1 | 1 | 5 | 0.85 | 1 | 13.1 | 90 | 2.3 | 1948 |
| M2 | 1 | 5 | 0.81 | 1.5 | 18.3 | 80 | 1.6 | 1845 |
| M3 | 1 | 5 | 0.75 | 2.5 | 22.6 | 96 | 1.5 | 1766 |
| M4 | 1 | 5 | 0.79 | 5 | 21.5 | 98 | 0.6 | 1780 |

　　吴芳等人[10]发现掺入聚羧酸高效减水剂的砂浆具有较高的保塑性，而掺入单一缓凝剂没有掺入复合的缓凝剂保塑性高，而掺入羟丙基甲基纤维素醚（HPMC）虽具有较强保水增稠能力和有一定的引气作用和缓凝作用，但保塑能力有限。当掺入其自配制砂浆专用外加剂后，它起到了降低砂浆体积密度、减水增强、提高保水性、稳定稠度、延长凝结时间的作用，并使砂浆在较长时间（36h）存放后仍具有可塑性能，在施工后可以较快硬化而不影响施工进度（图2、表2）。

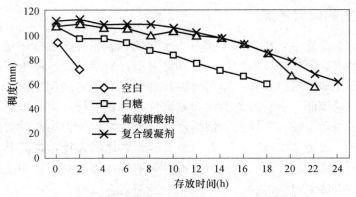

图 2　复合缓凝剂对砂浆稠度经时损失的影响

**表 2　复合缓凝剂对砂浆稠度经时损失的影响**

| 复合缓凝剂掺量（%） | 稠度（mm） | 凝结时间（h） | 抗压强度（MPa） | | | 抗折强度（MPa） | | |
|---|---|---|---|---|---|---|---|---|
| | | | 3d | 7d | 28d | 3d | 7d | 28d |
| 0.16 | 98 | 15.08 | 3.6 | 7.1 | 16.0 | 1.7 | 2.5 | 5.2 |
| 0.20 | 102 | 23.50 | 3.5 | 6.8 | 16.2 | 1.7 | 2.5 | 5.0 |
| 0.25 | 109 | 29.25 | 3.3 | 7.0 | 16.5 | 1.6 | 2.4 | 5.3 |

　　王莹等人[11]试验发现，当干料与水的比例为 1：0.125，掺加水泥、粉煤灰、缓凝剂、引气剂后，湿拌砂浆存放时间 51.7h 后，经重塑的湿拌砂浆的稠度可再次恢复，而且其力学性能指标仍能满足标准要求。砂浆稠度的下降，对砂浆收缩性能的影响不明显（表 3）。为使砂浆得到良好的施工性能，而对稠度下降较大的砂浆二次加水搅拌，重塑后的砂浆的性能下降较大，尤其是对抗压强度和黏结强度的影响，其强度损失往往会超过 30% 以上，所以实际施工过程中，若稠度下降，应避免二次加水搅拌。加入了改性剂后可控制砂浆的保塑时间，成品运输到施工现场，基本可以做到随取随用。

**表 3　缓凝剂、引气剂对砂浆性能的影响**

| 编号 | 存放时间（h） | 稠度（mm） | 28d 抗压强度（MPa） | 14d 拉伸黏结强度（MPa） | | | |
|---|---|---|---|---|---|---|---|
| | | | | 混凝土基面/破坏状态 | | 加气混凝土基面/破坏状态 | |
| | | | | 干基 | 湿基 | 干基 | 湿基 |
| S1 | 0 | 95（100%） | 19.1 | 0.54/② | 0.56/② | 0.30/① | 0.36/① |
| S2 | 27.2 | 74（78%） | 19.2 | 0.56/② | 0.60/② | 0.33/① | 0.31/① |
| S3 | 45.4 | 60（63%） | 18.1 | 0.56/② | 0.68/② | 0.36/① | 0.35/① |
| S4 | 51.7 | 45（47%） | 17.9 | 0.58/② | 0.60/② | 0.33/① | 0.38/① |
| S5 | 51.7 | 97（重塑） | 15.3 | 0.57/② | 0.63/② | 0.31/① | 0.36/① |

注：1. 干基—指用湿布擦净表面，湿基—指浸水 15min 后用湿布擦去表面水。
　　2.①—加气块破坏；②—界面破坏。

## 5　结语

　　湿拌砂浆从砂浆生产厂家用搅拌车运至施工现场后，由于砂浆的砌筑或抹灰的施工工艺，决定砂浆需要分批逐次地作业，而不能在同一时间一次性地将砂浆使用完毕，因水分蒸发将使砂浆的稠度下降。以往现场拌制的砂浆，往往是重新加水搅拌，以达到一定的稠度，即砂浆重塑。随着行业中对这个问题的认识深化，对湿拌砂浆性能检测及评价方法提出了新的要求，许多单位都迫切需要科学可行的砂浆保塑性能评价方法。

　　通过对流变学的阐述，可进一步理解砂浆可塑性的实质；本文设计了用于评价砂浆保塑性的装置，以测定砂浆的稠度和泌水量及评价整个施工过程中砂浆的保塑性能。以稠度、泌水量和保塑时间为指标来评价湿拌砂浆保塑性、可塑性区间范围为作者首次提出概念，希望对学界有所贡献。长效砂浆保塑剂的研究正方兴未艾，本文对不同技术路径加以讨论希望勿走弯路，另外有关施工工法的研究也需加以重视。

**参考文献**

[1]　李从波，陈均侨，周常林，等．浅谈湿拌砂浆的发展之路［J］．广东建材，2013（8）：12-14.

[2]　高钟伟．预拌砂浆推广使用中的困难和问题［J］．中国建材科技，2008（3）：60-63.

[3]　GB/T 25181—2010 预拌砂浆［S］.

[4]　DGJ 32/J13—2005 预拌砂浆技术规范［S］.

[5]　DBJ 13-00—2006 预拌砂浆生产与应用技术规程［S］.

[6]　SJG 11—2010 预拌砂浆生产技术规范［S］.

[7]　陈均侨，蒋金明，石柱铭，等．预拌砂浆产业化新途径的探索［J］．广东建材，2013（9）：5-10.

[8]　F. Larrda. Rheology of fresh high performance concrete［J］. Cement and Concrete Research，1996，26（2）：283-294.

[9]　阎坤，毛永琳，刘加平，等．含气量对普通预拌砂浆性能的影响［J］．江苏建筑，2007（117）：55-56，78.

[10]　吴芳，段瑞斌．外加剂对预拌砂浆性能影响试验研究［J］．化学建材，2009，25（3）：40-44.

[11]　王莹，庄梓豪．预拌砂浆的存放时间对砂浆性能的影响［C］．第三届全国商品砂浆学术交流会论文集，2009.11.

# 砂子级配对干混砂浆工作性及保水性的影响

曲　烈[1]　李　鹏[2]　李　光[2]　段洒洒[1]　张文研[1]

（1　天津城建大学材料学院　天津，2　河南省散装水泥办公室　郑州）

**摘　要**　本文通过保持用水量和配合比不变，研究了不同砂子级配对干混砂浆的稠度、保水性和力学性能的影响。试验结果表明，减少细颗粒，增加大颗粒的数量，会使砂浆的抗压强度明显减小。当大于 0.6mm 颗粒的砂子占 60％ 以上时，砂浆的保水性较好，可以达到 90％ 以上，砂浆的强度较其他砂子高。用水量会影响砂浆的稠度、保水率等性能，且水固比在 1∶4.56 时，干混砂浆的综合性能较好。

**关键词**　干混砂浆；砂子级配；稠度；保水率；抗压强度

## 1　引言

　　干混砂浆是指将 85％ 以上砂子与少量胶凝材料、外加剂按一定比例混合成颗粒状或粉状的，经干燥筛分处理，以散装或袋装的形式运到建筑工地，可直接使用的混合材料，最近在中国建筑行业中发展十分迅速[1-2]。普通砂浆分为砌筑砂浆、抹面砂浆和地坪砂浆。干混砂浆在选择原材料时受到许多限制，且干混砂浆在储存和运输的过程中，容易造成物料的离析，出现砂浆不均匀的现象，这与砂子种类和级配有很大关系[3-4]。目前，研究人员对砂浆中掺胶凝材料、外加剂后的性能研究较多，而对不同砂子种类和级配的砂浆性能研究较少。

　　砂子的级配、颗粒形态对新拌砂浆的性能有着明显的影响，合理级配砂子将紧密堆积故而使空隙率较低，可以节省水泥，并得到良好的和易性，反之则不合理。许多企业对现有砂源不作认真研究，造成水泥浪费和强度较低的后果。从实际来看，实验室和企业一般有几种来源的砂子，如何让这几种砂子制备成级配合理的砂浆则需要作认真的研究。

　　如果砂子级配不合理，砂子进入储仓后，在自由落体运动下将导致砂子的分离、离析，很明显将造成干混砂浆的成品质量下降[5]；而且砂子级配不合理，生产出的砂浆容易出现和易性、流动性差等现象，在机械化施工中就会导致堵管。李志军、邓毅婷[6]研究了机制砂级配对预拌砂浆和易性、力学性能、收缩性能的影响。Reddy 和 Gupta[7]研究了砂子级配对砂浆性能的影响，发现采用细砂砂浆的用水量要比采用粗砂砂浆的用水量多，增加 25％～30％；随着细砂数量的增多，砂浆的抗压强度和弹性模量会降低。Drew 和 Braj 采用来自 30 个不同地方的砂子，研究了砂子种类和级配对砂浆强度的影响。结果得出，水灰比是影响砂浆抗压强度的最大原因，而砂子种类和级配对抗压强度的影响较小。

Anderson 和 Held 研究了砂子级配对水泥砂浆黏结强度的影响，得出细砂配制的砂浆比粗砂配制的砂浆黏结强度低的结论。Lim 和 Tan 等研究了不同砂子级配对干混砂浆强度的影响。研究发现较细砂的级配配制的砂浆比较粗砂级配配制的砂浆的流动度要低很多。当水灰比在 0.63 以下时，较粗砂配制的砂浆 7d、28d 的抗压强度大于较细砂级配制的砂浆；当水灰比在 0.65 以上时，较细砂级配制的砂浆的强度都大于较粗砂级配制的砂浆。

刘桂凤、李世超等人[8] 研究了不同机制砂对干混砂浆性能的影响，发现随着细颗粒的减少和粗颗粒的增加，干混砂浆的强度呈下降趋势，稠度值呈增加趋势；黏结强度先增大后减小。肖群芳、李岩凌等人[9] 发现砂子的细度模数越小，砂浆的用水量越大。当细度模数小于 2.3 时，砂浆的保水率性能较差，泌水率较高，抗压强度下降。当细度模数为 2.5 时，砂浆的保水性等都较好，抗压强度也很高。

目前有关不同砂子级配的砂浆性能的研究报道很少，在已有的文献中，研究人员大多是关注于天然砂配制的砂浆的性能，有的数据与其他研究者研究成果相互矛盾，且对不同砂子级配干混砂浆的工作性及保水性能研究关注不够。本文拟研究砂子级配对干混砂浆稠度、保水率、抗压强度等性能的影响。

## 2　材料与方法

### 2.1　原料

试验所用石屑是花岗岩经颚式破碎机破碎后并用 4.36 mm 方孔筛筛分得到的；试验所用砂子为市售河砂；试验所用矿渣为高炉磨细矿渣；所用水泥为 P·O42.5 等级普通硅酸盐水泥，由唐山市筑成水泥有限公司生产；所用减水剂均为天津市飞龙砼外加剂公司生产。

### 2.2　材料制备与试验方法

将原料按配比称量并混合，倒入水泥胶砂搅拌机中，搅拌时间为 180s；将搅拌均匀的砂浆，倒入三联模具中，模具尺寸是 40 mm ×40 mm ×160mm；将模具放到振实台振动，然后进行静置 24h 脱模，再进行标准养护；根据龄期测定砂浆试块的 1d、3d、7d、28d 抗压强度。强度测试参照《水泥胶砂强度检验方法（ISO 法）》GB/T 17671—1999 进行；稠度测定根据《建筑砂浆基本性能试验方法标准》JGJ/T 70—2009 进行；利用 SEM 观察砂浆的显微结构。

## 3　结果与讨论

### 3.1　砂子级配与干混砂浆保水率的关系

由图 1 看出，当用水量为 450g，掺入 250g 水泥时，3 号砂的砂浆稠度最低，只有60 多毫米，2 号砂的砂浆稠度较高，达到了 96mm，超过标准稠度 70～90mm 的范围，4 号砂和标准砂的砂浆稠度是最适宜的；当掺入 300g 水泥时，3 号砂的砂浆稠度依然最低，2号砂的砂浆稠度最高，标准砂的砂浆稠度比掺入250g水泥时高，达到了94mm，4号砂没有太大的变化，依然满足要求。

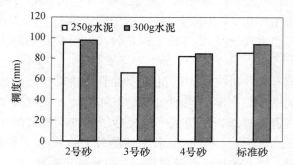

图1　砂子级配与干混砂浆稠度的关系（450g水）

由图2看出，当用水量为500g，掺入250g水泥时，3号砂和4号砂的稠度相当，2号砂和标准砂的稠度相当且较高，满足干混砂浆标准的稠度要求；掺入300g水泥时，3号砂稠度最低，4号砂、2号砂和标准砂的稠度相当，均能达到要求。

总之，4号砂的稠度较好，改变用水量和水泥掺量时，稠度的变化不大，说明4号砂的级配对稠度的影响大于用水量和水泥掺量；因为0.6～1.18mm颗粒较多时，细颗粒可以很好地填补空隙，形成紧密堆积，增加稠度；而2号砂的稠度偏大，说明大颗粒的增多一定程度上也可以增加稠度。

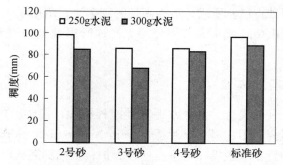

图2　砂子级配对干混砂浆稠度的影响（500g水）

## 3.2　砂子级配与干混砂浆保水率的关系

由图3看出，当用水量为450g，掺入250g水泥时，4号砂的砂浆保水率最低，标准砂的保水率最高，2号砂和3号砂的砂浆保水率相当，干混砂浆的保水率在88%以上时就符合要求，四组均达到了要求，这样的情况下，砂浆保水率就不需要太高；掺入300g水泥时4号砂的砂浆保水率依然较小，标准砂的砂浆保水率最高，3号砂的砂浆保水率比掺入250g水泥时高出很多，同样四组砂子的砂浆保水率均达到了要求。

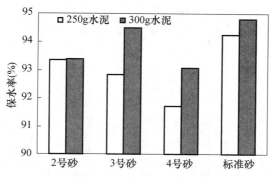

图 3  砂子级配对干混砂浆保水率的影响（450g 水）

由图 4 看出，当用水量为 500g，掺入 250g 水泥时，4 号砂的砂浆保水率最低，2 号砂的砂浆保水率最高，四组均达到了要求；掺入 300g 水泥时，四组砂的砂浆保水率均相当，而且 4 号砂的砂浆保水率比掺入 250g 水泥时高出了 2.3％，2 号砂的砂浆保水率变化不大，改变水泥掺量和用水量，2 号砂的砂浆保水率保持在 93％，因为砂浆保水率达到 88％即可，所以不需要太大。

总之，2 号砂的砂浆保水率较好，由于 2 号砂的级配细颗粒相对较多，可以填充粗颗粒形成的空隙，进而孔隙率较小，砂浆保水性好，不随水泥含量的改变而改变，也不随用水量的改变而改变。

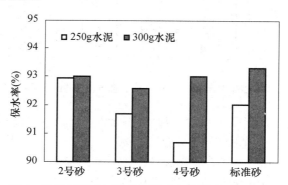

图 4  砂子级配对干混砂浆保水率的影响（500g 水）

## 3.3  砂子级配与干混砂浆抗压强度的关系

由图 5 看出，用水量为 450g，水泥掺量为 250g 时，4 号砂的砂浆抗压强度较高，而标准砂的砂浆抗压强度较低，只有 2.97MPa，说明级配合理可以提高砂浆强度；掺入 300g 水泥时，4 号砂的砂浆抗压强度依然较高，达到了 6.13MPa，3 号砂的砂浆抗压强度较低。

由图 6 可以看出，掺入 500g 水、250g 水泥时，2 号砂的砂浆抗压强度最大，标准砂的砂浆抗压强度最低；掺入 300g 水泥时，4 号砂的砂浆抗压强度最大，标准砂的砂浆抗压强度相对较小，且 250g 水泥时，砂浆稠度呈下降趋势，300g 水泥时，4 号砂的砂浆抗压强度明显增高。总之，450g 水时砂浆抗压强度比 500g 水时的抗压强度高，掺入 300g 水泥时砂浆抗压强度比掺入 250g 水泥时的抗压强度高。可见水泥掺量和用水量均会影响砂浆的抗压强度。

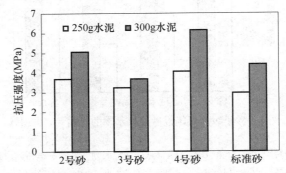

图 5　砂子级配对干混砂浆抗压强度的影响（450g 水）

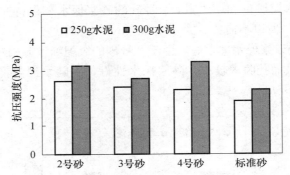

图 6　砂子级配对干混砂浆抗压强度的影响（500g 水）

综上，4 号砂的砂浆满足了稠度、保水率的要求，砂浆强度也相对于其他砂子更高，因此，级配最为合理的是 4 号砂，2.36～4.75mm、1.18～2.36mm、0.6～1.18mm、0.075～0.6mm、＜0.075mm 的百分比分别为 20％、30％、25％、20％、5％，这种级配可以使砂浆有较好的密实结构和流动性。

## 4　结论

（1）所有组砂子级配的砂浆保水率均满足标准要求，但只有 4 号砂子的砂浆稠度可以满足要求，在 70～90mm 之间，且强度达到了 6MPa 以上。其原因可解释为含有大于 0.6mm 粒径的砂子占 60％以上，粗细颗粒之间可以形成良好的结构，孔隙率减小，砂浆的综合性能较好。

（2）当用水量为 500g 时，砂浆可以满足稠度和保水率的要求，但其 7d 抗压强度略低，低于 3.5MPa。水泥掺量为 300g 时，砂浆的保水率和稠度均满足标准要求，抗压强度也达到了标准。

**参考文献**

［1］　胡建伟，闻宝联．机制砂级配对水泥砂浆性能的影响规律及作用效应［J］．混凝土世界，2015（11）：88-91.

［2］　朱柯．机制砂干混砌筑砂浆的性能研究［D］．重庆：重庆大学，2013.

［3］　戴镇潮．砂子粗细和级配对混凝土的影响［J］．商品混凝土，2012.02.

［4］　Abbagana Mohammed. Importance of Sand Grading on the Compressive Strength and Stiffness of Lime Mortar in Small Scale Model Studies［J］. Open Journal of Civil Engineering, 2015.04.05.

［5］　李新建．工业废渣再生细集料制备高性能干混砂浆研究［D］．山西：中北大学，2011.

［6］　李志军，邓毅婷，王莉梅，等．机制砂的级配对预拌砂浆硬化前后性能的影响［J］．城乡建设，2012（9）．

［7］　Reddy B V, Gupta A. Influence of sand grading on the characteristics of mortars and soil－cement block masonry［J］. Construction Building Material，2008（22）：1614-1623.

［8］　刘桂凤，李世超，秦彦龙，等．不同机制砂级配对干混砂浆性能的影响［J］．混凝土，2013：112.114-117.

［9］　肖群芳，李岩凌，苟洪珊，等．干混普通砂浆关键技术研究［J］．新型建筑材料，2014（5）：33，36-51.

# 外加剂对干混砂浆工作性及保水性的影响

曲　烈[1]　常留军[2]　梁育洁[1]　张文研[1]　康茹茹[1]

（1　天津城建大学材料科学与工程学院　天津，

2　郑州春晖建材科技有限公司　郑州）

**摘　要**　以砂、粉煤灰、硅酸盐水泥、水为原料，并加入淀粉醚、纤维素醚、膨润土作为外加剂，研究了外加剂对干混砂浆工作性及保水性的影响。结果表明，当纤维素醚用量为水泥用量的 0.05％时，干混砂浆稠度可以达到 88mm，保水性 88.9％，7d 抗压强度 6.1MPa，并都满足标准要求。当淀粉醚掺量为水泥用量的 0.05％，砂浆稠度可以达到 88mm，保水率 90.3％，强度 10MPa。当膨润土用量为水泥用量的 0.05％时，砂浆稠度可以达到 71mm，保水率 90.53％，强度 7MPa。当进行纤维素醚和淀粉醚复掺时，砂浆稠度可以达到 78mm，保水率 89.19％，强度 5.9MPa。当用水量为 400g时，复掺外加剂使用效果最佳。当粉煤灰∶水泥为 6∶4 时，砂浆强度降低到 3.5MPa，但稠度为 84mm，保水率为 90.12％。当粉煤灰∶水泥比例为 9∶1、8∶2 和 7∶3 时，砂浆各项指标均符合标准要求。

**关键词**　干混砂浆；纤维素醚；保水率；强度

## 1　前言

与传统工艺相比，干混砂浆具有许多明显的优势：节约投资，减少环境污染和施工现场占有量，减少浪费，方便与文明施工；生产效率高，同时使施工速度提高了不少[1-2]；产品质量高、可靠且稳定。为了满足产品特殊的质量要求，干混砂浆作业普遍使用化学添加剂，使其又形成一个新的产业。

L. Schmitz 等[3]研究了不同种类的纤维素醚对水泥干混砂浆产品的影响。研究表明：它不仅能改变干混砂浆的性能，同时也会改变水泥浆体的水化动力学过程。因在砂浆中水泥凝胶材料越多，纤维素醚延时水化作用越明显。它的缓凝效果与水泥凝胶材料的浓度，还有纤维素醚结构甲基取代基有关系，取代基越高，缓凝效果就会越差。Pourchez 等[4]用 X 射线和显微镜观察纤维素醚对水泥浆体微观形貌的影响[4]，发现化学成分是控制因素，由于纤维素醚的掺入会使 $50\sim250\mu m$ 直径的孔增加，对空气的体积含量影响比较大。

N. K. Singh 等研究了关于草酸和纤维素醚对硅酸盐水泥性能的影响。E. Knapen 等研究发现在砂浆中加入水溶性聚合物起到桥联作用，产生聚合物，使砂浆力学性能得以提高。聚合物薄膜对水和湿度比较敏感，在气孔的表面，聚合物出现在氢氧化钙的层间。在实际应用条件下，形成的桥联起到封闭作用。在水养护条件和湿度大的地方，对拉伸黏结强度和抗折强度没有产生不好的影响。

杨雷等[5]研究了 HEMC 外加剂对砂浆稠度和保水性的影响。结果表明：HEMC 具有保水和增稠作用，当用量为 0.2% 时，干混砂浆的保水率得以提高，分层度有所减小。同时还具有引气作用并且可以改善砂浆和易性，同时使干密度减小。掺 HEMC 的砂浆使得韧性得到了很好的改善，黏结性更好。许琦等研究了 HEMC 对砂浆力学性能的影响，发现掺加高效减水剂、矿渣和 HEMC 后，对砂浆的拉伸黏结强度没有任何影响，当掺加 HEMC、高效减水剂和矿粉，可以使砂浆的拉伸黏结强度有一定提高。

张国防和王培铭[6-7]研究发现，与未掺 HEMC 的水泥浆体相比较，C-S-H 凝胶和钙矾石的生成延迟，C-S-H 凝胶与钙矾石相比较形状比较细小，且比较短粗，HEMC 使孔比表面积降低，浆体孔径和总孔体积增大，产生大毛细管并引入了大量的封闭孔。

叶慧丽等[8]选择了有机、无机添加剂，用正交方法进行研究外加剂对干混砂浆的影响，按照 M10 强度来设计，配比为水泥：砂：粉煤灰＝1：6：0.15，在满足抗压强度的条件下，主要考虑如何改变干混砂浆分层度，有机添加剂掺量是水泥的 0.06%，无机添加剂掺量为水泥的 20%。

本文研究了外加剂对干混砂浆工作性及保水性的影响。考虑单独使用纤维素醚、淀粉醚和膨润土外加剂，以及复掺纤维素醚与淀粉醚两种情况，选取性能最好的一组，再用粉煤灰替代水泥和改变用水量。然后进行试验，确定稠度、保水率和强度都满足要求的配比，以便在现场减少砂浆施工的难度和改善工作性。

## 2 材料与方法

### 2.1 原料

试验所用水泥采用强度等级为 P·O42.5 的硅酸盐水泥，主要成分是氧化钙、二氧化硅，化学组成见表 1。试验所用粉煤灰颜色为灰黑色，其化学组成见表 2。试验所用砂子采用天津市售河砂，采用时过 4.75mm 筛子，细度模数、表观密度等指标见表 3。试验所用纤维素醚是含有醚结构纤维素 HPEC（羟丙基甲基纤维素），购自上海影佳实业发展有限公司，甲氧基 19%～30%。试验所用淀粉醚也购自同一公司，型号 YJ-9050，细度小于 500μm。试验所用膨润土由河北省石家庄市灵寿县振川矿产品加工厂提供。膨润土是以蒙脱石为主要矿物成分的非金属矿土，为白色，成分有二氧化硅、三氧化二铝，同时还含有钙、镁、铁、钾、钠等微量元素，吸附性能很强，同时离子交换能力很好。

**表 1 硅酸盐水泥化学组成（%）**

| CaO | $Al_2O_3$ | $Fe_2O_3$ | $SiO_2$ | MgO | $TiO_2$ |
|-----|-----------|-----------|---------|-----|---------|
| 55.27 | 5.75 | 3.14 | 17.58 | 3.79 | 0.41 |

**表 2 粉煤灰的化学组成（%）**

| SiO$_2$ | Al$_2$O$_3$ | Fe$_2$O$_3$ | MgO | CaO |
|---|---|---|---|---|
| 44.67 | 19.42 | 6.98 | 1.57 | 13.33 |

**表 3 砂子的参数**

| 细度模数 | 含水率 | 含泥量 | 表观密度 |
|---|---|---|---|
| 3.4 | 0.3% | 1.7% | 2640kg/m$^3$ |

## 2.2 试验仪器与设备

试验仪器与设备见表 4。

**表 4 试验仪器与设备**

| 仪器名称 | 型号 | 生产厂家 |
|---|---|---|
| 水泥胶砂搅拌机 | UIZ-15 | 沧州冀路试验仪器有限公司 |
| 天平 | | |
| 水泥胶砂振实台 | ZS-15 | 无锡市锡威仪器机械厂 |
| 全自动恒应力压力试验机 | JYE-300A | 北京科达京威科技发展有限公司 |
| 标准恒温养护箱 | YH-40B | |
| 震击式标准振筛机 | 2BSX92A | 上虞市东关五金仪器机械厂 |
| 70.7mm×70.7mm×70.7mm 模具 | — | 定制 |
| 砂浆稠度仪 | | |

## 2.3 试验步骤

称量一定质量的砂、水泥、粉煤灰、纤维素醚、淀粉醚、膨润土和水之后，放入搅拌机开始搅拌，搅拌均匀后加水，直至原材料和水混合均匀；然后放入砂浆稠度仪中测砂浆稠度，再放入试模中测保水率。将砂浆装入刷好脱模剂的 70.7mm×70.7mm×70.7mm 的模具中，将其放进振实台进行振实，目的是把气泡振出，试模静置一天，然后拆模，试块放入养护箱养护，然后用全自动压力机测其强度。

## 2.4 测试方法

1. 砂浆的稠度测试方法

（1）先用润滑油少量轻擦滑杆，目的是使滑杆能够自由移动，同时用吸油纸将滑杆上多余的油吸干净，然后用干净的湿布把试锥和盛放干混砂浆的容器擦拭干净。

（2）在盛放砂浆的容器里面装入搅拌好的干混砂浆，装到距离低于容器口大约 10mm 左右，然后用捣棒在容器中匀速地上下插捣 25 次，轻轻晃动容器使砂浆均匀地平铺在容器中，或者是轻轻敲打盛装干混砂浆容器 5～6 下使其砂浆表面均匀，最后平稳地将容器放在稠度测定仪的底座架上，方便测定稠度。

（3）将试锥滑杆的制动螺栓缓慢松开的同时，用手托着试锥，使滑杆慢慢地向下移动到试锥尖端刚刚与砂浆表面接触时，赶快将制动螺栓拧紧。与此同时，缓慢移动齿条测杆，使它下端与滑杆上端相接触，最后将指针归零，避免出现误差。

（4）先将制动螺栓松开使滑杆向下移动，插到容器中，然后记录10s时间，马上拧紧制动螺栓，移动齿条测杆，使其向下移动，当它与滑杆刚接触时，从表盘上可以读出干混砂浆稠度数值。

（5）下一次测定时，不可以再使用容器中的砂浆，应重新称量材料进行配料测定。

2. 砂浆保水率测定方法

1）砂浆保水性测定仪的参数

刚性试模：圆形，内径100mm±1mm，内部有效深度25mm±1mm。

刚性底板：圆形，无孔，直径100mm±5mm，厚度5mm±1mm。

干燥滤纸：中速定性滤纸，直径为110mm±1mm；金属滤网，网格尺寸45$\mu$m；标准砝码：2kg。

其他辅助仪器设备：金属刮刀，电子天平（2kg），鼓风干燥箱，毛刷，脱脂棉球。

2）保水性试验步骤

（1）先称量刚性试模和底部不透水的刚性底板的质量为$m_1$，8片圆形滤纸质量确定为$m_2$，将刚性试模和底部不透水的刚性底板组成一个小试模具。

（2）将配置好的砂浆混合物装入试模中，当砂浆高于试模时，用小铲子将其多余的干混砂浆抹去，最后将干混砂浆表面抹平且均匀即可。

（3）称量装入砂浆的小模具确定质量为$m_3$。

（4）先将2片薄的医用纱布盖在干混砂浆表面，确认全部覆盖住，然后在医用纱布上放8片滤纸，最后再放上不透水的棉纱盖在上面，再用2kg的砝码压在上面。放置2min。然后迅速将2kg的砝码和棉纱拿去，称量吸水后的8片滤纸质量确定为$m_4$。

（5）砂浆保水率公式：$W=\left[1-\dfrac{m_4-m_2}{a\times(m_3-m_1)}\right]\times100\%$

式中，$W$为保水率（%）；$m_1$为底部刚性不透水片与干燥刚性圆形试模质量（g）；$m_2$为8片未吸水干燥滤纸吸的质量（g）；$m_3$为装入砂浆的不透水的刚性底板和刚性试模的总质量（g）；$m_4$为8片滤纸吸水后的质量（g）；$a$为砂浆含水率（%）。

3. 抗压强度测定方法

强度测试参照《水泥胶砂强度检验方法（ISO法）》（GB/T 17671—1999）进行。

抗压强度计算公式：$R_C=\dfrac{F_C}{A}$

式中 $R_C$——抗压强度（MPa）；$F_C$——破坏荷载（N）；$A$——受压面积（mm）。

## 2.5 砂浆指标标准

砂浆指标标准见表5。

表5 砂浆指标标准

| 稠度（mm） | 保水率（%） | 抗压强度（MPa） |
| --- | --- | --- |
| 70～90 | >88% | 5～10 |

## 3 结果与讨论

### 3.1 单掺外加剂对干混砂浆工作性及保水性的影响

#### 3.1.1 纤维素醚对干混砂浆工作性及保水性的影响

从图1可以看出，当纤维素醚用量为0.2g时，砂浆稠度最低，因纤维素醚有增稠作用；当纤维素醚用量为0.4g时，砂浆稠度增加到106mm，即达到最大值。然后当纤维素醚用量为0.6g时，砂浆稠度减小。随着纤维素醚用量增加，砂浆的稠度呈现先增大后减小的趋势。总之，当纤维素醚掺量为0.2g（为水泥用量的0.05%）时，砂浆稠度可达到88mm。

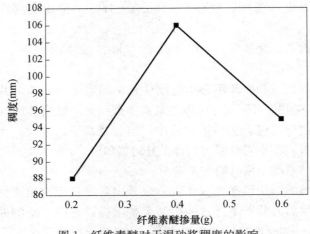

图1 纤维素醚对干混砂浆稠度的影响

从图2可以看出，当其用量为0.2g时，保水性最低，当纤维素醚用量为0.4g时，其保水率值达到最大，增加幅度较大，保水性较好是因为纤维素醚起到保水的作用，当用量为0.6g时，保水性差。可见，随着纤维素醚用量的增大，砂浆的保水率呈先增大后减小的趋势。

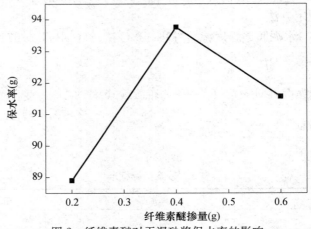

图2 纤维素醚对干混砂浆保水率的影响

从图 3 可以看出，当纤维素醚掺量为 0.2g 时，干混砂浆 7d 抗压强度达到最大值 6.1MPa，在 0.6g 时为 5.6MPa，即为最小值。增加纤维素醚掺量，将使砂浆 7d 抗压强度减小，此时纤维素醚起到增加孔隙率的作用，因而导致强度降低。

可见，最佳纤维素醚掺量为水泥用量的 0.05％，干混砂浆稠度可以达到 88mm，保水率 88.9％，强度 6.1MPa。

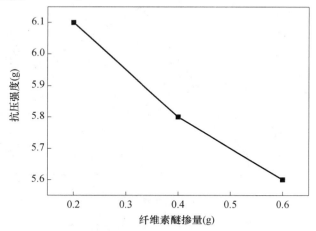

图 3　纤维素醚干混砂浆 7d 抗压强度的影响

### 3.1.2　淀粉醚对干混砂浆性能的影响

从图 4 可以看出，当淀粉醚用量为 0.2g 时，干混砂浆的保水率达到最低值，而当淀粉醚用量为 0.4g 时，干混砂浆的保水率增加，此时淀粉醚有保水作用。当淀粉醚用量由 0.4g 增到 0.6g 时，干混砂浆的保水率降低。可见最佳淀粉醚用量为水泥用量的 0.05％。

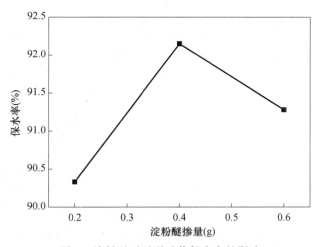

图 4　淀粉醚对干混砂浆保水率的影响

从图 5 可以看出，当淀粉醚用量为 0.2g 时，砂浆稠度比较低，起到增稠的作用。当淀粉醚掺量由 0.2g 增到 0.4g 时，砂浆稠度增加，但淀粉醚用量由 0.4g 增到 0.6g 时砂浆稠度又下降。可见，最佳淀粉醚用量为水泥用量的 0.05%。

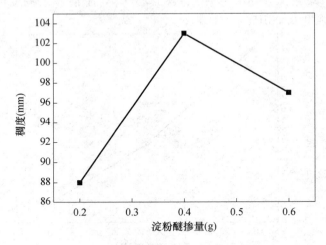

图 5　淀粉醚对干混砂浆稠度的影响

从图 6 可以看出，当淀粉醚用量为 0.2g，干混砂浆强度为 10MPa；当淀粉醚用量为 0.4g 时，砂浆强度还是 10MPa。当淀粉醚用量为 0.6g 时，砂浆强度则有所减小，淀粉醚起保水增稠作用。淀粉醚最佳掺量为 0.2g。总之，当增加淀粉醚用量时，对砂浆稠度影响比较大，但对砂浆的保水率和 7d 抗压强度影响不明显。确定试验淀粉醚用量为 0.2g。

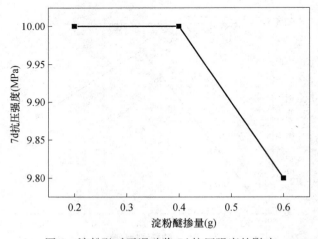

图 6　淀粉醚对干混砂浆 7d 抗压强度的影响

### 3.1.3　膨润土对干混砂浆工作性及保水性的影响

从图 7 可以看出，膨润土作为外加剂有保水增稠的效果，保水性较好。随着膨润土掺量增加，砂浆保水率增大。从图 8 可以看出，随着膨润土掺量增加，砂浆的稠度也增大。确定膨润土最佳掺量为 0.4g。

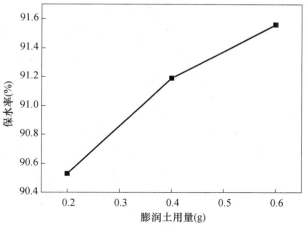

图 7　膨润土对干混砂浆保水性的影响

从图 9 可以看出，当膨润土用量为 0.4g 时，砂浆强度为 9.8MPa，即达到最大值，其变化幅度较为明显，但当膨润土掺量增到 0.6g 时，砂浆强度有所减小，可能是因为保水增稠的作用，增加孔隙率而导致强度降低。确定膨润土最佳掺量为 0.4g。总之，当膨润土掺量为水泥用量的 0.05％时，可使砂浆的稠度、保水率和 7d 抗压强度满足标准要求。

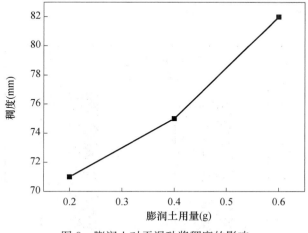

图 8　膨润土对干混砂浆稠度的影响

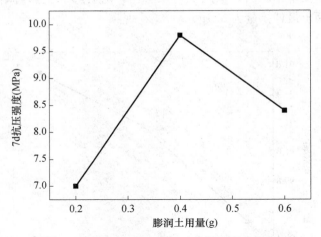

图 9  膨润土对干混砂浆 7d 抗压强度的影响

## 3.2  纤维素醚与淀粉醚复掺对干混砂浆性能的影响

从图 10 可以看出，当纤维素醚用量为 0.2g 时，淀粉醚为水泥质量的 0.05％
（0.2g），砂浆稠度值较小，当淀粉醚增大到 0.4g 时，砂浆稠度有所增大。当纤维素醚
用量为 0.4g 时，淀粉醚为 0.2g 时，砂浆稠度较小，但当淀粉醚 0.4g 时，砂浆稠度
增加很大。

从图 11 可以看出，当纤维素醚用量为 0.2g 时，淀粉醚的质量由 0.2g 增大到 0.4g
时，保水率略有增加，当纤维素醚用量为 0.4g 时，淀粉醚的质量由 0.2g 增大到 0.4g
时，保水率略有增加。

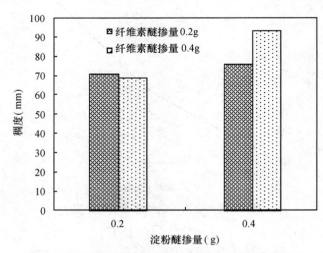

图 10  复掺纤维素醚与淀粉醚对干混砂浆稠度的影响

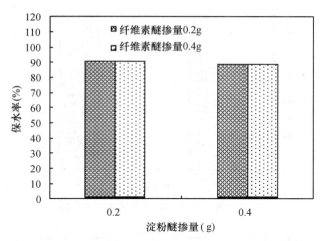

图 11 复掺纤维素醚与淀粉醚对干混砂浆保水率的影响

从图 12 可以看出，当纤维素醚为 0.2g，淀粉醚由 0.2g 增到 0.4g 时，砂浆 7d 抗压强度逐渐下降，是因为保水增稠作用而使孔隙率增加。当纤维素醚为 0.4g 时，淀粉醚用量从 0.2g 增大到 0.4g 时，砂浆 7d 抗压强度也减少。

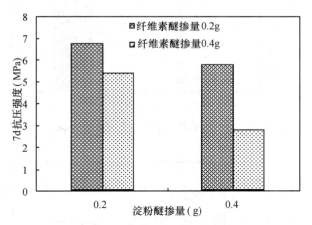

图 12 复掺纤维素醚与淀粉醚对干混砂浆 7d 抗压强度的影响

## 3.3 用水量对干混砂浆性能的影响

从图 13 可以看出，随着用水量的增大，砂浆的保水率略有增加。从图 14 可以看出，随着用水量增加，砂浆稠度有所增大。从图 15 可以看出由于用水量的增大，砂浆的 7d 抗压强度却有所下降。

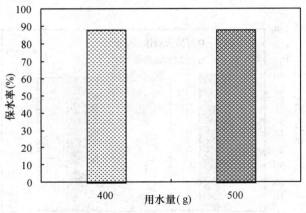

图 13　用水量对干混砂浆保水率的影响

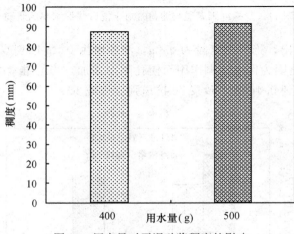

图 14　用水量对干混砂浆稠度的影响

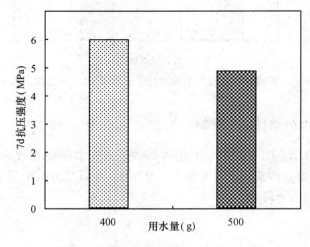

图 15　用水量对干混砂浆 7d 强度的影响

### 3.4　粉煤灰对干混砂浆工作性及保水性能的影响

从图 16 可以看出，当粉煤灰用量从 45g 增加到 180g，砂浆稠度呈现先减少后增加的趋势。当粉煤灰用量为 45g 时，干混砂浆稠度值为 88mm，即为最大值。当粉煤灰用量为 90g 时，干混砂浆稠度值为 75mm，即为最小值。当粉煤灰用量为 135g 到 180g时，砂浆稠度逐渐增大。

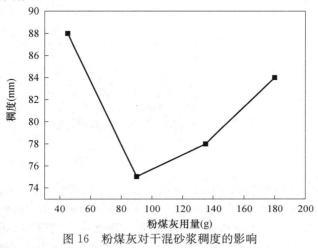

图 16　粉煤灰对干混砂浆稠度的影响

从图 17 可以看出，当粉煤灰用量为 45g 时，干混砂浆保水率最低，当粉煤灰用量为 180g 时，砂浆保水率达到最大值。

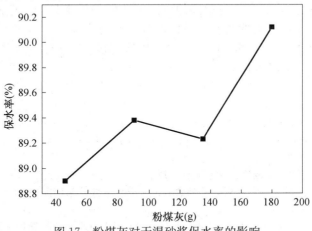

图 17　粉煤灰对干混砂浆保水率的影响

从图 18 可以看出，随着粉煤灰用量增大，干混砂浆 7d 抗压强度先增大然后减小。当粉煤灰用量由 45g 增到 90g 时，砂浆强度增加，因增加水泥用量，水化产物中生成更多的水化硅酸钙和钙矾石，故其强度得以增加，另外由于增加粉料可使砂浆工作性得以改善。当粉煤灰用量为 90g 时，砂浆的稠度增加；而当粉煤灰用量由 135g 增到180g 时，砂浆强度反而有所减小。当水泥：粉煤灰为 6∶4 时，砂浆强度达到最低值，因为水泥用量少，粉煤灰取代多，活性组分减少导致有效水化产物减少。

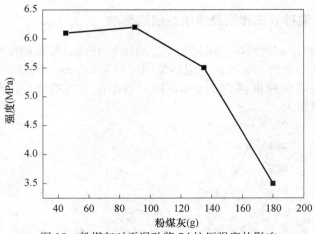

图 18　粉煤灰对干混砂浆 7d 抗压强度的影响

## 4　结论

（1）纤维素醚、淀粉醚和膨润土对于砂浆都具有保水增稠作用。当纤维素醚为水泥用量的 0.05％时，砂浆的稠度、保水率和强度都能满足标准要求。当淀粉醚用量为水泥用量的 0.05％时，砂浆的稠度、保水率和强度也能满足标准要求。当膨润土用量为水泥用量的 0.05％时，砂浆的稠度达到 71mm，保水率为 90.53％，抗压强度为 7.0MPa。

（2）复掺纤维素醚 0.05％和淀粉醚掺量为 0.1％时，砂浆的稠度可达到 78mm，保水率为 91％，抗压强度 5.9MPa。

（3）当用水量为 400g 时，复掺外加剂的砂浆使用效果最佳。用水量继续增加，反而会使砂浆稠度增加，流动性变差。当粉煤灰：水泥为 6：4 时，砂浆的强度降低；而当粉煤灰：水泥为 9：1，8：2 和 7：3 时，砂浆强度均较高，尤其是粉煤灰：水泥为 9：1时，砂浆强度达到最大值。

**参考文献**

[1]　G Zhang，J Zhao，P Wang，L Xu. Effect of HEMC on the early hydration of Portland cement highlighted by isothermal calorimetry ［J］. Journal of Thermal Analysis & Calorimetry，2015，119（3）：1833-1843.

[2]　苏雷. 纤维素醚改性水泥浆体性能研究 ［D］. 武汉：武汉理工大学，2011.

[3]　L. Schmitz，C. J. Hacker，张量. 纤维素醚在水泥基干拌砂浆产品中的应用 ［J］. 新型建筑材料，2006（7）：45-48.

[4]　J Pourchez，A Peschard，P Grosseau，R Guyonnet，B Guilhot. HPMC and HEMC influence on cement hydration ［J］. Cement & Concrete Research，2006，36（2）：288-294.

[5]　杨雷，罗树琼，管学茂. HEMC 对加气混凝土用抹灰砂浆性能的影响 ［J］. 混凝土与水泥制品，2010（2）：65-67.

[6]　张国防，王培铭. 羟乙基甲基纤维素影响水泥浆体微观结构的研究 ［A］. 第三届全国商品砂浆学术交流会论文集 ［C］，2009.

[7]　张国防，王培铭. 羟乙基甲基纤维素对水泥水化的影响 ［J］. 同济大学学报（自然科学版），2009（3）.

[8]　叶慧丽，潘钢华. 干混砌筑砂浆外加剂的研究 ［J］. 材料工程，2006（S1）：259-263.

# 砂的细度模数对混凝土空心砌块
# 砌筑砂浆性能的影响

王武祥　廖礼平

（中国建筑材料科学研究总院，绿色建筑材料国家重点实验室　北京）

**摘　要**　砂是混凝土空心砌块砌筑砂浆（简称专用砂浆）中用量最大的组分，其粗细程度（细度模数）对专用砂浆性能、生产成本和使用效果影响显著。研究表明：在相同稠度条件下，随着砂的细度模数降低，专用砂浆拌和用水量不断增加，浆体密度降低，浆体稳定性和使用性能越来越差，极易出现泌水现象，必须提高增稠保水外加剂掺量。砂变细还会引起专用砂浆抗压强度大幅度下降，耐久性尤其是耐磨性变差，必须提高水泥用量以补偿强度损失。因此在制备专用砂浆时应选用合理细度模数和级配的砂，在保证产品使用性能和耐久性的同时，降低生产成本，提高专用砂浆的市场竞争力。

**关键词**　混凝土空心砌块；砌筑砂浆；砂；细度模数；性能

　　混凝土空心砌块砌筑砂浆由无机胶凝材料、细骨料、掺和料、外加剂和水等组成。无机胶凝材料选用通用硅酸盐水泥，细骨料选用天然砂，掺和料选用粉煤灰、磨细矿渣等，外加剂则选用具有改善专用砂浆施工性能（稠度和保水性）、物理力学性能（抗压强度、黏结强度和抗渗性）和耐久性的增稠保水材料，每种组分的性能和用量对专用砂浆性能具有显著影响。砂是专用砂浆中用量最大的组分，约占 50％~90％（质量比），因强度等级和原料体系不同而变化。砂通常有粗砂、中砂、细砂和特细砂之分，在相同重量条件下，细砂的总表面积较大，而粗砂的总表面积较小。在砂浆中，砂的表面需要由水泥浆包裹，砂的总表面积愈大，则需要包裹砂粒表面的水泥浆就愈多。因此，砂的粗细程度将直接影响到专用砂浆性能、生产成本和使用效果。本文将重点研究砂的细度模数对专用砂浆性能的影响。

## 1　试验研究

### 1.1　原材料

　　水泥：冀东水泥集团股份有限公司产强度等级为 32.5R 普通硅酸盐水泥。

　　砂：试验选用了两种细度模数的砂，即细度模数 $\mu_f = 2.96$ 的中砂和 $\mu_f = 1.44$ 的特细砂，筛分结果见表1。在研究砂的细度模数对砌筑砂浆性能影响时，不同细度模数的混合砂将由两种砂按不同比例混合配制而成。混合砂的细度模数计算结果见表2。

粉煤灰：北京市石景山热电厂产Ⅱ级粉煤灰。

复合外加剂：灰色粉末，型号 DM-2006。用于提高专用砂浆浆体黏度和保水性，改善专用砂浆施工性能。

## 1.2 试样制备

先将水泥、砂、粉煤灰和复合外加剂预拌均匀，制成专用砂浆干粉料。按设定水料比计量专用砂浆干粉料和拌和用水（拌和用水通过浆体稠度控制），用砂浆搅拌机拌制专用砂浆浆体，搅拌时间为 180s。按 JGJ 70《建筑砂浆基本性能试验方法》测试专用砂浆浆体性能（稠度、分层度和湿密度），制备专用砂浆硬化体性能测试试块（绝干密度和抗压强度）。在制作专用砂浆硬化体试块时，将无底试模放在预先铺有吸水性较好的混凝土砖上（吸水率小于 7%）。在室内放置 24h 后（用塑料布覆盖）脱模，密封养护至 28d 龄期。

### 表 1 中砂和特细砂的筛分结果

| 代号 | 公称粒径 | 中砂（$\mu_f=2.96$） | | | | 特细砂（$\mu_f=1.44$） | | | |
|---|---|---|---|---|---|---|---|---|---|
| | | 第一次筛分试验 | | 第二次筛分试验 | | 第一次筛分试验 | | 第二次筛分试验 | |
| | | 筛余（%） | 累计筛余（%） | 筛余（%） | 累计筛余（%） | 筛余（%） | 累计筛余（%） | 筛余（%） | 累计筛余（%） |
| B1 | 5.00mm | 0.00 | 0.00 | 0.00 | 0.00 | 0.00 | 0.00 | 0.00 | 0.00 |
| B2 | 2.50mm | 14.24 | 14.24 | 14.90 | 14.90 | 0.51 | 0.51 | 0.70 | 0.70 |
| B3 | 1.25mm | 17.20 | 31.44 | 18.06 | 32.96 | 1.00 | 1.51 | 0.90 | 1.60 |
| B4 | 630μm | 33.00 | 64.44 | 32.80 | 65.76 | 5.46 | 6.97 | 4.90 | 6.50 |
| B5 | 315μm | 23.40 | 87.84 | 23.00 | 88.76 | 38.20 | 45.17 | 35.80 | 42.30 |
| B6 | 160μm | 8.00 | 95.84 | 7.60 | 96.36 | 46.20 | 91.37 | 48.40 | 90.70 |
| 颗粒级配区 | | Ⅱ区 | | Ⅱ区 | | — | | — | |

### 表 2 混合砂的细度模数计算结果

| 代号 | | $S_1$ | $S_2$ | $S_3$ | $S_4$ | $S_5$ | $S_6$ | $S_7$ | $S_8$ | $S_9$ | $S_{10}$ | $S_{11}$ |
|---|---|---|---|---|---|---|---|---|---|---|---|---|
| 中砂（%） | | 100 | 90 | 80 | 70 | 60 | 50 | 40 | 30 | 20 | 10 | 0 |
| 特细砂（%） | | 0 | 10 | 20 | 30 | 40 | 50 | 60 | 70 | 80 | 90 | 100 |
| 累计筛余（%） | 5.00mm | 0.00 | 0.00 | 0.00 | 0.00 | 0.00 | 0.00 | 0.00 | 0.00 | 0.00 | 0.00 | 0.00 |
| | 2.50mm | 14.57 | 13.17 | 11.78 | 10.38 | 8.98 | 7.59 | 6.19 | 4.79 | 3.40 | 2.00 | 0.61 |
| | 1.25mm | 32.20 | 29.14 | 26.07 | 23.01 | 19.94 | 16.88 | 13.81 | 10.75 | 7.68 | 4.62 | 1.56 |
| | 630μm | 65.10 | 59.26 | 53.43 | 47.59 | 41.75 | 35.92 | 30.08 | 24.24 | 18.41 | 12.57 | 6.74 |
| | 315μm | 88.30 | 83.84 | 79.39 | 74.93 | 70.47 | 66.02 | 61.56 | 57.10 | 52.65 | 48.19 | 43.74 |
| | 160μm | 96.10 | 95.59 | 95.09 | 94.58 | 94.07 | 93.57 | 93.06 | 92.55 | 92.05 | 91.54 | 91.04 |
| 细度模数（$\mu_f$） | | 2.96 | 2.81 | 2.66 | 2.50 | 2.35 | 2.20 | 2.05 | 1.90 | 1.74 | 1.59 | 1.44 |
| 颗粒级配区 | | Ⅱ区 | | | | | Ⅲ区 | | | | — | |

## 1.3 性能测试

稠度、分层度和湿密度：按 JGJ 70《建筑砂浆基本性能试验方法》进行。

绝干密度：试块尺寸为 70.7mm×70.7mm×70.7mm，参照 GB/T 20473—2006《建筑保温砂浆》测试。其中烘干温度为 105℃±5℃。

抗压强度：试块尺寸为 70.7mm×70.7mm×70.7mm，按 JGJ70《建筑砂浆基本性能试验方法》进行。

## 2 试验结果与分析

在专用砂浆中，砂的粗细直接决定了包裹水泥浆的需求量，从而影响专用砂浆配合比设计、浆体性能和硬化体性能。砂的粗细程度通常用细度模数来表征。试验研究时，以特细砂（编号 S11）为基点，专用砂浆设计强度等级为 Mb10，固体组分比例为：水泥∶砂∶粉煤灰∶专用外加剂＝1.00∶4.41∶0.32∶0.04，专用砂浆稠度控制在 50～80mm 范围内。通过改变砂的细度模数，研究专用砂浆水灰比、湿密度、抗压强度的变化趋势和规律。由 11 种细度模数的混合砂制备的专用砂浆配合比及浆体性能列于表 3。

**表 3 不同细度模数混合砂制备的专用砂浆配合比与浆体性能**

| 编号 | 设计强度等级 | 配合比 | | | | | | 浆体性能 | | |
| --- | --- | --- | --- | --- | --- | --- | --- | --- | --- | --- |
| | | 水泥 | 粉煤灰 | 复合外加剂 | 混合砂 | 砂代号 | 水 | 稠度(mm) | 分层度(mm) | 湿密度(kg/m³) |
| M1 | | | | | | $S_1$ | 0.76 | 54 | 10 | 2080 |
| M2 | | | | | | $S_2$ | 0.78 | 54 | 10 | 2110 |
| M3 | | | | | | $S_3$ | 0.81 | 52 | 12 | 2100 |
| M4 | | | | | | $S_4$ | 0.85 | 54 | 17 | 2100 |
| M5 | | | | | | $S_5$ | 0.90 | 60 | 15 | 2060 |
| M6 | Mb10 | 1.00 | 0.32 | 0.04 | 4.41 | $S_6$ | 0.95 | 62 | 19 | 2040 |
| M7 | | | | | | $S_7$ | 0.99 | 62 | 13 | 2040 |
| M8 | | | | | | $S_8$ | 1.02 | 66 | 20 | 2040 |
| M10 | | | | | | $S_9$ | 1.05 | 58 | 14 | 2020 |
| M11 | | | | | | $S_{10}$ | 1.08 | 60 | 10 | 2000 |
| M12 | | | | | | $S_{11}$ | 1.13 | 59 | 13 | 1970 |

## 2.1 砂的细度模数与专用砂浆水灰比

图 1 列出了专用砂浆稠度控制在 50～80mm 范围内时，砂的细度模数与专用砂浆水灰比的相关性试验结果。结果表明（表 3）：随着砂细度模数的降低，即砂的颗粒粒度变细，专用砂浆水灰比不断增加。当砂的细度模数为 2.96 时（$S_1$），水灰比只要 0.76，专用砂浆稠度能达到 54mm；当砂的细度模数降至 2.05 时（$S_7$），水灰比增至

0.99，专用砂浆稠度能达到 62mm；当砂的细度模数为 1.44 时（$S_{11}$），水灰比达到 0.86，专用砂浆稠度才能达到 59mm。

砂的细度模数较大时，比表面积相对较小，包裹砂的水泥浆量相对较少。随着砂的细度模数降低，砂的颗粒粒度变细，比表面积增大，包裹砂的水泥浆量需求量明显提高，为保证专用砂浆稠度满足设计要求，必须提高拌和用水量，进而增加水泥浆量。

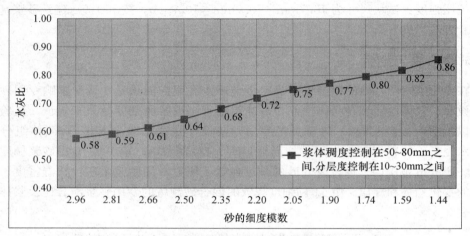

图 1　砂的细度模数与专用砂浆水灰比

## 2.2　砂的细度模数与专用砂浆湿密度

将专用砂浆稠度控制在 50～80mm 范围内，随着砂的细度模数降低，专用砂浆湿密度同步下降，试验结果见图 2。当砂的细度模数为 2.81，专用砂浆稠度为 54mm 时，水灰比为 0.59，专用砂浆湿密度达到 2110kg/m³；当砂的细度模数降至 1.59，专用砂浆稠度为 60mm 时，水灰比增至 0.82，专用砂浆湿密度降至 2005kg/m³。前文已述，为保证砂浆稠度，随着砂细度模数的降低，专用砂浆水灰比不断增加，必然引起砂浆湿密度减小，且砂的细度模数与专用砂浆湿密度之间具有良好的相关性。

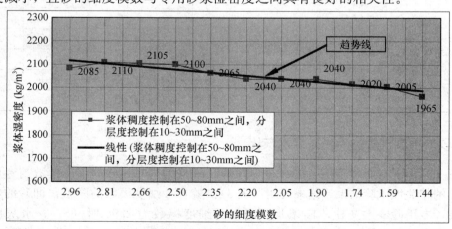

图 2　砂的细度模数与专用砂浆湿密度

### 2.3　砂的细度模数与专用砂浆抗压强度

专用砂浆强度与混凝土相似，主要取决于水泥强度等级和水灰比。随着砂细度模数的降低，专用砂浆水灰比不断增加，必然引起专用砂浆抗压强度下降，试验结果见图3。可以看出，当砂的细度模数由1.44增加至2.96时，专用砂浆28d抗压强度由15.0MPa提高至28.4MPa，增幅达89.3%。显然砂的粗细对专用砂浆抗压强度有决定性影响。

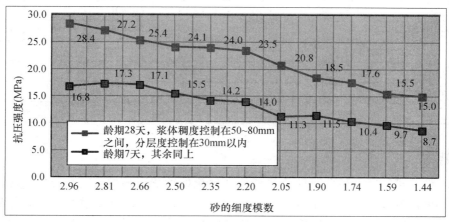

图3　砂的细度模数与专用砂浆抗压强度

### 2.4　砂的细度模数与专用砂浆经济性

表4列出了采用两种细度模数砂（$\mu_f=1.74$ 和 $\mu_f=2.66$）配制相同设计强度等级专用砂浆的配合比及性能测试结果。分析表明，使用中砂（$\mu_f=2.66$）制备的专用砂浆，其硬化体绝干密度虽高于使用细砂（$\mu_f=1.74$）制备的同强度等级专用砂浆，但每立方米专用砂浆中胶凝材料水泥、掺和料粉煤灰和专用外加剂用量均显著降低。制备强度等级为Mb10的专用砂浆时，水泥、粉煤灰和专用外加剂用量分别降低13.6%、13.0%、16.1%；制备强度等级为Mb20的专用砂浆时，水泥、粉煤灰和专用外加剂用量则分别降低18.6%、18.6%、23.9%。每立方米专用砂浆材料成本降低15～25元。显然，砂的粗细不但影响专用砂浆的性能，而且会明显影响专用砂浆的经济性。

**表4　两种细度混合砂制备相同强度等级专用砂浆配合比及性能测试结果**

| 编　号 | | D100-1 | D100-2 | D200-1 | D200-2 |
|---|---|---|---|---|---|
| 设计强度等级 | | Mb10 | | Mb20 | |
| 砂的细度模数 | | 1.74 | 2.66 | 1.74 | 2.66 |
| 成型配比 | 水泥 | 1.00 | 1.00 | 1.00 | 1.00 |
| | 粉煤灰 | 0.65 | 0.65 | 0.50 | 0.50 |
| | 砂 | 6.45 | 8.15 | 4.20 | 5.70 |
| | 专用外加剂 | 0.067 | 0.065 | 0.044 | 0.041 |
| | 水 | 1.50 | 1.44 | 1.02 | 1.07 |

续表

| 编　号 | | D100-1 | D100-2 | D200-1 | D200-2 |
|---|---|---|---|---|---|
| 浆体性能 | 稠度（mm） | 69 | 66 | 64 | 65 |
| | 分层度（mm） | 18 | 17 | 16 | 18 |
| | 浆体密度(kg/m³) | 1960 | 1760 | 2020 | 1840 |
| 抗压强度（MPa） | 7d | 5.2 | 6.1 | 11.9 | 11.0 |
| | 28d | 10.5 | 11.1 | 21.4 | 20.1 |
| 绝干密度（kg/m³） | | 1740 | 1820 | 1850 | 1900 |
| 专用砂浆组成 (kg/m³) | 水泥 | 213 | 184 | 322 | 262 |
| | 粉煤灰 | 138 | 120 | 161 | 131 |
| | 砂 | 1374 | 1504 | 1353 | 1496 |
| | 专用外加剂 | 14.3 | 12.0 | 14.2 | 10.8 |

# 3　结论

（1）砂的粗细对专用砂浆的浆体性能和硬化体性能影响较大。在设定范围内，随着砂的细度模数减小，拌和用水量则需同步增加，浆体密度亦随着降低，浆体稳定性也越来越差，极易出现泌水现象，需提高增稠剂掺量。砂变细，将会引起硬化体抗压强度的大幅度下降。

（2）砂的粗细还会影响专用砂浆的经济性。配制同强度等级专用砂浆，使用高细度模数砂可比使用低细度模数砂明显降低水泥、掺和料和专用外加剂用量，降低了专用砂浆生产成本，不但具有良好的经济效益，而且符合低碳经济发展战略。

# 干混砂浆核心料研制及抹面砂浆的性能

常留军[1]　曲　烈[2]　徐　可[2]　张文研[2]　康茹茹[2]

（1　郑州春晖建材科技有限公司　郑州，2　天津城建大学材料科学与工程学院　天津）

**摘　要**　采用水泥、砂、水和核心料，按指定配比制备了干混抹灰砂浆，研究了纤维素醚和淀粉醚对干混抹灰砂浆性能的影响。结果表明，当灰砂比为 1∶4.56，水泥掺量315g，单掺 0.05％纤维素醚时，砂浆稠度为 70～90mm，保水率大于 88％，7d 抗压强度已达到 28d 抗压强度的 50％以上；而单掺淀粉醚时，砂浆稠度、保水率可满足要求，但 7d 抗压强度低于预设指标；复掺 0.05％淀粉醚和 0.03％纤维素醚时，砂浆稠度为70～90mm，保水率大于 88％，7d 抗压强度已达到 28d 抗压强度的 50％以上。

**关键词**　干混砂浆；核心料；稠度；保水率；抗压强度

## 1　引言

　　进入 21 世纪以来，在市场推动和政策干预的双重作用下，我国预拌砂浆行业已从市场导入期向快速成长期过渡[1]。目前我国预拌砂浆市场上以干混砂浆为主，其原因是干混砂浆的质量稳定性更好，尤其是可以随用随拌，克服了湿拌砂浆加入缓凝组分后上墙质量不稳定以及用不完可能浪费的现象。

　　纤维素醚是预拌砂浆的一种主要添加剂，它可改善砂浆的稠度、工作性能、黏结性能以及保水性能等，在预拌砂浆领域有着非常重要的作用。随着纤维素醚用量的增加，对砂浆的保水性逐渐增强，同时砂浆流动性和凝结时间均有一定程度的降低，过高的保水性会使得硬化浆体中的孔隙率增加，这可能会使得硬化砂浆的抗压、抗折强度有明显的损失。研究表明，当其掺量在 0.02％～0.04％之间时，强度有明显的降低，并且纤维素醚用量越多，缓凝效果越明显[2]。

　　纤维素醚对水泥浆体水化历程的影响，最终会降低浆体强度。因为一方面纤维素醚颗粒首先吸附在水泥颗粒表面，形成乳胶膜，延缓了水泥的水化，这会造成浆体早期强度的损失；另一方面，也是由于该成膜效应和保水效应的作用，有利于水泥的完全水化，有利于黏结强度的提升；但它们都存在临界值，如能控制好这个临界点，将有利于对砂浆中胶凝物质水化历程进行调控，有利于对纤维素醚用量和养护时间的调整，最终提高砂浆的性能。

　　L. Schmitz 等[3]研究表明，纤维素醚不仅能改变干混砂浆的性能，同时也会改变水泥浆体的水化动力学过程。其在水泥凝胶材料中越高，延时水化作用越明显，而它的缓凝效果与水泥凝胶材料的浓度，还有纤维素醚结构甲基取代基有关系，取代基越高，缓凝效果就会越差。Pourchez 等[4]用 X 射线和显微镜观察纤维素醚对水泥浆体微观形貌的影响。发现化学成分是控制因素，对空气的体积含量影响比较大，纤维素醚的掺入会使 $50\sim250\mu m$ 直径的孔增加，对空气的体积含量影响比较大。

张国防和王培铭[5-6]研究发现，与未掺 HEMC 的水泥浆体相比较，C-S-H 凝胶和钙矾石的生成延迟，C-S-H 凝胶与钙矾石相比较形状比较细小，且比较短粗，HEMC 使孔的比表面积降低，浆体孔径和总孔体积增大，产生大毛细管并引入了大量的封闭孔。

本文拟研究干拌砂浆的核心料，即研究单掺纤维素醚、淀粉醚和复掺纤维素醚和淀粉醚后砂浆的稠度、保水率和强度，经过综合比较，确定干拌砂浆的核心料的配方。

## 2 材料与方法

### 2.1 原料

试验材料有 42.5 级普通硅酸盐水泥、粉煤灰、河砂（颗粒直径小于 4.75mm）和外加剂，其中外加剂即是干混砂浆的核心料，即羟丙基甲基纤维素和淀粉醚。

水泥采用天津振兴水泥有限公司生产的 P•O42.5 水泥，各项指标符合《通用硅酸盐水泥》GB 175—2007 的要求。粉煤灰采用河北邢台生产的二级粉煤灰，所用粉煤灰的各项指标符合《用于水泥和混凝土中的粉煤灰》GB/T 1596—2005 的要求。河砂选用从天津侯台市售的砂子，通过砂石筛筛出粒径小于 4.75mm 的颗粒的砂，砂子的细度模数为 3.4，含水率为 0.3%，含泥量为 1.7%，表观密度为 2640kg/m³。羟丙基甲基纤维素由上海影佳实业发展有限公司提供（表1）。

表 1 纤维素醚的参数

| 甲氧基（%） | 羟丙基（%） | 凝胶温度（℃） | 碳化温度（℃） | 变色温度（℃） | 表面张力（dyn/cm） |
|---|---|---|---|---|---|
| 19～30 | 4～12 | 59～90 | 280～300 | 190～200 | 42～56 |

### 2.2 试验设计与方法

试验设计：干混砂浆配合比为 1∶4.56，砂浆含水率为 0.16。第一组设定未掺外加剂组作为对照组，其水泥的掺量为 405g、360g、315g、270g，以确定最佳水泥添加量。第二组设定掺加纤维素醚外加剂组（0.05%、0.10%、0.15%、0.20%）作为试验组。第三组设定掺加淀粉醚外加剂组（0.03%、0.05%、0.10%、0.15%）作为试验组。第四组设定掺加纤维素醚和淀粉醚复掺外加剂组，即选取纤维素醚（0.15%）与淀粉醚（0.03%、0.05%、0.10%、0.15%）复掺，选取淀粉醚（0.05%）与纤维素醚（0.05%、0.10%、0.15%、0.20%）复掺，最后确定最佳复掺量。

试验步骤：按照配合比将各种原材料充分混合均匀后，加入到胶砂搅拌机中，充分搅拌 3min，边搅拌边加入水。将搅拌以后的浆体倒入模具（70mm×70mm×70mm），倒入后用振动台振动，常温下静置 24h，然后拆模，拆模后进行养护。强度测试参照《水泥胶砂强度检验方法（ISO 法）》GB/T 17671—1999 进行；稠度和保水率测定根据《建筑砂浆基本性能试验方法标准》（JGJ/T 70—2009）进行。

## 3　结果与讨论

### 3.1　水泥掺量对干混抹灰砂浆性能的影响

由图 1 可以看出，当水泥掺量为 270～360g 时，砂浆稠度增加较快，当水泥掺量为 360～450g 时，砂浆稠度增加较慢，根据砂浆稠度要求，确定水泥用量为 315g。随着水泥掺量增加，砂浆稠度也增加，这是因为水泥具有胶凝作用和吸水性，水泥既能将砂子黏结在一起又使砂浆变得更加黏稠，从而导致砂浆稠度上升。

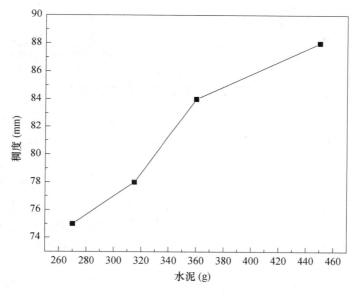

图 1　水泥掺量对干混抹灰砂浆稠度的影响

由图 2 可以看出，当水泥掺量为 270～360g 时，砂浆保水率增加较快，当水泥掺量为 360～450g 时，砂浆保水率增加较慢；根据砂浆保水率要求，确定水泥用量为 315g。随着水泥增加砂浆保水率增加，这是因为水泥用水量大使得水分保存在砂浆中，导致砂浆保水率上升。

由图 3 可以看出，当水泥掺量为 270～360g 时，砂浆抗压强度增加较快，当水泥掺量为 360～450g 时，砂浆抗压强度增加较慢；随着水泥增加砂浆抗压强度增加，这是因为水泥水化后将产生大量的胶凝物质，可以胶结砂子，使其整体结构固化在一起，进而导致砂浆抗压强度提高。为满足砂浆抗压强度要求和节约水泥用量，确定水泥用量为 315g。

总之，当水泥掺量为 315g 时，砂浆的稠度、保水率和强度均符合要求。

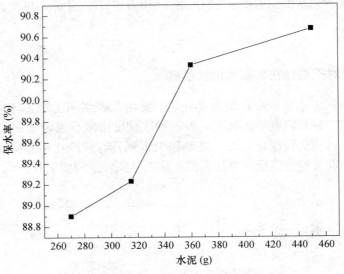

图 2　水泥掺量对干混抹灰砂浆保水性的影响

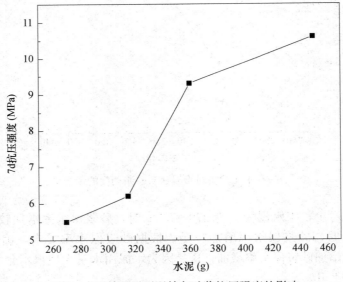

图 3　水泥掺量对干混抹灰砂浆抗压强度的影响

## 3.2　单掺外加剂对干混抹灰砂浆性能的影响

### 3.2.1　单掺纤维素醚对干混抹灰砂浆性能的影响

　　由图 4 可知，当掺加 0.158～0.473g 羟丙基甲基纤维素时，砂浆稠度呈现下降趋势，而当掺加 0.315～0.473g 羟丙基甲基纤维素时，砂浆稠度反而呈现上升趋势，后者可能是由于试验操作过程中搅拌不充分形成的。当掺加 0.05％纤维素醚时，砂浆稠度可以达到指标要求，所以选用 0.05％纤维素醚。增加纤维素醚降低砂浆稠度的原因可以解释为：纤维素醚溶于水后的溶液具有黏性，能增加砂浆的抗下垂性能，但也导致砂浆稠度下降[7]。

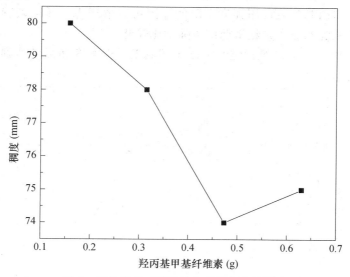

图 4  纤维素醚对干混抹灰砂浆稠度的影响

由图 5 可知，当掺加 0.158～0.473g 羟丙基甲基纤维素时，砂浆保水率呈现下降趋势，而当掺加 0.315～0.473g 羟丙基甲基纤维素时，砂浆保水率呈现上升趋势，后者可能是由于保水率试验中滤纸再次利用沾有砂浆的缘故。当掺加 0.05％纤维素醚时，砂浆保水率可以达到指标要求，所以选用 0.05％纤维素醚。增加纤维素醚使砂浆保水率增加的原因可以解释为：纤维素醚分子上的羟基和醚键上的氧原子会与水分子缔合成氢键，使游离水变成结合水，从而起到很好的保水作用；水分子与纤维素醚分子链间的相互扩散作用使水分子得以进入纤维素醚大分子链内部，并受到较强的约束力，故而提高了砂浆的保水性。

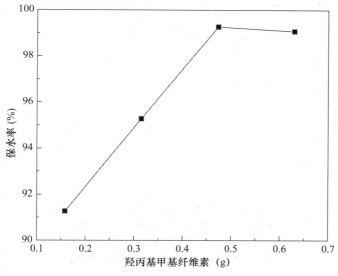

图 5  纤维素醚对干混抹灰砂浆保水性的影响

由图 6 可知，掺加羟丙基甲基纤维素，砂浆抗压强度一直呈现下降的趋势，当纤维素醚添加量在 0.05% 时，砂浆抗压强度可以满足试验要求，所以选用 0.05% 纤维素醚。增加纤维素醚引起砂浆抗压强度下降的原因可以解释为：纤维素醚会延长砂浆的凝结时间，延迟水泥水化，导致早期抗压强度比较低。

总之，当掺加 0.05% 纤维素醚时，砂浆的稠度、保水率和强度达到最佳值，所以确定纤维素醚掺量为 0.05%。

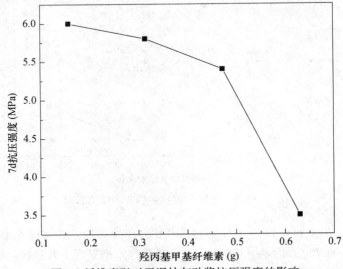

图 6　纤维素醚对干混抹灰砂浆抗压强度的影响

### 3.2.2　单掺淀粉醚对干混抹灰砂浆性能的影响

由图 7 可知，当掺加 0.095～0.315g 淀粉醚时，砂浆稠度较高，但淀粉醚掺量为 0.473g

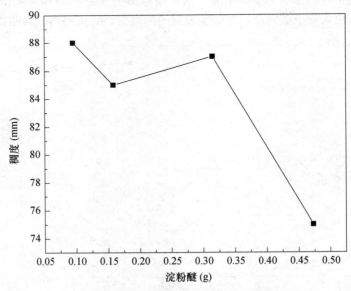

图 7　淀粉醚对干混抹灰砂浆稠度的影响

时，砂浆稠度较低。掺加淀粉醚导致砂浆稠度上升，当增加淀粉醚到 0.473g 时砂浆稠度下降，这是因为淀粉醚具有增稠作用，提高砂浆的抗下垂性能，导致干混抹灰砂浆稠度下降。当掺加 0.03％淀粉醚时砂浆稠度可满足试验要求，故确定淀粉醚掺量为 0.03％。

由图 8 可知，当掺加 0.095～0.315g 淀粉醚时，砂浆保水率上升较快，但淀粉醚掺量为 0.315～0.473g 时，砂浆保水率上升较慢。掺加淀粉醚导致砂浆保水率上升，这是因为淀粉醚具有保水性，使得砂浆保水率上升。总之，当掺加 0.03％淀粉醚时砂浆保水率可以满足试验要求，所以确定淀粉醚掺量为 0.03％。

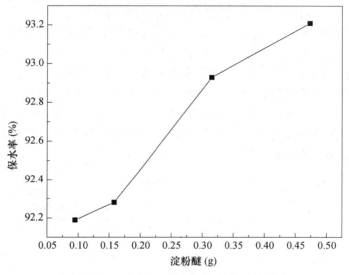

图 8　淀粉醚对干混抹灰砂浆保水性的影响

由图 9 可知，当掺加 0.095～0.315g 淀粉醚时，砂浆抗压强度呈现下降趋势，但当掺加 0.315～0.473g 淀粉醚时，砂浆抗压强度呈现上升趋势。掺加淀粉醚导致砂浆

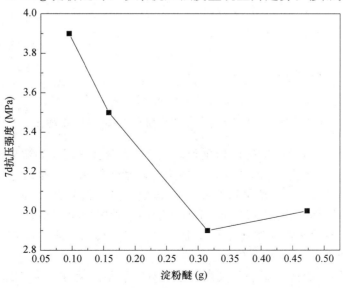

图 9　淀粉醚对干混抹灰砂浆抗压强度的影响

强度下降，这是因为淀粉醚具有保水性和会延长砂浆凝结时间，延迟水泥水化反应，导致强度下降。当掺加 0.03％淀粉醚时砂浆强度仍未满足要求，故确定淀粉醚掺量为 0.03％。

总之，当淀粉醚掺量为 0.03％时，砂浆稠度、保水性已满足要求，但砂浆强度仍未达到指标的要求。

### 3.3 复掺外加剂对干混抹灰砂浆性能的影响

由图 10 可知，当掺 0.03％淀粉醚和改变纤维素醚掺量时，砂浆稠度呈现先增加后减少的趋势。当纤维素醚掺量为 0.158～0.315g 时砂浆稠度下降较缓，但当纤维素醚掺量为 0.315～0.473g 时，砂浆稠度下降较快；当纤维素醚掺量为 0.473～0.630g 时，砂浆稠度转为上升趋势。当 0.05％纤维素醚和改变淀粉醚掺量时，砂浆稠度呈现先增加后减少的趋势。当淀粉醚掺量为 0.158～0.315g 时，砂浆稠度下降较快，但当淀粉醚掺量为 0.315～0.473g 时，砂浆稠度下降变缓。随着复掺外加剂增加，砂浆稠度将会下降，这是因为纤维素醚与淀粉醚都具有增稠作用，其黏性较大而稠度将下降。综上，确定纤维素醚、淀粉醚最佳掺量为分别为 0.05％和 0.05％。

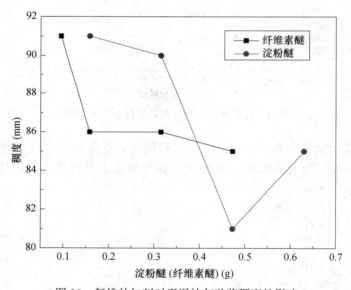

图 10　复掺外加剂对干混抹灰砂浆稠度的影响

由图 11 可知，当掺 0.03％淀粉醚和改变纤维素醚掺量时，砂浆保水率呈现增加的趋势。当 0.05％纤维素醚和改变淀粉醚掺量时，砂浆保水率也呈现增加的趋势。当淀粉醚掺量小于 0.158g 时，砂浆保水率增加较快，但当淀粉醚掺量为 0.158～0.473g 时，砂浆保水率增加变缓。随着复掺外加剂增加，砂浆保水率增加，这是因为纤维素醚与淀粉醚都具有保水性，故其保水率上升。为满足技术要求，确定纤维素醚、淀粉醚最佳掺量分别为 0.03％和 0.05％。

由图 12 可知，当掺 0.03％淀粉醚和改变纤维素醚掺量时，砂浆抗压强度呈现下降的趋势。当 0.05％纤维素醚和改变淀粉醚掺量时，砂浆抗压强度也呈现下降的趋势。当淀粉醚掺量小于 0.158g 时，砂浆抗压强度下降较快，但当淀粉醚掺量为 0.158～0.473g 时，砂浆抗压强度下降变缓。增加复掺外加剂，砂浆抗压强度将降低，这是因为纤维素醚和淀粉醚都具有保水性，延长砂浆凝结时间和延迟水泥水化反应，导致砂浆早期强度比较低。因此，确定纤维素醚、淀粉醚最佳掺量分别为 0.03％和 0.05％。试验中养护时存在喷水过多的现象，加之掺加了保水增稠剂，可能造成砂浆早期强度较低；在测试砂浆强度时如果水分大可能也会影响强度。

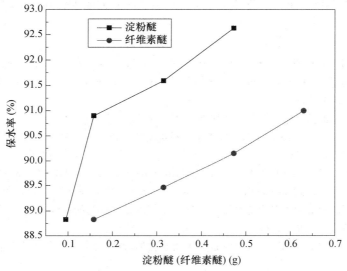

图 11　复掺外加剂对干混抹灰砂浆保水性的影响

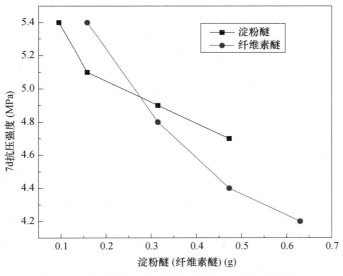

图 12　复掺外加剂对干混抹灰砂浆抗压强度的影响

## 4　结论

（1）当灰砂比为1∶4.56、水泥掺量为315g，掺0.05％纤维素醚时，砂浆稠度为70～90mm，保水率大于88％，7d强度至少已达到28天强度的50％。

（2）当灰砂比为1∶4.56、水泥掺量为315g，掺0.03％淀粉醚时，砂浆稠度、保水率符合试验要求，但砂浆抗压强度尚未满足要求。

（3）当灰砂比为1∶4.56、水泥掺量为315g，复掺0.05％淀粉醚和0.03％纤维素醚，砂浆稠度为70～90mm，保水率大于88％，7d强度至少已达到28d强度的50％。

**参考文献**

［1］ G Zhang，J Zhao，P Wang，L Xu. Effect of HEMC on the early hydration of Portland cement highlighted by isothermal calorimetry［J］. Journal of Thermal Analysis & Calorimetry，2015，119（3）：1833-1843.

［2］ 苏雷. 纤维素醚改性水泥浆体性能研究［D］. 武汉：武汉理工大学，2011.

［3］ L. Schmitz，C-J. Hacker，张量. 纤维素醚在水泥基干拌砂浆产品中的应用［J］. 新型建筑材料，2006（7）：45-48.

［4］ J Pourchez，A Peschard，P Grosseau，R Guyonnet，B Guilhot. HPMC and HEMC influence on cement hydration［J］. Cement & Concrete Research，2006，36（2）：288-294.

［5］ 张国防，王培铭. 羟乙基甲基纤维素影响水泥浆体微观结构的研究［C］. 第三届全国商品砂浆学术交流会论文集，2009.

［6］ 张国防，王培铭. 羟乙基甲基纤维素对水泥水化的影响［J］. 同济大学学报（自然科学版），2009（03）.

［7］ 叶慧丽，潘钢华. 干混砌筑砂浆外加剂的研究［J］. 材料工程，2006（S1）：259-263.

# 缓凝剂对湿拌砂浆凝结性能与早期强度的影响

肖学党[1]　曲　烈[2]　李　旺[2]　张文研[2]

（1　信阳市灵石外加剂有限公司　信阳，2　天津城建大学材料科学与工程学院　天津）

**摘　要**　研究了缓凝剂对湿拌砂浆稠度、凝结时间、保水率及早期强度的影响，目的是研制出一种早期强度损失小的稳塑剂。结果表明，单掺葡萄糖酸钠后，砂浆的稠度、保水率指标均有所提高，但早期强度却在下降。单掺白糖后，砂浆的稠度、保水率指标也均有所提高，但早期强度下降较大。复掺葡萄糖酸钠、白糖后，砂浆的稠度、保水率指标也均有所提高，但早期强度却下降更大。建议选用葡萄糖酸钠作为缓凝剂，并控制终凝时间约 4h，砂浆 7d 抗压强度损失可在 10% 以内，不建议选择复掺葡萄糖酸钠、白糖方案。单掺 0.025% 葡萄糖酸钠，砂浆稠度为 94.5mm、保水率为 91.52%、初凝时间为 56min、终凝时间为 270min、7d 抗压强度为 2.187MPa。

**关键词**　湿拌砂浆；稳塑剂；稠度损失；抗压强度

## 1　引言

　　进入 21 世纪以来，在市场推动和政策干预的双重作用下，我国预拌砂浆行业已从市场导入期向快速成长期过渡。目前我国市场上以干混砂浆为主，许多地方又开始重视湿拌砂浆的使用，但湿拌砂浆仍存在加入缓凝组分后上墙质量不稳定的问题。曲烈等[1]认为目前全国 127 个城市限期禁现，大力倡导使用预拌砂浆，一些省市出现重新发展湿拌砂浆的趋势，如不彻底解决其共性技术问题，则有可能出现新的混乱。如何解决湿拌砂浆的质量问题，已经成为建筑材料领域新的研究热点。

　　湿拌砂浆指将原材料按一定比例在工厂拌制后，采用砂浆搅拌运输车运至建筑工地，放入专用储存池，并在规定时间内使用完毕的砂浆。湿拌砂浆可利用现有预拌混凝土生产线进行生产，并免去烘干砂子环节，故低投资、低成本、批量化生产的湿拌砂浆具有更节能、环保、可持续及更强竞争能力的优势。陈均侨等[2]提出并遵循湿拌砂浆开放时间的新概念，利用混凝土搅拌站的原有生产平台及物流装备，采用减水剂与调节剂双掺工艺，生产得到的湿拌砂浆符合国家标准的要求，满足工地现取现用、不用不硬、即用即硬的要求。提出并遵循抹灰工程"三零体系"的要求，实现砂浆抹灰层零空鼓、零开裂、零渗漏的工程目标。

　　湿拌砂浆的保塑时间一般为 4~6h，保塑剂主要以减水剂、增稠剂和缓凝剂进行复配，可以延长砂浆的凝固时间，而无法长时间保持其可塑性。近年来，可长时间保持砂浆稠度、黏度的新型砂浆外加剂研究已经得到了长足进步，其原理是利用合成的聚合物大分子吸附在水泥颗粒表面形成保护膜，减少水泥颗粒间的摩擦力并增加液体黏度，进而可长时间保持砂浆的可塑性[3]。傅雁等[4]称其在山东临沂应用其稳塑剂生产普通湿拌砂浆取得了良好的效果，是一种新的预拌砂浆生产模式。

胡文光等[5]研究了砂浆专用改性剂 WD 与细骨料对湿拌砂浆稠度保持、保水率、收缩率、抗压强度、黏结强度等影响。结果表明：掺入专用改性剂 WD 的湿拌砂浆的黏结强度、稠度保持、保水率等性能明显优于未改性空白砂浆，可保持施工性能 24h 以上；细骨料细度模数增大，比表面积变小，胶凝材料更好地包裹细骨料；细颗粒砂改善了砂浆保水性，但细度模数过小会导致砂浆收缩率增加并降低抗压强度；细骨料细度模数 2.5 时，湿拌砂浆综合性能较佳。

郝浩[6]的研究表明，在不同组分的湿拌砂浆中掺入减水剂、保水剂和缓凝剂，均可以不同程度地改善砂浆的保水性、干燥收缩、稠度经时损失及凝结时间。外加剂掺量并非越大越好，而是存在着最佳范围，且各外加剂在不同组分的湿拌砂浆中的饱和掺量有所不同。另外，二次加水拌和将降低湿拌砂浆的强度、耐久性。试验还得出凝结时间-贯入阻力曲线，分析发现贯入阻力值与时间存在一定的对应关系，当贯入阻力介于 0~0.5N 之间时，砂浆仍有施工性能；当介于 0.5~1N 之间时，施工性能逐渐变差；当超过 1N 后，砂浆基本无施工性能。掺入各外加剂能不同程度地延长砂浆贯入阻力值达到 1N 左右的时间，从而延长砂浆的可操作时间。

张禹等[7]发现湿拌砂浆的拌和物性能和硬化后性能随着砂浆稠度的损失而发生变化，砂浆的抗压强度受到的影响较为显著。对砂浆稠度损失较大的预拌砂浆进行加水重塑可以恢复砂浆拌和物的工作性能，但会降低湿拌砂浆的硬化后性能，并指出使用引气剂的湿拌砂浆，其配合比中应选择合适的引气剂掺量。

吴芳等人[8]发现掺聚羧酸高效减水剂的砂浆具有较高保塑性，而掺单一缓凝剂的砂浆没有掺复合缓凝剂的保塑性高，而掺羟丙基甲基纤维素醚（HPMC）的砂浆虽具有较强保水增稠能力和有一定的引气作用和缓凝作用，但保塑能力有限。当掺入其自配制砂浆专用外加剂后，它起到了降低砂浆体积密度、减水增强、提高保水性、稳定稠度、延长凝结时间的作用，并使砂浆在较长时间（36h）存放后仍具有可塑性能，在施工后可以较快硬化而不影响施工进度。

王莹等人[9]试验发现，对稠度下降较大的砂浆二次加水搅拌，重塑后的砂浆的性能下降较大，尤其是对抗压强度和黏结强度的影响，其强度损失往往会超过 30％以上，所以实际施工过程中，若稠度下降，应避免二次加水搅拌。加入了改性剂后可控制砂浆的保塑时间，成品运输到施工现场，基本可以做到随取随用。

本文拟研究缓凝剂对湿拌砂浆凝结性能与早期强度的影响，即研究单掺缓凝剂和复掺缓凝剂后砂浆的稠度、保水率、凝结性能和强度，以找出其相互影响规律。

## 2　材料与方法

### 2.1　原料

试验单掺缓凝剂的配合比是水泥：粉煤灰：砂：水为 4：5：41：10，复掺缓凝剂的配合比是水泥：粉煤灰：砂：水为 8：1：41：8。

　　试验用的水泥是天津振兴水泥有限公司生产的 P·O42.5 水泥，各项指标符合《通用硅酸盐水泥》GB 175—2007 的要求。试验所用粉煤灰为河北邢台生产的二级粉煤灰，各项指标符合《用于水泥和混凝土中的粉煤灰》GB/T 1596—2005 的要求。砂子选用从天津侯台市售的河砂，砂子粒径均小于 4.75mm，砂子参数如下：细度模数 3.4，含水率 0.3%，含泥量 1.7%，表观密度 2640kg/m³。

　　白糖采用内蒙古赤峰市产的百钻优级绵糖。葡萄糖酸钠为市购的 D-葡萄糖酸钠，白色结晶颗粒或粉末，极易溶于水，略溶于酒精，不溶于乙醚；可作为缓凝剂，水泥中添加葡萄糖酸钠后，可增加砂浆的可塑性，推迟砂浆的初凝时间与终凝时间。

## 2.2　试验方法

　　用电子天平称量各种原材料，充分混合均匀后，加入到胶砂搅拌机中，充分搅拌 3min，边搅拌边加入事先称量好的水。将搅拌以后的浆体倒入模具（70mm×70mm×70mm），用振动台振动，抹平试样表面，常温下静置 24h，然后拆模，放在恒温、恒湿的养护箱中进行养护（温度 20℃，湿度 90%）。

　　1. 强度测试

　　强度测试参照《水泥胶砂强度检验方法（ISO 法）》GB/T 17671—1999 进行；稠度和保水率测定根据《建筑砂浆基本性能试验方法标准》JGJ/T 70—2009 进行。

　　2. 稠度损失测定

　　用捣棒自容器中心向边缘均匀地插捣 25 次，然后晃动搅拌锅至锅内砂浆表面均匀，用保鲜膜将搅拌锅或者普通铝锅封好，确保没有空隙，保证砂浆水分不流失，之后将搅拌锅放入 25℃恒温、恒湿箱内，每小时记录 1 次砂浆稠度损失情况，重复记录至第 4 小时。

　　3. 凝结时间测定

　　（1）初凝时间测量

　　① 将搅拌锅内的砂浆倒入清洗好的仪器内至其与铁圈外壁边缘平齐，装模和刮平后立即放入湿气养护箱（20℃，相对湿度 95%）中。记录水泥（或水泥＋促凝剂）全部加入水中的时间作为凝结的起始时间。

　　② 试件在养护箱中养护，30min 之后取出试模砂浆进行测量。测定时，从恒温、恒压箱中取出试模砂浆后，放到试针下，降低试针与水泥砂浆表面刚好接触，固定试验仪器。拧紧螺钉 1～2s 放松，使试针垂直沉入水泥砂浆。观察试针停止下沉后释放试针 30s 时的试针读数。

　　③ 临近初凝时间时，每隔 5min 测定一次，当试针沉至距底板 5～6mm 时，为水泥达到初凝状态。此时取出试模砂浆，完成终凝时间的测量。

　　（2）终凝时间测量

　　① 完成初凝时间测量后，将试模砂浆取下，将水泥砂浆凝结时间测量仪初凝针换成终凝针，拧紧螺钉并且翻转 180°。擦拭干净之后放入恒温、恒压箱养护，直到接近终凝时间。

　　② 临近终凝时间每隔 15min（或更短时间）测定一次，当试针沉入试体 0.5mm 时

或者终凝针在试模砂浆上不留下圆形印痕所记录的时间，为水泥的终凝时间，即由水泥全部加入水中至终凝状态的时间为水泥的终凝时间，单位用 min 来表示。

## 3 结果与讨论

### 3.1 单掺葡萄糖酸钠、白糖对砂浆性能的影响

#### 3.1.1 葡萄糖酸钠、白糖对砂浆稠度的影响

图 1 表明葡萄糖酸钠与白糖掺量对砂浆稠度的影响，葡萄糖酸钠掺量为 0％、0.025％、0.05％、0.075％、0.1％、0.125％、0.15％，白糖掺量为 0％、0.025％、0.05％、0.075％、0.1％、0.125％、0.15％。可以看出，当葡萄糖酸钠掺量为 0％～0.025％，稠度快速增加，0.025％～0.125％呈波动性，最后在 0.125％～0.15％呈缓慢增加趋势。在白糖掺量 0％～0.025％稠度增加，之后在 0.025％～0.1％呈缓慢增加趋势，0.1％～0.15％增加速度加快。综上所述，白糖对砂浆稠度影响大于葡萄糖酸钠。多数缓凝剂表面有活性，在固-液界面上产生吸附作用，葡萄糖酸钠与白糖延长砂浆初凝、终凝时间从而影响稠度。葡萄糖酸钠组稠度在葡萄糖酸钠掺量 0.075％时达到最大值 96mm，白糖组稠度在白糖组掺量 0.2％达到最大值 107mm。砂浆最佳稠度要求为 70～90mm。

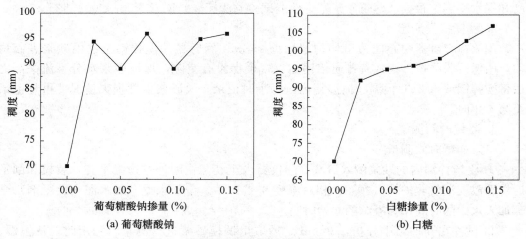

(a) 葡萄糖酸钠      (b) 白糖

图 1 缓凝剂种类及掺量对砂浆稠度的影响

#### 3.1.2 葡萄糖酸钠与白糖掺量对砂浆保水率影响

图 2 为葡萄糖酸钠掺量与白糖掺量对砂浆保水率的影响，葡萄糖酸钠掺量为 0％、0.025％、0.05％、0.075％、0.1％、0.125％、0.15％，白糖掺量为 0％、0.025％、0.05％、0.075％、0.1％、0.125％、0.15％。葡萄糖酸钠掺量在 0％～0.05％范围，保水率呈减少趋势，0.05％～0.075％呈增加趋势，0.075％～0.15％呈缓慢增加趋势。白糖掺量在 0％～0.025％范围，保水率减少，在 0.025％～0.075％呈增加趋势，0.075％～0.15％呈波动性。综上所述，葡萄糖酸钠与白糖均满足国家标准保水率大于88％的要求。通过试验得知随着缓凝剂掺量提升，保水率随之增高。在葡萄糖酸钠掺量为 0.15％，白糖掺量为 0.10％分别达到最大值 96.13％、98.2％。

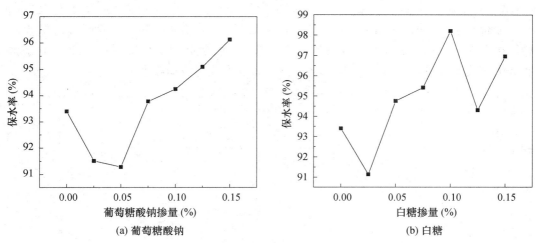

(a) 葡萄糖酸钠　　　　　　　　　　(b) 白糖

图 2　缓凝剂种类及掺量对砂浆保水率的影响

### 3.1.3　葡萄糖酸钠与白糖掺量对砂浆凝结时间的影响

图 3 为葡萄糖酸钠掺量与白糖掺量对砂浆凝结时间的影响，葡萄糖酸钠掺量为 0%、0.025%、0.05%、0.075%、0.1%、0.125%、0.15%，白糖掺量为 0%、0.025%、0.05%、0.075%、0.1%、0.125%、0.15%。当葡萄糖酸钠掺量为 0%～0.15%与白糖掺量为 0%～0.15%，初凝时间均呈缓慢增加趋势，当葡萄糖酸钠掺量为 0%～0.15%，终凝时间呈缓慢增加趋势，当白糖掺量 0%～0.075%，终凝时间呈增加趋势，0.075%～0.15%终凝时间变化较大。如上所述，白糖对砂浆初凝时间和终凝时间的影响大于葡萄糖酸钠。当葡萄糖酸钠掺量为 0.15%时，初凝、终凝时间达到最大值 90min、320min。当白糖掺量为 0.15%时，初凝、终凝时间达到最大值 104min、687min。

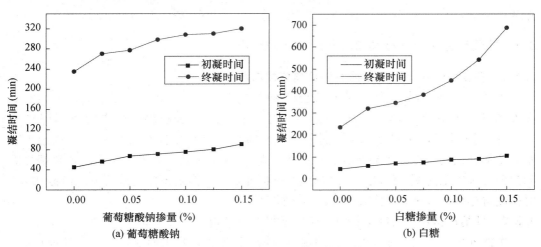

(a) 葡萄糖酸钠　　　　　　　　　　(b) 白糖

图 3　缓凝剂种类及掺量对砂浆凝结时间的影响

### 3.1.4　葡萄糖酸钠与白糖掺量对砂浆 7d 抗压强度的影响

由图 4 可见，当葡萄糖酸钠掺量为 0%、0.025%、0.05%、0.075%、0.1%、

0.125％、0.15％，白糖掺量为 0％、0.025％、0.05％、0.075％、0.1％、0.125％、0.15％时，在葡萄糖酸钠 0％～0.075％与 0.125％～0.15％区间，砂浆强度呈减少趋势，在 0.075％～0.125％区间呈缓慢减少趋势。当白糖掺量为 0％～0.025％，砂浆强度呈快速减少趋势，0.025％～0.15％区间砂浆强度变得波动较大。

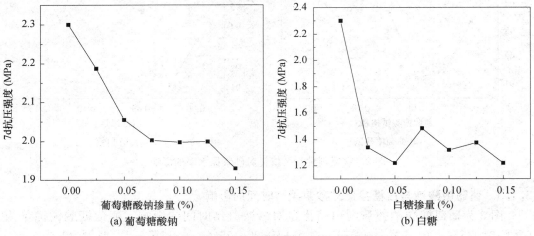

图 4　缓凝剂种类及掺量对砂浆 7d 抗压强度的影响

比较而言，掺加葡萄糖酸钠后，砂浆的稠度、保水率指标均有所提高，但早期强度却在下降。掺加 0.025％葡萄糖酸钠，砂浆 7d 抗压强度损失仅在 10％以内。掺加白糖后，砂浆的稠度、保水率指标也均有所提高，但早期强度却下降更大。掺 0.025％葡萄糖酸钠量，初凝时间 56min 和终凝时间 270min（约 4h），砂浆 7d 抗压强度可达到 2.187MPa，而掺 0.075％白糖砂浆 7d 抗压强度仅为 1.484MPa。建议选用葡萄糖酸钠作为缓凝剂，并控制终凝时间约 4h，砂浆 7d 抗压强度损失可在 10％以内。

### 3.2　葡萄糖酸钠与白糖复掺对砂浆性能的影响

#### 3.2.1　葡萄糖酸钠与白糖复掺对砂浆稠度的影响

由图 5 可以看出，当复掺葡萄糖酸钠与白糖为 0％、0.05％、0.1％、0.15％、0.20％时，在掺量为 0％～0.05％区间，砂浆稠度呈减少趋势，在掺量为 0.05％～0.2％区间砂浆稠度呈增加趋势；另发现两种缓凝剂复掺砂浆稠度比单掺缓凝剂影响小，增加其稠度。多数缓凝剂表面有活性，在固-液界面上产生吸附作用，葡萄糖酸钠与白糖延长砂浆初凝、终凝时间，从而影响稠度变化。当复掺葡萄糖酸钠、白糖 0.2％时稠度可达到 86mm。复掺较少时，砂浆稠度较低。

#### 3.2.2　葡萄糖酸钠与白糖复掺对砂浆稠度损失的影响

由图 6 可以看出，复掺葡萄糖酸钠与白糖后砂浆稠度损失明显降低，当复掺 0％～0.05％缓凝剂时，砂浆稠度损失呈快速减少趋势，复掺 0.05％～0.2％缓凝剂时呈缓慢减少趋势。试验得知越接近砂浆初凝时间，稠度损失越快。复掺葡萄糖酸钠、白糖 0.2％砂浆稠度损失达到最小值 10mm。

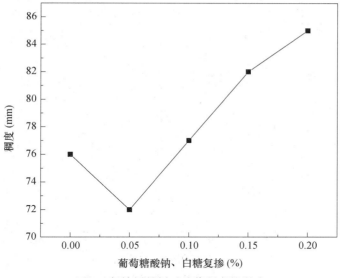

图5 复掺缓凝剂对砂浆稠度的影响

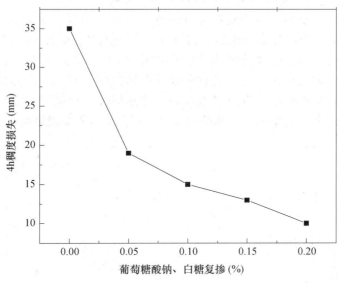

图6 复掺缓凝剂对砂浆稠度损失的影响

### 3.2.3 葡萄糖酸钠与白糖复掺对砂浆保水率的影响

由图7可以看出，复掺葡萄糖酸钠与白糖对砂浆保水率也存在明显的影响。葡萄糖酸钠与白糖复掺量为0%、0.05%、0.1%、0.15%、0.20%。葡萄糖酸钠与白糖复掺量在0%～0.05%、0.1%～0.2%区间，砂浆保水率呈增加趋势，复掺量为0.05%～0.1%时砂浆保水率呈减少趋势。因所有组均满足保水率大于88%要求，取复掺葡萄糖酸钠、白糖值为0.05%～0.1%。

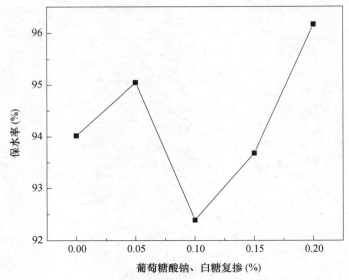

图 7　复掺缓凝剂掺量对砂浆保水率的影响

### 3.2.4　葡萄糖酸钠与白糖复掺对砂浆凝结时间的影响

由图 8 可知，当复掺葡萄糖酸钠与白糖为 0%～0.2% 时，砂浆初凝时间、终凝时间均呈增加趋势；当复掺葡萄糖酸钠、白糖 0.2%，砂浆的初凝时间、终凝时间分别达到最大值 230min、478min。多种缓凝剂共同作用影响砂浆凝结时间。由于天气、运输条件以及模具保存方面存在不足，导致砂浆保存情况变化较大，在提高砂浆保存状况的基础上增加变量组的数量可以更好地提高试验准确性，初凝时间变化趋势平稳增加表明在砂浆缓凝前期变化平稳，后期缓凝剂成分不同影响砂浆凝结时间差异较大。

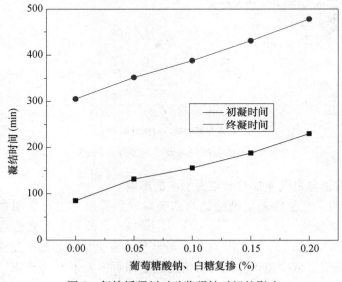

图 8　复掺缓凝剂对砂浆凝结时间的影响

### 3.2.5　葡萄糖酸钠与白糖复掺对砂浆 7d 抗压强度的影响

图 9 所示为葡萄糖酸钠与白糖复掺对砂浆 7d 抗压强度的影响。葡萄糖酸钠与白糖复掺量为 0%、0.05%、0.1%、0.15%、0.20%。砂浆 7d 抗压强度在 0%～0.05% 呈快速减少趋势，在 0.05%～0.2% 呈缓慢减少趋势。在掺缓凝剂情况下，葡萄糖酸钠、白糖复掺 0.05% 时 7d 抗压强度达到最小值 1.37MPa。缓凝剂延长砂浆的凝结时间，延迟水泥水化，导致前期抗压强度较低。

与白糖相比，单掺葡萄糖酸钠后，砂浆的稠度、保水率指标均有所提高，早期强度下降较低，砂浆 7d 抗压强度损失可控制在 10% 以内。复掺葡萄糖酸钠、白糖后，砂浆的稠度、保水率指标也均有所提高，但早期强度却下降更大。如想控制早期强度损失在 10% 以内，终凝时间约 4h，建议选择单掺 0.025% 葡萄糖酸钠。

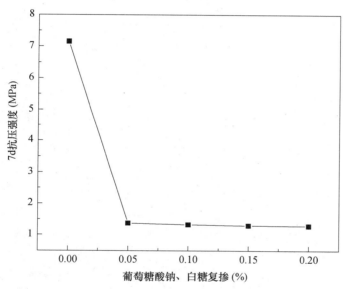

图 9　复掺缓凝剂对砂浆 7d 抗压强度的影响

## 4　结论

（1）比较而言，掺加葡萄糖酸钠后，砂浆的稠度、保水率指标均有所提高，但早期强度却在下降。掺加白糖后，砂浆的稠度、保水率指标也均有所提高，但早期强度却下降更大。建议选用葡萄糖酸钠作为缓凝剂，并控制终凝时间约 4h，砂浆 7d 抗压强度损失可在 10% 以内。

（2）与单掺白糖、葡萄糖酸钠相比，复掺葡萄糖酸钠、白糖后，砂浆的稠度、保水率指标也均有所提高，但早期强度却下降更大。

**参考文献**

［1］　曲烈，杨久俊，朱南纪，等．湿拌砂浆保塑性评价方法及可塑性区间的研究［J］．中国建材，2014（11）．

[2] 陈均侨，蒋金明，石柱铭，等．预拌砂浆产业化新途径的探索——新概念湿拌砂浆的生产及应用总结 [J]，广东建材，2013（9）．

[3] 高钟伟．预拌砂浆推广使用中的困难和问题 [J]．中国建材科技，2008（3）：60-63．

[4] 傅雁，胡久宏，徐德高．稳塑剂为预拌砂浆开启"绿色"通道 [J]．中国建材报，2014.6．

[5] 胡文光，黄晓梅，胡德焯．砂浆专用改性剂 WD 对湿拌砂浆的影响 [J]．广州化学，2014.12．

[6] 郝浩．湿拌砂浆的性能研究 [D]．重庆：重庆大学，2014．

[7] 张禹，王雯．砂浆稠度变化对湿拌砂浆性能的影响 [J]．广东建材，2010．

[8] 吴芳，段瑞斌．外加剂对预拌砂浆性能影响试验研究 [J]．化学建材，2009，25（3）：40-44．

[9] 王莹，庄梓豪．预拌砂浆的存放时间对砂浆性能的影响 [A]．第三届全国商品砂浆学术交流会论文集 [C]，2009.11．

# 建筑垃圾细骨料砂浆制备及性能的研究

曲　烈　张　龙　张文研　康茹茹

（天津城建大学材料科学与工程学院　天津）

**摘　要**　研究了废混凝土、红砖再生细骨料对砂浆性能的影响。结果表明，当矿渣掺量为10％时，废混凝土细骨料砂浆的稠度和保水率都达到最大值，分别为83mm和94.3％，且废混凝土细骨料砂浆14d抗折强度、抗压强度达到3.65MPa、15.4MPa。在水胶比为0.85时废混凝土细骨料砂浆的稠度、保水率、14d抗折强度、14d抗压强度分别为90mm、95.3％、3.35MPa和15.8MPa；在水胶比为1.1时，废砖细骨料砂浆的稠度、保水率、14d抗折、14d抗压强度则分别是88mm、92.2％、2.65MPa和10.4MPa。当混凝土砖比为3∶2时，混杂细骨料砂浆的稠度、保水率、14d抗折和抗压强度分别为107mm、98.2％、2.65MPa和10.2MPa。当掺纤维素醚0.3％时，混杂细骨料砂浆的稠度、保水率、14d抗折和抗压强度分别达到76mm、91.5％、2.65MPa和12.8MPa。试验还发现对掺废砖砂浆加长搅拌时间及掺加纤维素醚可减少砂浆泌水。

**关键词**　废弃混凝土；废弃红砖；砂浆；稠度；强度

## 1　引言

与传统砂浆相对比而言，再生细骨料砂浆具有循环利用，绿色环保、生产便捷、具有较高的强度和耐久性，以及价格低廉、和易性好、施工方便等特点，同时也是建筑垃圾循环再利用的又一途径[1-3]。利用建筑垃圾再生材料，可以使其资源得到合理化的调配，及有效缓解当前我国建材资源的短缺。因此，再生细骨料砂浆具有广阔的发展前景。

V Jayasinghe等人[4]研究了再生细骨料的性质及其在水泥砂浆中的适用性，并与天然细骨料进行了比较。结果表明，再生细骨料的粒度分布与天然细骨料的粒径分布相符。再生细骨料堆积密度为1407kg/m³，天然细骨料的为1453kg/m³。再生细骨料吸水率为6.33％，天然细骨料的为0.71％。当混合比例达到50％再生细骨料时砂浆各项指标在标准允许的范围内，减小了对环境污染影响。

X Li等人[5]研究了掺废砖细骨料的砂浆性能，该砂浆具有较低的强度和较高的吸水率，几乎很少被再利用。随再生细骨料增加，废砖再生细骨料砂浆的强度将下降。再生细骨料具有内养护效果，有利于水泥的水化作用以及水化产物与骨料界面区的结合。Myoung Youl等人[6]发现随着再生细骨料含量的增加，空气含量增加和砂浆体积密度下降。通过对再生细骨料表面进行改性，将减少其负面的影响。

陈宗平等人[7]研究发现与天然细骨料相比，再生细骨料具有低表观密度、高吸水性和快速吸水等特点；再生细骨料砂浆流动性好，但保水能力差；其抗压强度比天然细骨料砂浆低约 50％，不同细骨料的替代率对再生细骨料水泥砂浆的抗压强度影响不大。袁帅[8]研究表明，掺小于 30％再生细骨料的砂浆强度高于天然砂浆。随着灰砂比增大，粉煤灰掺量对砂浆的力学性能影响就增大。对于 M5、M10 砂浆，粉煤灰以内掺法替代水泥其最佳取代率为 10％，M15 砂浆的粉煤灰最佳取代率为 20％。粉煤灰的掺入降低了再生骨料砂浆的抗压强度，故需适量增大灰砂比。

李锋等人[9]采用废混凝土和废烧结砖破碎形成的再生细骨料，按不同比例替代普通砂，发现再生骨料在砂浆中应用时预湿处理和增加调节剂的掺量有利于减小砂浆的稠度损失。李如雪等人研究发现再生细骨料替代率在 0％～10％时，砂浆强度仍在增加，当超过 10％时砂浆强度开始表现出下降的趋势。砂浆强度增加是因为再生骨料不规则表面使得骨料与水泥浆之间更有效地咬合和黏结。

通过以上分析发现，通过单掺废混凝土、废烧结砖或复掺废混凝土和废烧结砖，调整材料比例，可能降低砂浆的成本和提高其性能。为此，拟按指定指标设计再生细骨料砂浆的稠度为 85mm、14d 抗压强度为 10MPa、保水率为 90％。

## 2 材料与方法

### 2.1 原料

试验选用天津振兴水泥有限公司生产的 P·O42.5 级普通硅酸盐水泥。试验所用矿渣来自于河北石家庄灵寿县晶佳矿产品加工厂。本试验所用纤维素醚是含有醚结构纤维素的高分子化合物，产品品种为 HPEC（羟丙基甲基纤维素），购自上海影佳实业发展有限公司，甲氧基 19％～30％。试验细骨料 1 采用天津 21 检测站废混凝土块，经过破碎、筛分而成；试验细骨料 2 采用天津城建大学旧金工楼拆建的废红砖，经过破碎、筛分而成。

### 2.2 材料制备与试验方法

称量一定的再生细骨料、水泥、矿渣、纤维素醚和水，先将干料放入搅拌机搅拌，待搅拌均匀后，再向锅内加水，注意锅内砂浆稠度的变化，直至充分混合均匀；将砂浆迅速倒入砂浆稠度仪中进行砂浆稠度测定，待稠度读数完毕后将砂浆放入试模中测定保水率；将剩下的砂浆装入刷好脱模剂的 40mm×40mm×160mm 的三联模中，将模具放置振实台进行振动；放置 24h 后进行拆模，标记好试块放入养护室中，用电动抗折试验机和全自动压力机分别测定试块 3d、7d、14d 的抗折强度和抗压强度。强度测试参照《水泥胶砂强度检验方法（ISO 法）》GB/T 17671—1999 进行；稠度和保水率测定根据《建筑砂浆基本性能试验方法标准》JGJ/T 70—2009 进行。

## 3　结果与讨论

### 3.1　矿渣掺量对废混凝土细骨料砂浆性能的影响

从图 1 可以看出，当矿渣掺量为 10％时，废混凝土细骨料砂浆的稠度和保水率达到最大值，分别为 83mm 和 94.3％，矿渣起到一定的保水作用；当矿渣掺量为 20％时，砂浆稠度和保水率都达到最小值，分别为 77mm 和 90.6％；当矿渣掺量为 30％时，砂浆稠度和保水率都增加；所以随着矿渣掺量的增加，废混凝土细骨料砂浆的稠度和保水率先增加后减小然后又增加。故确定最佳的矿渣掺量为 10％，此时砂浆的稠度值为 83mm，保水率为 94.3％。随着矿渣掺量增加，砂浆的 14d 抗压强度不断下降，未掺矿渣的砂浆抗压强度最大，即 20.7MPa；随着矿渣掺量增加，废混凝土细骨料砂浆的 14d 抗折强度则是先增后减，在矿渣掺量为 10％时，抗折强度达到最大值 3.7MPa，此时抗压强度为 15.4MPa。

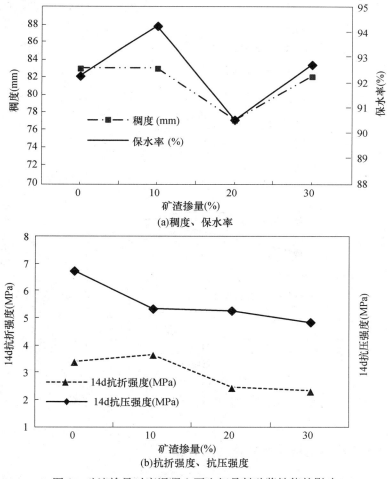

(a)稠度、保水率

(b)抗折强度、抗压强度

图 1　矿渣掺量对废混凝土再生细骨料砂浆性能的影响

## 3.2 水胶比对废混凝土细骨料砂浆性能的影响

从图 2 可以看出，当水胶比为 0.78 时，废混凝土细骨料砂浆的稠度和保水率为最小值；随着水胶比增加，砂浆稠度和保水率增加；当水胶比为 0.87 时，废混凝土细骨料砂浆的稠度和保水率达到最大值。当水胶比为 0.85 时，废混凝土细骨料砂浆的 14d 抗折和抗压强度达到最大值，分别为 3.4MPa 和 15.8MPa。随着水胶比增加，废混凝土细骨料砂浆的 14d 抗折和抗压强度均是先增后减。故确定最佳水胶比为 0.85。

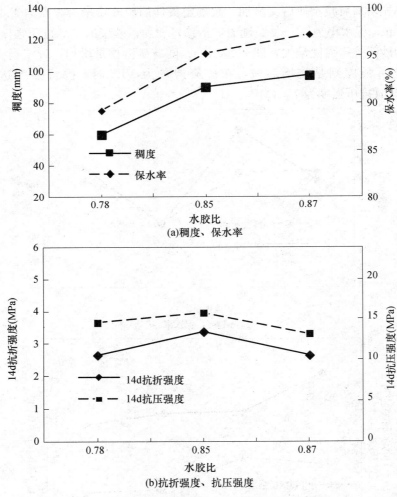

图 2　水胶比对废混凝土细骨料砂浆性能的影响

## 3.3 砂胶比对废混凝土细骨料砂浆性能的影响

从图 3 可以看出，随着砂胶比增加，废混凝土细骨料砂浆的稠度和保水率下降；

当砂胶比为 3.5 时，废混凝土细骨料砂浆的稠度和保水率为最大值，分别为 104mm 和 98.4%。当砂胶比为 5 时，废混凝土细骨料砂浆的稠度和保水率达到最小值。随着砂胶比的增大，废混凝土细骨料砂浆的 14d 抗折强度减小；废混凝土细骨料砂浆的 14d 抗压强度先减小后增加。当砂胶比为 4.5 时，砂浆 14d 抗压强度达到最低值 10.9MPa。故确定砂胶比为 3.5 为最佳值。

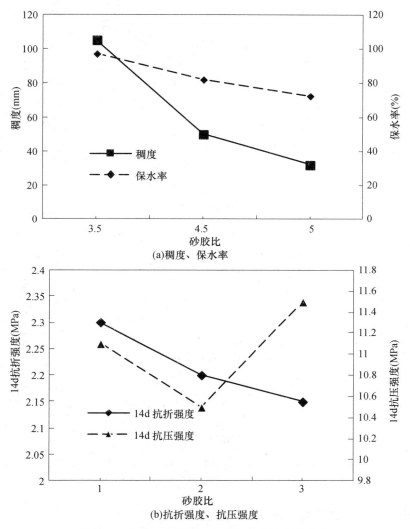

图 3　砂胶比对废混凝土细骨料砂浆性能的影响

## 3.4　水胶比对废砖细骨料砂浆性能的影响

从图 4 可以看出，随着水胶比增加，废砖细骨料砂浆的稠度和保水率也在增加。当水胶比为 1.05 时，废砖细骨料砂浆的稠度和保水率为最小值；当水胶比为 1.17 时，砂浆稠度和保水率达到最大值，分别为 97mm 和 97.8%。随着水胶比增加，废砖细骨料砂浆的 14d 抗折和抗压强度先增后减；当水胶比为 1.1 时，废砖细骨料砂浆的 14d 抗折和抗压强度达到最大值，分别为 2.7MPa 和 10.4MPa。故确定最佳水胶比为 1.1。

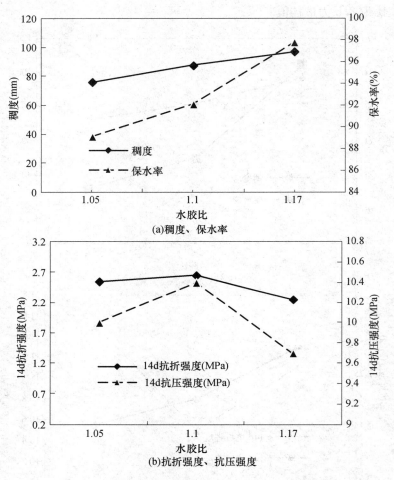

(a)稠度、保水率

(b)抗折强度、抗压强度

图 4　水胶比对废砖细骨料砂浆性能的影响

### 3.5　混凝土砖比对混杂细骨料砂浆性能的影响

从图 5 可以看出，随着混凝土砖比增加，混杂细骨料砂浆的稠度和保水率也在增加；当混凝土砖比为 1.5 时，混杂细骨料砂浆的稠度和保水率达到最大值，分别为 107mm 和 98.2%；当混凝土砖比为 1 时，砂浆稠度为 93mm，保水率为 95.2%。随着混凝土砖比的增大，混杂细骨料砂浆的 14d 抗折和抗压强度也在不断增加；当混凝土砖比增大到 1.5 时，混杂细骨料砂浆的 14d 抗折和抗压强度达到最大值，分别为 2.7MPa 和 10.2MPa；当混凝土砖比为 1 时，14d 抗折和抗压强度分别为 2.6MPa 和

9.1MPa。故确定最佳混凝土砖比为 1.5。

### 3.6　纤维素醚对混杂细骨料砂浆性能的影响

从图 6 可以看出，随着纤维素醚掺量增加，混杂细骨料砂浆的稠度和保水率反而下降；当纤维素醚掺量为 0.3g 时，混杂细骨料砂浆的稠度和保水率分别为 87mm 和 94.4%。随着纤维素醚增加，混杂细骨料砂浆的抗折和抗压强度也增加。当纤维素醚掺量为 1.5g 时，混杂细骨料砂浆抗折和抗压强度达到最大值。综合考虑纤维素醚对稠度、保水率和强度的影响，故确定纤维素醚最佳掺量为 0.3g。

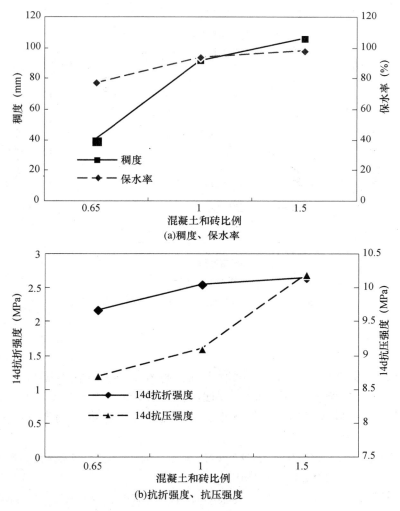

图 5　混凝土砖比对混杂细骨料砂浆性能的影响

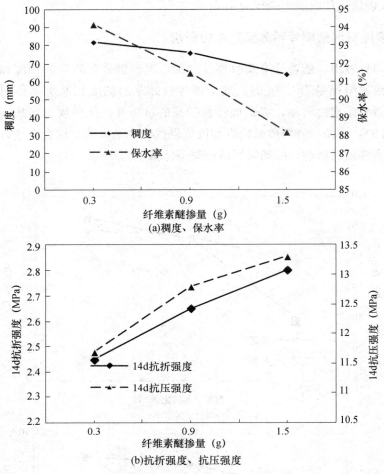

(a)稠度、保水率

(b)抗折强度、抗压强度

图 6　纤维素醚对混杂细骨料砂浆性能的影响

## 4　结论

（1）当矿渣掺量为 10％时，废混凝土细骨料砂浆稠度和保水率可达到 83mm 和 94.3％，其 14d 抗折强度、抗压强度分别达到 3.65MPa，15.4MPa。当水胶比为 0.85 时，废混凝土细骨料砂浆稠度、保水率、14d 抗折抗压强度分别为 90mm、95.3％、3.35MPa 和 15.8MPa。

（2）水胶比为 1.1 时，废砖细骨料砂浆稠度、保水率、14d 抗折抗压强度分别是 88mm、92.2％、2.65MPa 和 10.4MPa。

（3）当混凝土砖比为 3∶2 时，混杂细骨料砂浆稠度、保水率、14d 抗折和抗压强度可达到 107mm、98.2％、2.65MPa 和 10.2MPa。当纤维素醚掺量为 0.3％时，混杂细骨料砂浆的稠度、保水率、14d 抗折和抗压强度可达到 76mm、91.5％、2.65MPa 和 12.8MPa。

**参考文献**

［1］ J Park K T，Son S H，Han C G. Effect of Recycled Aggregates Powder on the Properties of Zero Cement Mortar Using the Recycled Fine Aggregates and Fly-Ash ［J］. Journal of the Korea Institute of Building Construction，2012，12（2）：161-168.

［2］ 罗新建. 再生细骨料干混砌筑砂浆的配合比试验研究［D］. 广州：广州大学，2016.

［3］ 王复星，李国忠，王习华. 用再生细骨料制备干混砂浆的性能研究［J］. 建筑砌块与砌块建筑，2014（03）：33-36.

［4］ V Jayasinghe. Effects of Recycled Fine Aggregate Content on Cementitious Mortar ［J］. Advanced Materials Research，2010，168-170：1680-1685.

［5］ X Li. Effect of Recycled Waste Brick Fine Aggregate on Compressive Strength and Flexural Strength of Mortar ［J］. Materials，2015，8（5）：2658-2672.

［6］ Yu，MyoungYoul，Lee，et al. The Properties of Mortar Mixtures Blended with Natural，Crushed，and Recycled Fine Aggregates for Building Construction Materials ［J］. Journal of the Korea Institute of Building Construction，2012，12（1）：73-86.

［7］ 陈宗平，王妮，郑述芳，等. 再生细骨料水泥砂浆的力学性能研究［J］. 混凝土，2011（08）：115-117.

［8］ 袁帅. 砖、砼再生细骨料砂浆力学性能及应用研究［D］. 长沙：长沙理工大学，2013.

［9］ 李锋，范晓玲，刘思昊，等. 再生骨料在砂浆中的应用研究［J］. 江西建材，2016（13）：81-87.

# 煅烧脱硫石膏砂浆物理力学性能的研究

曲　烈　韩江涛　张文研　康茹茹

（天津城建大学材料科学与工程学院　天津）

**摘　要**　以高温煅烧后的脱硫石膏为原料制备砂浆，研究了煅烧温度、石膏掺量及种类对石膏砂浆性能的影响，测试指标为稠度、保水率、3d 和 7d 抗压强度。结果表明脱硫石膏煅烧最佳温度为 750℃，最佳掺量为 50%；在相同煅烧温度下，与普通石膏砂浆强度相比，脱硫石膏砂浆抗压强度更高；当配比为 175g 水泥、175g 煅烧脱硫石膏、1650g 砂子、30g 粉煤灰、水灰比为 0.7 时，脱硫石膏砂浆稠度可达到 101mm、保水率 92%、3d 抗压强度 4.1MPa、7d 抗压强度 7.7MPa，已满足干拌砂浆预期性能的指标。

**关键字**　脱硫石膏；煅烧温度；普通石膏；力学性能

## 1　引言

随着社会经济的快速发展，人们对火电厂的环保问题更加重视，对工业副产品脱硫石膏的利用也更加重视。目前，烟气脱硫石膏主要用途是用于水泥厂作为缓凝剂，或者利用烟气脱硫石膏来生产石膏砌块。如何提高烟气脱硫石膏的综合利用率，已经是材料工作者的重要任务之一。有不少研究人员开始注意到利用脱硫石膏来生产抹灰砂浆[1-2]，因为抹灰石膏砂浆具有轻质防火、保温隔声、抗裂等优良性能，解决了传统水泥砂浆的这些缺点。

万建东[3]研究发现不同温度煅烧后脱硫石膏存在三种形态，即半水石膏在 180℃左右形成的可溶性无水石膏；当温度到 360～1180℃时形成 Ⅱ 型无水石膏，在 1180℃ 以上温度时形成 Ⅰ 型无水石膏。试验温度为 650℃、700℃、750℃、800℃、900℃、1000℃；当煅烧温度在 650℃ 以下时，煅烧出来的无水石膏的凝结时间太快，不适合做粉刷石膏砂浆，当煅烧温度在 800℃ 以上时，煅烧出来的无水石膏的水化率太低。脱硫石膏煅烧无水石膏的最佳温度为 750℃。

高淑娟、胡轩子[4]研究了矿粉对石膏砂浆强度、凝结时间、软化系数的影响，以及提高石膏砂浆耐水性的措施。当砂浆配合比石膏：砂子为 1:3 时，纤维素醚掺量为石膏 0.2%，水泥掺量为胶凝材料 5%。矿粉掺量为 10%、20%、30%、40%、50%。试验发现，矿粉掺量 30% 为最佳掺量。曹政等[5]发现当水泥和石膏总量：砂子为 1:2.5 时，随着纤维素醚掺量的增大，石膏砂浆的保水性越来越好，但是石膏砂浆抗压强度将会降低。

钱耀丽、叶蓓红[6]研究了胶砂比、保水剂对石膏砂浆性能的影响。研究表明当水泥和石膏总量：砂子为 1∶2 时，纤维素醚掺量越大，石膏砂浆的保水性越好。谢建海等[7]在试验中采用不同温度煅烧脱硫石膏以得到 β-半水石膏，发现 155℃下煅烧 2h 的 β-半水石膏性能最好。

冯春花、张倩等[8]发现掺加保水剂可以有效增大石膏砂浆保水率，使黏结强度增强，但会降低石膏的抗折、抗压强度，保水剂最佳掺量为脱硫建筑石膏的 0.2%；掺重钙的石膏凝结时间变少，但随着重钙掺量增加，石膏的凝结时间增加，力学性能呈现先增加后下降的趋势，重钙在石膏中的最佳掺量为 40%。

许霞、吴开胜等[9]研究了轻质骨料、保水剂、触变剂对脱硫石膏砂浆强度、保水率的影响。当采用配比为脱硫石膏 50%、轻骨料玻化微珠 3%、细砂 46.4%、保水剂纤维素醚 0.2%、石膏缓凝剂 0.25%、触变剂淀粉醚 0.05% 时，石膏砂浆的初凝、终凝时间分别为 85min、104min，抗折强度、抗压强度分别为 2.3MPa、4.7MPa。

本文拟研究经高温煅烧的脱硫石膏，并以其为胶凝材料制备干拌抹灰石膏砂浆，利用石膏取代部分水泥。这种砂浆具有轻质、防火、保温隔热、调节湿度、隔声效果好等特点。

## 2　材料与方法

### 2.1　原料

脱硫石膏来自河北省唐山市电厂，普通石膏来自天津开发区乐泰化工有限公司，其化学成分见表 1。试验用砂来自秦皇岛卢龙河的中砂；试验用水泥为 P·O42.5 等级普通硅酸盐水泥，来自河北省唐山市祥润水泥厂生产；试验用粉煤灰为 Ⅱ 级粉煤灰，来自天津北疆发电厂；保水增稠剂为速溶性羟丙基甲基纤维素醚，来自上海影佳实业发展有限公司。

表 1　不同石膏化学成分表（%）

| 成分 | CaO | SiO$_2$ | Al$_2$O$_3$ | SO$_3$ | Fe$_2$O$_3$ | MgO | Loss |
|------|-----|---------|-------------|--------|-------------|-----|------|
| 普通石膏 | 31.5 | 4.3 | 1.73 | 41.1 | 1.15 | 1.30 | 17.2 |
| 脱硫石膏 | 31.6 | 2.7 | 0.7 | 42.4 | 0.5 | 1.0 | 19.2 |

### 2.2　试验方法

用坩埚盛着所要煅烧的石膏，将坩埚放入箱式电炉中。设置温度分别为 700℃、750℃、800℃。升温速率设置为每分钟 10℃，达到设定温度后保温 1h，自然冷却后密封。将煅烧好的石膏在振动研磨机中研磨 20s，密封备用。

将原材料按之前确定的配合比混合，倒入水泥净浆搅拌机中，加入 0.15% 的纤维素保水增稠剂，待原材料搅拌均匀后加入适量的水，水灰比为 0.7，搅拌时间为 140s。将搅拌均匀的砂浆，倒入模具中，将模具放上水泥胶砂振实台振动，振动两次，每次时间为 60s。模具尺寸为 40mm×40mm×160mm。然后将振动好的模具放在自然环境养护，24h 后拆模，待达到指定龄期后测定其抗压强度。

强度测试参照《水泥胶砂强度检验方法（ISO 法）》GB/T 17671—1999 进行；稠度和保水率测定根据《建筑砂浆基本性能试验方法标准》JGJ/T 70—2009 进行；试验基础配合比为胶凝材料（水泥和石膏）总量为 350g、粉煤灰为 30g、中砂为 1650g、纤维素醚掺量为 0。

# 3 结果与讨论

## 3.1 煅烧温度对石膏砂浆力学性能的影响

### 3.1.1 煅烧温度对石膏砂浆稠度的影响

从图 1 可以看出，在 700℃到 750℃煅烧温度区间普通石膏砂浆稠度增长较慢，在 750℃到 800℃煅烧温度区间增长较快。在 700℃到 800℃温度区间脱硫石膏砂浆稠度增长速度基本一致。相同煅烧温度下，脱硫石膏砂浆的稠度总是高于普通石膏砂浆。

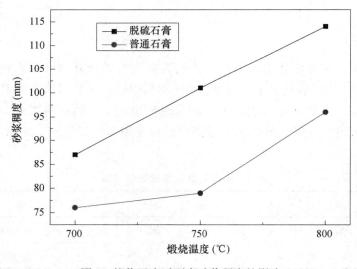

图 1　煅烧温度对石膏砂浆稠度的影响

### 3.1.2 煅烧温度对石膏砂浆保水率的影响

从图 2 中可以看出，在 700℃到 750℃温度区间，普通石膏砂浆保水率增长较慢；在 750℃到 800℃温度区间增长较快；而在 700℃到 750℃温度区间脱硫石膏砂浆保水率增长较快；在 750℃到 800℃温度区间增长较慢。在 700℃时，脱硫石膏砂浆保水率高于普通石膏砂浆；而在 750℃时，普通石膏砂浆保水率高于脱硫石膏砂浆；在 800℃时，普通石膏砂浆与脱硫石膏砂浆保水率基本一致。

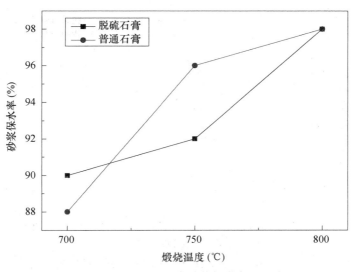

图 2 煅烧温度对石膏砂浆保水率的影响

### 3.1.3 煅烧温度对石膏砂浆抗压强度的影响

从图 3 中可以看出，在 700℃ 到 750℃ 温度区间，普通石膏砂浆 3d 抗压强度呈现增加趋势，在 750℃ 到 800℃ 温度区间呈现下降趋势，在 750℃ 时砂浆抗压强度达到最大值。从图 4 中可以看出普通石膏砂浆 7d 抗压强度变化趋势与 3d 抗压强度接近，在750℃ 时砂浆抗压强度达到最大值。脱硫石膏砂浆 3d 抗压强度、7d 抗压强度均高于普通石膏砂浆。这是因为脱硫石膏反应迅速使其强度更高。

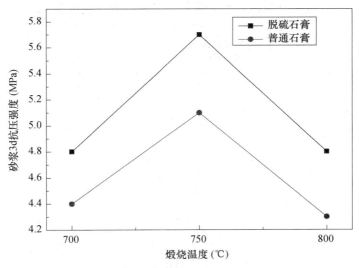

图 3 煅烧温度对石膏砂浆 3d 抗压强度的影响

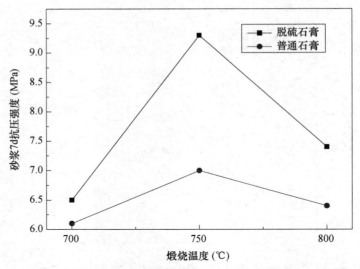

图 4  煅烧温度对石膏砂浆 7d 抗压强度的影响

## 3.2  石膏掺量对砂浆力学性能的影响

### 3.2.1  石膏掺量对砂浆稠度的影响

从图 5 中可以看出，随着普通石膏掺量增加，砂浆稠度呈现先增加后减少的趋势；当石膏掺量达到 40％，砂浆稠度可达到最大值 104mm。随着脱硫石膏掺量增加，砂浆稠度呈现增加的趋势；在掺量 30％～40％区间，砂浆稠度增加较小；在掺量 40％～50％区间，砂浆稠度增加较大；在掺量 50％时，砂浆稠度达到最大值 114mm，即脱硫石膏掺量越高，砂浆稠度也越大，可能是其 β-半水石膏含量更多。

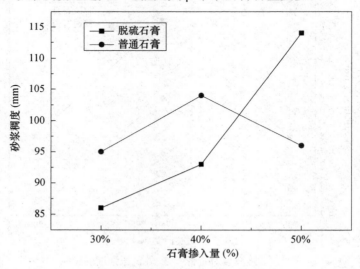

图 5  石膏掺量对砂浆稠度的影响

### 3.2.2 石膏掺量对砂浆保水率的影响

从图 6 可以看出，随着脱硫石膏掺量增加，石膏砂浆保水率增加，掺 50％脱硫石膏时石膏砂浆保水率可以达到 98％。随着普通石膏掺量增加，石膏砂浆保水率呈现先增加后减少的趋势；掺 40％普通石膏时，石膏砂浆保水率可以达到最大值 98％。多掺脱硫石膏可以提高石膏砂浆的保水率。

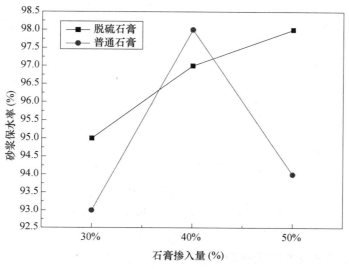

图 6　石膏掺量对砂浆保水率的影响

### 3.2.3 石膏掺量对砂浆抗压强度的影响

从图 7 和图 8 中可以看出，随着石膏掺量增加，普通石膏、脱硫石膏砂浆的 3d 抗压强度均呈现下降趋势，脱硫石膏砂浆强度高于普通石膏砂浆；随着石膏掺量增加，普通石膏、脱硫石膏砂浆的 7d 抗压强度呈现下降趋势，脱硫石膏砂浆强度也高于普通

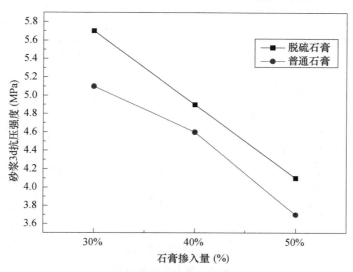

图 7　石膏掺量对砂浆 3d 抗压强度的影响

石膏砂浆，而且其差值明显高于两者3d抗压强度的差值，其原因可能是龄期在3～7d时，脱硫石膏的反应活性更大。

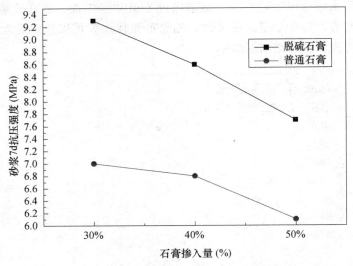

图8　石膏掺量对砂浆7d抗压强度的影响

## 3.3　石膏种类对砂浆力学性能的影响

### 3.3.1　石膏种类对砂浆稠度的影响

从图9中可以看出，脱硫石膏掺量在30％时，在不同煅烧温度下石膏砂浆稠度呈现先下降后上升的趋势，在煅烧温度800℃时，石膏砂浆稠度达到最大值87mm；在脱硫石膏掺量40％、50％时，石膏砂浆稠度呈现先上升后下降的趋势，在煅烧温度750℃时，石膏砂浆稠度分别达到最大值80mm、101mm。从图10中可以看出，在普通

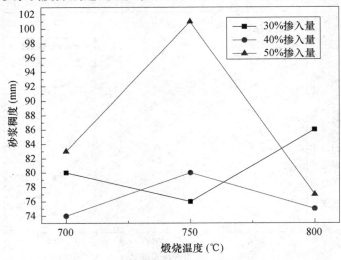

图9　脱硫石膏对砂浆稠度的影响

石膏掺量30％～50％时，在不同的煅烧温度下石膏砂浆稠度均呈现上升的趋势；在煅烧温度800℃时，普通石膏掺量为30％、40％、50％时砂浆稠度分别达到94mm、95mm、104mm最大值。在同等掺量下脱硫石膏砂浆的稠度明显高于普通石膏砂浆。

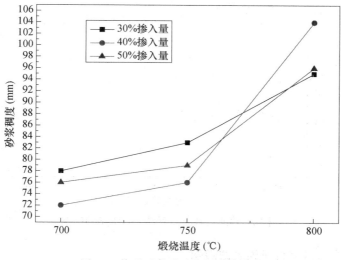

图10　普通石膏对砂浆稠度的影响

### 3.3.2　石膏种类对砂浆保水率的影响

从图11可以看出，当脱硫石膏掺量为30％、40％时，砂浆保水率均呈现增加的趋势；当煅烧温度为800℃时，砂浆保水率分别达到95mm、97mm。当脱硫石膏掺量为50％时，砂浆保水率呈现先增加后减少的趋势；当煅烧温度为750℃时，砂浆保水率可达到102mm。从图12可以看出，当普通石膏掺量为30％、40％、50％时，砂浆保水率均呈现增加的趋势；当煅烧温度为800℃时，砂浆保水率可分别达到92mm、94mm、98mm。可以看出相较于普通石膏砂浆，脱硫石膏砂浆最大保水率更高些。

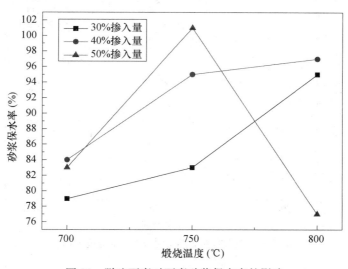

图11　脱硫石膏对石膏砂浆保水率的影响

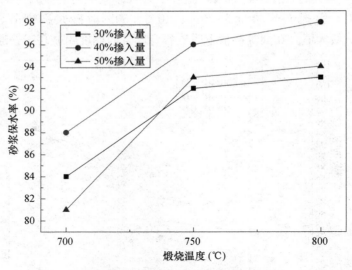

图 12　普通石膏对石膏砂浆保水率的影响

### 3.3.3　石膏种类对砂浆抗压强度的影响

从图 13 可以看出，当脱硫石膏掺量为 30％、40％、50％时，砂浆 7d 强度均呈现增加的趋势；当煅烧温度为 750℃ 时，砂浆 7d 强度分别达到 7.5MPa、8.3MPa、9.3MPa。从图 14 可以看出，当普通石膏掺量为 30％、40％、50％时，砂浆 7d 强度均呈现增加的趋势；当煅烧温度为 750℃ 时，砂浆 7d 强度分别达到 6.1MPa、6.8MPa、7.0MPa。可以看出相较于普通石膏砂浆而言，脱硫石膏砂浆强度更高些；脱硫石膏、普通石膏最佳掺入量均为 50％。

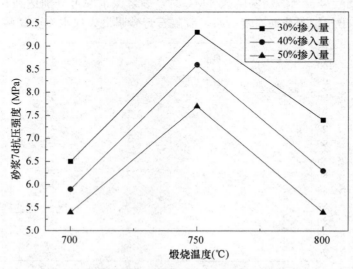

图 13　脱硫石膏对石膏砂浆 7d 抗压强度的影响

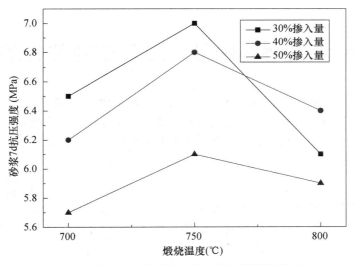

图 14　普通石膏对石膏砂浆 7d 抗压强度的影响

## 4　结论

（1）当脱硫石膏煅烧温度为 750℃时，脱硫石膏的最佳掺量为 50％；在同等掺量下脱硫石膏砂浆的稠度、保水率和强度指标均高于普通石膏砂浆。

（2）当配方为 175g 水泥、175g 脱硫石膏、1650g 砂子、30g 粉煤灰和水灰比 0.7时，脱硫石膏砂浆可达到稠度 101mm、保水率为 92％、3d 抗压强度和 7d 抗压强度分别为 4.1MPa 和 7.7MPa。

**参考文献**

[1]　Xiaolu Guo，Huisheng shi，Hongyan Liu. Effects of a combined admixture of slag power and thermally treated flue gas desulphurization（FGD）gypsum on the compressive strength and durability of concrete [J]. Materials and Structures，2009（42）：263-270.

[2]　姜伟，范立瑛，王志. 煅烧温度对脱硫石膏性能的影响 [J]. 山东建材，2008（2）：46-47.

[3]　万建东. 脱硫硬石膏水泥砂浆的研究 [J]. 江苏建材，2012（4）：12-14.

[4]　高淑娟，胡轩子. 矿粉掺量对石膏砂浆性能的影响 [J]. 四川建材，2014（5）：1-3.

[5]　曹政，谢海峰，钟世云. 纤维素醚掺量对石膏砂浆性能的影响 [J]. 粉煤灰综合利用. 2014（6）：33-35.

[6]　钱耀丽，叶蓓红. 耐水石膏砂浆的配置及性能研究. 低温建筑科技. 2014（10）：16-19.

[7]　谢建海，亢虎宁. 不同煅烧条件下脱硫石膏的性能研究. 粉煤灰. 2012（5）：13-15.

[8]　冯春花，张倩，桂行高，等. 保水剂和掺和料对粉刷石膏砂浆性能的影响 [J]. 科技资讯. 2016（8）：33-35.

[9]　许霞，吴开胜，李龙梓. 脱硫石膏基喷涂石膏砂浆的配制技术及应用研究 [J]. 新型建筑材料，2016，43（1）.

# 自流平水泥地坪砂浆性能及微观结构的研究

尚国灿[1]　曲　烈[2]　张学武[2]　张文研[2]　康茹茹[2]

(1　河南省第一建筑工程集团有限责任公司　郑州，

2　天津城建大学材料科学与工程学院　天津)

**摘　要**　自流平地坪砂浆使用安全、施工简单，可用于工业厂房、车间、仓储、商业卖场等处。采用水泥、矿渣、砂、水和外加剂为原料，研究了减水剂对自流平地坪砂浆流动性的影响。结果表明，当聚羧酸减水剂掺量为 0.5%，水胶比为 0.31 时，砂浆的稠度达到（100±10）mm，28d 抗压强度≥16.0MPa，满足 DPM10 自流平地坪砂浆的指标要求。自流平地坪砂浆的 28d 抗折、抗压强度可达到 7.6MPa 和 50.2MPa。另掺加聚羧酸减水剂砂浆流动性低于萘系减水剂的，但其强度高于萘系减水剂的。显微分析发现，对于自流平地坪砂浆，由于增加了砂浆流动性，内部带来许多孔隙和收缩裂缝。

**关键词**　自流平地坪砂浆；聚羧酸减水剂；流动性；强度

## 1　引言

　　自流平地坪砂浆的配方设计中要解决三个问题：即缓凝与早强的矛盾、高流动度与抗沉降的矛盾、收缩与膨胀之间的矛盾。在自流平地坪砂浆中使用聚羧酸减水剂可基本不使用缓凝剂，少用早强剂，从而简化配方，降低成本并提高稳定性。工程实践表明，大多数情况下当地坪砂浆处于微膨胀的状态时，可减少工程事故的发生[1]。实验表明粉末状聚羧酸减水剂适用于自流平砂浆并有较高的性价比，可实现高流动度及高抗沉性的统一。

　　董素芬[2]以细度模数为 1.5 的砂作为细骨料，研究了高效减水剂、消泡剂、膨胀剂、减缩剂及木质纤维、可再分散乳胶粉及填料和矿物掺和料对砂浆性能的影响，结果表明，单掺聚羧酸高效减水剂能使砂浆的流动度增加并减少水的用量，并能有效降低流动度损失，改善能力优于萘系减水剂。矿渣用于自流平砂浆，既可改善砂浆的工作性，又可节约水泥和降低成本[3]。当矿渣掺量为水泥质量的 10%，早强减水剂掺量为水泥质量的 2.5%，可得到扩展度为 245mm，强度为 50.0MPa 的砂浆。

　　为了补偿砂浆干缩，掺膨胀剂可以补偿收缩。在使用膨胀剂时，一定要协调好砂浆膨胀值和强度之间的关系，否则将造成重大损失。从尺寸变化率和强度的角度考虑，掺入 9% 膨胀剂最适合[4]。为了增加砂浆的保持稠度能力，在湿拌砂浆中经常加入缓凝剂，如掺入葡萄糖酸钠的砂浆稠度保持能力远强于掺加白糖的，葡萄糖酸钠为 0.25% 的砂浆保持稠度能力明显优于掺白糖为 0.20% 的砂浆；前者 10h 稠度经时损失仅为 5mm，而后者为 23mm[5-7]。

通过以上分析发现，掺加聚羧酸减水剂有可能提高自流平砂浆的流动性、强度和抗裂性。为此，本文拟先按指定目标，设计稠度范围（100±10）mm、1d 抗压强度≥6.0MPa、28d 抗压强度≥16.0MPa 和保水率≥80％的地坪砂浆的配方，通过调整矿渣、石屑、水泥与化学外加剂的比例，再测定其稠度、抗折强度和抗压强度，以及分析硬化后砂浆的微观结构特征。

## 2　材料与方法

### 2.1　原料

试验所用石屑是花岗岩经颚式破碎机破碎后并用 4.36mm 方孔筛筛分得到的；试验所用砂子为市售河砂；试验所用矿渣为高炉磨细矿渣；所用水泥为 P·O42.5 等级普通硅酸盐水泥，由唐山市筑成水泥有限公司生产；所用减水剂均为天津市飞龙砼外加剂公司生产。

### 2.2　材料制备与试验方法

将原料按配比称量并混合，倒入水泥胶砂搅拌机中，搅拌时间为 180s；将搅拌均匀的砂浆，倒入三联模具中，模具尺寸是 40mm×40mm×160mm；将模具放到振实台振动，然后进行静置 24h 脱模，再进行标准养护；根据龄期测定砂浆试块的 1d、3d、7d、28d 抗压强度。强度测试参照《水泥胶砂强度检验方法（ISO 法）》GB/T 17671—1999 进行；稠度测定根据《建筑砂浆基本性能试验方法标准》（JGJ/T 70—2009）进行；利用 SEM 观察砂浆的显微结构。

## 3　结果与讨论

### 3.1　聚羧酸减水剂对自流平地坪砂浆性能的影响

从图 1 可以看出，砂浆的稠度随着聚羧酸减水剂掺量的增大先减小后增加，当聚羧酸减水剂掺量为 0.3％～0.4％时其稠度为 90mm 左右；当聚羧酸减水剂掺量为 0.5％时其稠度为 100mm，建议聚羧酸减水剂最佳掺量为 0.5％。聚羧酸减水剂具有高流动性是靠空间位阻实现的，并且因其具有轻微的引气性，使得自流平砂浆达到较低的泌水率，掺聚羧酸减水剂的砂浆收缩率也较低。

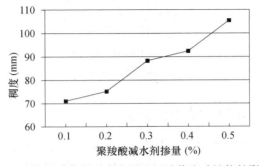

图 1　聚羧酸减水剂对自流平地坪砂浆流动性能的影响

从图 2（a）可以看出，当聚羧酸减水剂掺量为 0.1％时，砂浆 1d 抗折、抗压强度增加较大，当聚羧酸减水剂掺量 0.2％～0.3％时，砂浆 1d 抗折、抗压强度略有下降，当聚羧酸减水剂掺量 0.3％～0.5％时，砂浆 1d 抗折、抗压强度均在增加，可见聚羧酸减水剂合适掺量为 0.5％。从图 2（b）可以看出，不同掺量聚羧酸减水剂对砂浆 7d 强度也有明显影响。当聚羧酸减水剂掺量为 0.1％时，砂浆 7d 抗折、抗压强度增加较大，当聚羧酸减水剂掺量 0.2％～0.3％时，砂浆 7d 抗折、抗压强度均在下降，当聚羧酸减水剂掺量 0.3％～0.5％时，砂浆 7d 抗折强度先增加后减少，砂浆 7d 抗压强度均在增加，可见聚羧酸减水剂合适掺量为 0.5％。

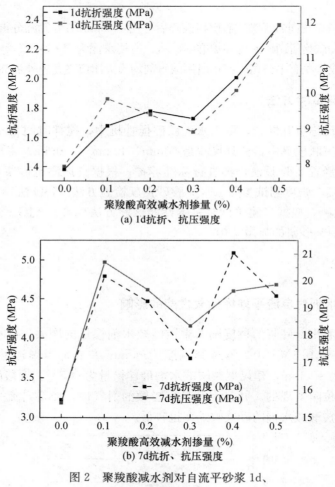

(a) 1d 抗折、抗压强度

(b) 7d 抗折、抗压强度

图 2　聚羧酸减水剂对自流平砂浆 1d、
7d 抗折和抗压强度的影响

## 3.2　水胶比对自流平地坪砂浆性能的影响

试验表明，随着水胶比增加砂浆稠度增加。当水胶比为 0.31 时其稠度为 110mm；当水胶比为 0.35 时其稠度为 118mm。因此，确定试验水胶比为 0.31。

从图 3（a）可以看出，随着水胶比的增大，砂浆的 1d 抗折、抗压强度均下降，当水胶比为 0.31 时砂浆的 1d 抗折、抗压强度分别为 1.5MPa 和 7.4MPa；当水胶比为 0.35 时砂浆的 1d 抗折、抗压强度分别为 0.95MPa 和 5.7MPa。从图 3（b）可以看出，不同水胶比对砂浆 3d 抗折、抗压强度有明显影响。随着水胶比的增大，砂浆的 3d 抗折、抗压强度均下降，当水胶比为 0.31 时砂浆的 3d 抗折、抗压强度分别为 5.6MPa 和 11.5MPa；当水胶比为 0.35 时砂浆的 3d 抗折、抗压强度分别为 4.5MPa 和 10.6MPa。

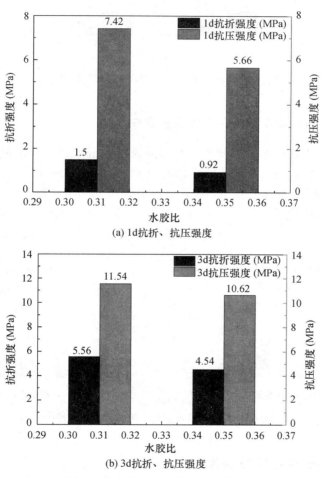

(a) 1d抗折、抗压强度

(b) 3d抗折、抗压强度

图 3　水胶比对自流平地坪砂浆 1d、
3d 抗折和抗压强度的影响

从图 4 可以看出，随着水胶比的增大，砂浆的 28d 抗折、抗压强度均下降，当水胶比为 0.31 时砂浆的 28d 抗折、抗压强度分别为 7.6MPa 和 50.2MPa；当水胶比为 0.35 时砂浆的 28d 抗折、抗压强度分别为 7.4MPa 和 40.7MPa。确定水胶比为 0.31。

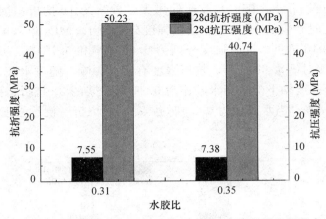

图 4　水胶比对自流平地坪砂浆 28d 抗折和抗压强度的影响

### 3.3　不同减水剂对自流平地坪砂浆性能的影响

从图 5 可以看出，掺加聚羧酸减水剂砂浆流动性低于萘系减水剂，但其强度高于萘系减水剂。采用聚羧酸减水剂的砂浆稠度为 75mm，砂浆的 1d 抗折、抗压强度分别为 1.78MPa 和 4.47MPa，3d 抗折、抗压强度分别为 9.4MPa 和 19.67MPa；而采用萘系减水剂的砂浆稠度为 95mm，砂浆的 1d 抗折、抗压强度分别为 1.18MPa 和 3.33MPa，3d 抗折、抗压强度分别为 6.75MPa 和 16.32MPa；确定采用聚羧酸减水剂。

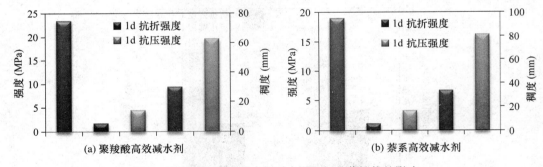

图 5　聚羧酸和萘系减水剂对水泥地坪砂浆性能的影响

### 3.4　自流平地坪砂浆的 SEM 照片

从图 6 可以看出，掺加水泥和矿粉的复合胶凝材料水化后形成 $Ca(OH)_2$，对矿粉产生活性激发作用，随着龄期延长，矿粉的潜在活性逐渐被激发出来，从而提高了砂浆的强度。对于掺加聚羧酸减水剂的自流平地坪砂浆，由于增加砂浆流动性，内部存在许多孔隙和收缩裂缝。水胶比过少时将影响砂浆中水泥和矿粉的水化，减少水化产物，对强度产生不利影响。

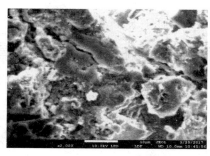

图 6　掺聚羧酸减水剂自流平地坪砂浆的 SEM 照片

## 4　结论

（1）自流平地坪砂浆已达到预期性能指标，即稠度为 100mm±10mm、1d 抗压强度≥6.0MPa、28d 抗压强度≥16.0MPa，满足自流平地坪砂浆标准的指标要求。

（2）通过试验发现，水胶比最佳值为 0.31 和聚羧酸减水剂最佳掺量为 0.5%。当水胶比为 0.31 时，自流平地坪砂浆稠度为 110mm，1d 抗折、抗压强度分别为 1.5MPa 和 7.4MPa，28d 抗折、抗压强度分别为 7.6MPa 和 50.2MPa；即掺加聚羧酸减水剂砂浆流动性低于萘系减水剂，但其强度高于萘系减水剂。

（3）微观结构分析发现，自流平地坪砂浆内部还存在许多孔隙和收缩裂缝。

**参考文献**

[1]　徐景会，顾军，封孝信．聚羧酸减水剂在水泥自流平砂浆中的应用 [J]．河北联合大学学报（自然科学版），2008，30（4）：93-95.

[2]　张冬梅，董静．矿渣微粉在自流平砂浆的应用研究 [J]．三明学院学报，2008，25（4）：454-456.

[3]　霍利强．高铝水泥对水泥基自流平砂浆性能影响研究 [J]．施工技术，2013，42（4）：61-63.

[4]　李玉海，赵锐球．粉煤灰对自流平砂浆性能的影响 [J]．新型建筑材料，2006（10）：16-18.

[5]　李军，马志刚．泵送剂和膨胀剂对新型路面自流平砂浆性能的影响 [J]．涂料工业，2013，43（6）：63-65.

[6]　吴杰，郭强．不同缓凝剂对自流平砂浆性能的影响 [C] //2012'中国国际建筑干混砂浆生产应用技术研讨会，2012.

[7]　段瑞斌，谢勇剑，林湘生，等．不同缓凝剂对预拌砂浆性能影响试验研究 [J]．广东建材，2015（1）：16-18.

# 改性纤维素取代纤维素醚对干混砂浆性能的影响

于东威[1] 鲁晓辉[2] 张 勇[2] 谢慧东[2]

（1 山东省经信委散装水泥办公室 济南，2 山东华森建材集团有限公司 济南）

**摘 要** 试验采用改性纤维素取代纤维素醚，着重分析了改性纤维素取代比例对砌筑、抹灰、地面、防水等干混砂浆性能的影响。结果表明：利用 $10\%\sim40\%$ 改性纤维素取代纤维素醚可以提高各类砂浆保水率、抗压强度，改善砂浆黏结强度、抗渗性能及抗冻融性能，但是随着取代比例增加，砂浆凝结时间有所缩短，2h 稠度损失率和表观密度逐渐增加。微观测试表明复合掺加改性纤维素和纤维素醚的砂浆硬化体结构更为致密，孔隙率较低，水化凝胶分布均匀，结晶较大的 $Ca(OH)_2$ 较少。

**关键词** 改性纤维素；纤维素醚；保水率；强度；黏结强度

保水增稠材料作为砂浆重要组分，可以改善砂浆可操作性及保水能力，使干混砂浆具有适宜的稠度，避免砂浆在硬化前产生沉淀、泌水和水分蒸发[1-2]。

目前，常用的保水增稠材料为膨润土、纤维素醚[3]。膨润土是一种具有高吸附性的层状硅酸盐，具有一定的保水增稠作用[4]，较小的粒径还能够改善砂浆的颗粒级配，从而改善砂浆和易性，使砂浆不易出现泌水现象，但是此种保水增稠材料掺量较大，且各个地方材料性质差异较大，受天气影响较大，不利于大规模推广[4-5]。纤维素醚具有用量小，保水率好、黏聚力高等优点被广泛使用[6-8]，但纤维素醚价格昂贵，本身引气作用较强，掺量过大会大幅度降低砂浆强度，增加砂浆收缩率，大幅度延缓水泥水化[9-10]，寻求可替代或部分替代纤维素醚与其复合应用的材料是非常必要的[11-12]。

改性纤维素是以农作物秸秆提炼半纤维素过程中的副产品纤维素为原料，经特殊工艺破碎、粉磨至一定细度得到改性纤维素[13]。改性纤维素表面粗糙多孔，在水中不溶解且会吸水溶胀，孔内贮存大量的水，起到保水作用，随着时间延长，孔中水逐渐释放，可以保证砂浆后期强度增长。而且，改性纤维素在砂浆中会搭接成三维立体结构，增加砂浆触变性和抗流挂性，改善砂浆施工性能[14]。因此利用改性纤维素与纤维素醚复合应用在砂浆中，尽量减小纤维素醚用量，可以改善砂浆性能，同时降低保水增稠材料价格，具有很大的利用推广价值。本试验以砌筑 M10、抹灰 M10、地面 M15、普通防水 M20 砂浆为例，分析利用不同比例改性纤维素取代纤维素醚对砂浆性能影响，并确定不同类型砂浆中改性纤维素取代纤维素醚比例。

## 1 材料与试验

### 1.1 试验原材料

水泥：山东水泥厂 P·O42.5 级水泥，物理性能见表 1。粉煤灰：二级粉煤灰，物理指标见表 2。砂：人工砂，砌筑、抹灰、地面、防水砂浆用砂细度模数分别为 3.21、2.44、3.38、2.85，不同砂浆用砂累计筛余分数及相关物理指标见表 3。保水增稠材料：10 万 mPa·s 羟丙基甲基纤维素醚。微黄色，均匀蓬松，60 目通过率大于 95％的改性纤维素。防水组分：硫铝酸钙类膨胀剂。缓凝组分：葡萄糖酸钠。纤维：木纤维。拌和水：自来水。

### 表 1　水泥物理性能

| 名称 | 强度（MPa） | | | | 比表面积（m²/kg） | 凝结时间（min） | |
|---|---|---|---|---|---|---|---|
| | 3d | | 28d | | | 初凝 | 终凝 |
| | 抗压 | 抗折 | 抗压 | 抗折 | | | |
| 水泥 | 23.0 | 5.8 | 46.2 | 9.3 | 342 | 195 | 301 |

### 表 2　粉煤灰物理性能

| 检测项目 | 比表面积（m²/kg） | 细度（％）（45μm） | 需水量比（％） | 含水量（％） | 烧失量（％） | 三氧化硫（％） |
|---|---|---|---|---|---|---|
| 检测结果 | 320 | 12.5 | 102 | 0.4 | 4.1 | 2.1 |

### 表 3　不同类型砂浆用砂各粒径累计筛余及物理性能

| 类型 | 4.75mm | 2.36mm | 1.18mm | 0.6mm | 0.3mm | 0.15mm | 0.075mm | 筛底 | 堆积密度（kg/m³） | 亚甲蓝值 | 石粉含量（％） |
|---|---|---|---|---|---|---|---|---|---|---|---|
| 砌筑 | 0.00 | 18.99 | 55.40 | 73.82 | 84.59 | 87.86 | 90.98 | 100.00 | 1560 | 0.85 | 9.02 |
| 抹灰 | 0.00 | 3.78 | 38.77 | 55.47 | 70.07 | 76.28 | 84.92 | 100.00 | 1620 | 1.2 | 15.08 |
| 地面 | 0.00 | 20.12 | 60.97 | 78.50 | 87.85 | 90.44 | 92.85 | 100.00 | 1550 | 0.84 | 7.15 |
| 防水 | 0.00 | 5.41 | 52.88 | 66.87 | 77.84 | 82.44 | 89.63 | 100.00 | 1610 | 1.1 | 10.37 |

## 1.2　试验方法

依据《建筑砂浆基本性能试验方法标准》JGJ/T 70—2009，调整砂浆需水量，控制砂浆稠度，以满足工作性要求，分别测试砂浆保水率、14d 黏结强度、表观密度、2h 稠度损失率、凝结时间、收缩率、抗冻性及抗渗性能。抗压强度试块和抗渗试块在温度为（20±5）℃的环境静置（24±2）h 后，拆模，置于温度（20±2）℃、湿度 90％以上的标准养护室，分别测试 7d、28d 强度、28d 抗渗性能；拉伸黏结强度试块成型后放在温度为（20±5）℃、相对湿度为 45％～75％的试验环境中，24h 后脱模，放入温度为（20±2）℃、相对湿度 60％～80％环境中养护至规定龄期；抗冻试块成型方式与抗压试块相同，但是试验前两天需将试块放入水中浸泡两天，浸泡完毕后，对比试验则放回养护室养护；收缩试块成型 40mm×40mm×160mm 试块，在标准养护条件下养护 7d，拆模，随后放入温度（20±2）℃、相对湿度（60±5）％环境中，分别测试 7d、14d、21d、28d、56d、90d 长度。

## 1.3　配合比设计

基准配合比见表 4，本试验在单掺纤维素醚的基础上，用 20％、30％、40％、

50％、60％的改性纤维素取代纤维素醚，配制砌筑 M10、抹灰 M10、地面 M15、防水 M20 砂浆。试验中通过调整水胶比，参照 GB/T25181—2010 要求，砌筑砂浆稠度控制在 70～80mm，抹灰砂浆稠度控制在 90～100mm，地面砂浆稠度控制在 45～55mm，防水砂浆稠度控制在 70～80mm。

表 4　各类型砂浆基准配合比

| 类型 | 水泥（kg） | 粉煤灰（kg） | 砂（kg） | 纤维（kg） | 纤维素醚（kg） | 葡钠（kg） | 膨胀剂（kg） |
|---|---|---|---|---|---|---|---|
| 砌筑 M10 | 82 | 57 | 856 | — | 0.2 | 0.048 | — |
| 抹灰 M10 | 135 | 30 | 845 | 2 | 0.32 | 0.063 | — |
| 地面 M15 | 130 | 44 | 820 | — | 0.16 | 0.032 | — |
| 防水 M20 | 190 | 24 | 767 | — | 0.18 | 0.032 | 17.7 |

## 2　试验结果与分析

### 2.1　改性纤维素对不同类型砂浆保水率的影响

由图 1 可以看出，砌筑 M10、抹灰 M10、地面 M15 和防水 M20 砂浆保水率均随改性纤维素取代纤维素醚比例增加先增加后减小，且取代比例均在 30％时，保水率达到最大值。单掺纤维素醚砌筑 M10、抹灰 M10、地面 M15 和防水 M20 砂浆保水率分别为 95.7％、94.8％、94.7％、94.9％，改性纤维素取代比例为 30％时，则分别增加至 98.6％、95.5％、98.2％、95.9％，即使取代比例增加至 40％时，各类型砂浆保水率与单掺纤维素醚时相比，相差幅度较小。

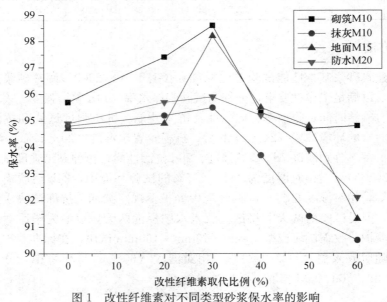

图 1　改性纤维素对不同类型砂浆保水率的影响

## 2.2　改性纤维素对不同类型砂浆抗压强度的影响

由图 2 可以看出，砌筑 M10、抹灰 M10、地面 M15、防水 M20 砂浆 7d、28d 抗压强度均随改性纤维素取代纤维素醚比例增加而逐渐增加。改性纤维素取代纤维素醚比例为 30％时，砌筑 M10、抹灰 M10、地面 M15、防水 M20 砂浆 7d 强度相对单掺纤维素醚砂浆分别提高了 18.6％、10.2％、24.7％、8.0％，28d 强度则相对增加了 4.1％、12.8％、14.5％、4.1％，随取代比例增加，砂浆 7d、28d 强度增幅较单掺纤维素醚试样均逐渐增加。

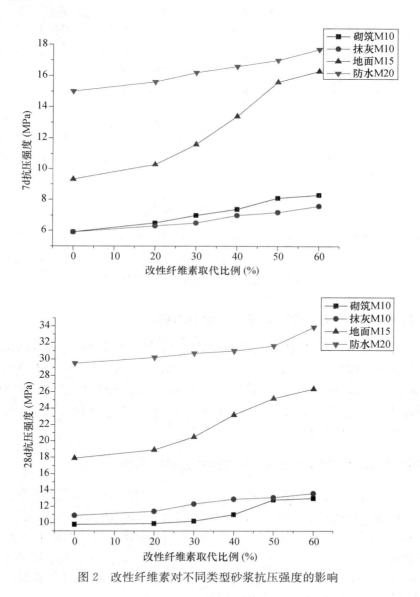

图 2　改性纤维素对不同类型砂浆抗压强度的影响

### 2.3　改性纤维素对不同类型砂浆凝结时间影响

由图 3 可以看出，砌筑、抹灰、地面砂浆的凝结时间均随改性纤维素取代纤维素醚比例增加而逐渐减少；普通防水砂浆凝结时间随改性纤维素取代比例增加则先增加后减少，在取代比例为 60％时，凝结时间达到最小值 170min。单掺纤维素醚砌筑 M10、抹灰 M10、地面 M15、防水 M20 砂浆凝结时间分别为 305min、365min、195min、215min，当改性纤维素取代比例增加至 30％时，凝结时间则分别为 285min、325min、185min、195min，不同类型砂浆凝结时间均有不同程度的缩短。

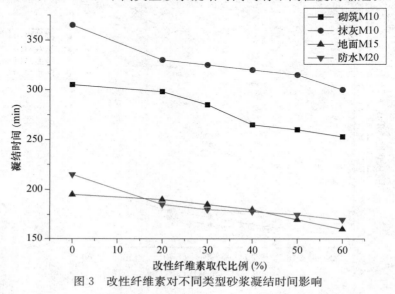

图 3　改性纤维素对不同类型砂浆凝结时间影响

### 2.4　改性纤维素对不同类型砂浆表观密度的影响

由图 4 可以看出，各类型砂浆表观密度均随改性纤维素取代比例的增加而逐渐增加，单掺纤维素醚砌筑 M10、抹灰 M10、地面 M15、防水 M20 砂浆表观密度分别为 2060kg/m³、1950kg/m³、2100kg/m³、2050kg/m³，改性纤维素取代比例为 30％时，各类型砂浆表观密度分别增加至 2090kg/m³、2000kg/m³、2100kg/m³、2110kg/m³，表观密度均有不同程度的增加。

### 2.5　改性纤维素对不同类型砂浆 2h 稠度损失率的影响

由图 5 可以看出，不同类型砂浆 2h 稠度损失率随改性纤维素取代比例增加均逐渐增加，单掺纤维素醚的砌筑 M10、抹灰 M10、地面 M15、防水 M20 砂浆 2h 稠度损失率分别为 6.4％、5.4％、8.5％、9.2％，当改性纤维素取代比例增加至 30％时，2h 稠度损失率分别为 7.0％、7.8％、8.6％、12.4％，2h 稠度损失率有小幅增加，完全可以满足 GB/T 25181—2010 中对干混砂浆的应用要求，但是改性纤维素取代比例过高时，2h 稠度损失则增幅较大，损失相对较快。

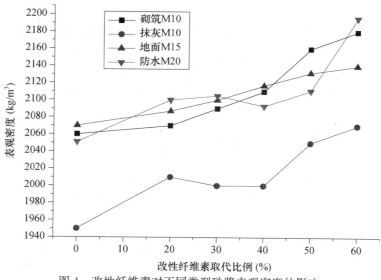

图 4　改性纤维素对不同类型砂浆表观密度的影响

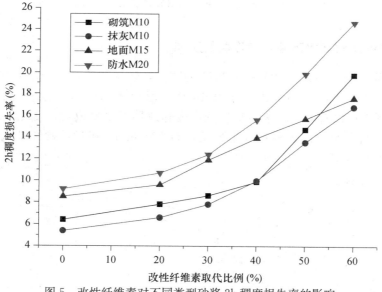

图 5　改性纤维素对不同类型砂浆 2h 稠度损失率的影响

## 2.6　改性纤维素对抹灰、防水砂浆黏结强度的影响

根据《预拌砂浆》GB/T 25181—2010 中干混砂浆性能指标要求，干混普通抹灰砂浆和干混普通防水砂浆对 14d 黏结强度有较高要求。由图 6 可以看出，抹灰 M10、防水 M20 砂浆 14d 黏结强度随改性纤维素取代纤维素醚比例增加先增加后降低，且均在取代比例为 30％时，达到最大值，分别为 0.31MPa 和 0.28MPa，相对单掺纤维素醚的抹灰 M10 和防水 M20 砂浆黏结强度分别提高了 20.8％和 12.0％，但改性纤维素取代比例过高时，黏结强度则会大幅降低，会低于单掺纤维素醚砂浆黏结强度。

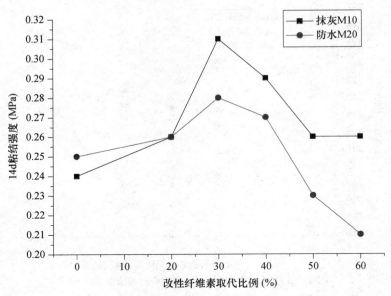

图 6　改性纤维素对抹灰、防水砂浆黏结强度的影响

## 2.7　改性纤维素对防水砂浆抗渗性能的影响

　　根据《预拌砂浆》GB/T 25181—2010 的要求，防水砂浆需对抗渗性能进行测试，试验中从 0.2MPa 开始，每隔 2h 增加 0.1MPa，增加至 3.0MPa 截止，测试试块的渗透高度。由图 7 可以看出，防水砂浆渗透高度随改性纤维素取代比例增加先降低后增加，在取代比例为 40％时，渗透高度最低，为 16.5mm，相对单掺纤维素醚试样，渗透高度降低了 81.8％。

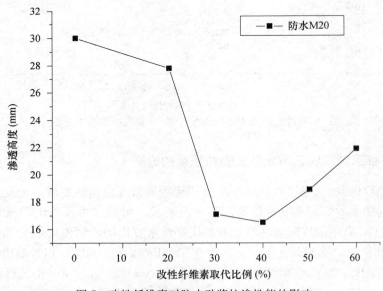

图 7　改性纤维素对防水砂浆抗渗性能的影响

## 2.8 改性纤维素对不同类型砂浆抗冻性能的影响

由图 8 可以看出，各类型砂浆经 25 次冻融循环后，质量损失和强度损失随改性纤维素取代比例增加均先降低后增加，砌筑 M10、抹灰 M10、地面 M15、防水 M20 砂浆质量损失分别在取代比例为 40%、30%、40%、30% 时损失最小，强度损失则分别在取代比例为 40%、40%、30%、20% 时损失最小，质量损失和强度损失在掺加合适比例的改性纤维素条件下，均有所改善，但是当改性纤维素取代比例过高时，质量损失和强度损失则会出现大幅度增加。

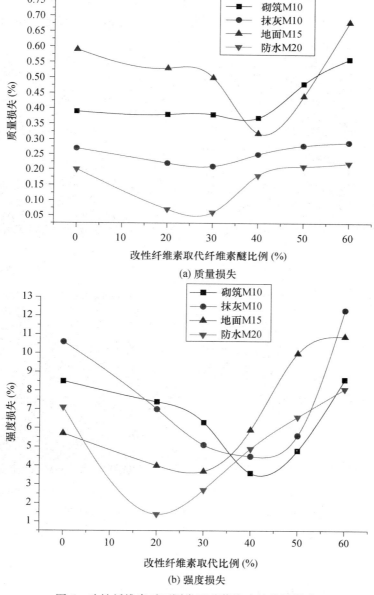

(a) 质量损失

(b) 强度损失

图 8 改性纤维素对不同类型砂浆抗冻性能的影响

## 3 微观结构分析

由图 9 和图 10 单掺纤维素醚和复掺改性纤维素与纤维素醚的砌筑砂浆、抹灰砂浆微观结构可以看出，单掺纤维素醚的砌筑砂浆和抹灰砂浆硬化体结构相对疏松，孔隙较大，使得氢氧化钙有足够的结晶生长空间，生成的硅酸钙凝胶相对集中，分散性较差。利用 30％改性纤维素取代纤维素醚后，砌筑砂浆和抹灰砂浆硬化体结构较为致密，孔隙率较低，水化后的硅酸钙凝胶和铝酸钙凝胶分布均匀，结晶较大的六方板状氢氧化钙和针棒状的钙矾石较少，晶粒尺寸较小，水化产物与改性纤维素之间形成相互交错的空间网状结构，均匀覆盖在粉煤灰、未水化水泥颗粒表面。说明改性纤维素与纤维素醚复合应用，可以降低砂浆硬化体孔隙率，使水化凝胶分布更加均匀，而提高砂浆内聚力，从而提高砂浆韧性。

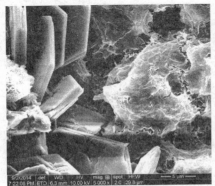 

(a) 单掺纤维素醚砌筑M10　　　　(b) 30%改性纤维素取代纤维素醚砌筑M10
图 9　单掺纤维素醚和复掺改性纤维素与纤维素醚的砌筑砂浆微观结构

(a) 单掺纤维素醚抹灰M10　　　　(b) 30%改性纤维素取代纤维素醚抹灰M10
图 10　单掺纤维素醚和复掺改性纤维素与纤维素醚的抹灰砂浆微观结构

## 4 结论

由利用不同比例改性纤维素取代纤维素醚，分析对砌筑 M10、抹灰 M10、地面

M15、防水 M20 砂浆性能影响试验及微观结构分析可以得出如下结论：

（1）砌筑、抹灰、地面、防水砂浆保水率均随改性纤维素取代比例的增加先增加后降低，且均在改性纤维素取代比例为 30％时，保水率数值最高；凝结时间随取代比例的增加逐渐缩短；表观密度、2h 稠度损失率、7d 和 28d 抗压强度随取代比例的增加而逐渐增加。

（2）抹灰、防水砂浆 14d 黏结强度随改性纤维素取代比例的增加先增加后降低，均在取代比例为 30％时，黏结强度值最大，分别为 0.31MPa、0.28MPa；防水砂浆渗透高度随取代比例的增加先降低后增加，在取代比例 40％时，渗透高度最低，为16.5mm；砌筑、抹灰、地面、防水砂浆 25 次冻融循环后的质量损失和强度损失随取代比例的增加先降低后增加。

（3）掺加 30％改性纤维素取代纤维素醚砂浆硬化体相对单掺纤维素醚砂浆，孔隙率较低，水化凝胶分散更为均匀，结晶良好的氢氧化钙和针棒状钙矾石较少，水化产物与改性纤维素形成相互交错的空间网络结构，使得硬化体更为致密。

**参考文献**

[1] 周美茹，张文会. 外加剂对干混砂浆性能的影响 [J]. 混凝土，2007 (7)：71-73.

[2] 黄翠华. 干混砂浆外加剂 [J]. 化学建材，2006，22 (5)：47-49.

[3] 鞠丽艳，张雄，李春荣. 干混砂浆的组分及其作用机理 [J]. 新型建筑材料，2002 (7)：1-3.

[4] 罗玲，韩建红，邱尊长. 外加剂对预拌砂浆性能影响的试验研究 [J]. 混凝土，2011 (9)：107-109.

[5] 樊益棠. 膨润土对于建筑砂浆性能的影响及机理探讨 [J]. 武汉理工大学学报，2005，27 (10)：116-118.

[6] 詹镇峰，李从波，陈文钊. 纤维素醚的结构特点及对砂浆性能的影响 [J]. 混凝土，2009 (10)：110-112.

[7] 张义顺，李艳玲，徐军，等. 纤维素醚对砂浆性能的影响 [J]. 建筑材料学报，2008，11 (3)：359-362.

[8] 马保国，欧志华，塞守卫，等. 纤维素醚-水泥水化特征及机理评述 [J]. 2010 (8)：64-67.

[9] 欧志华. 非离子纤维素醚改性水泥浆的微观结构与性能 [D]. 武汉：武汉理工大学，2011.

[10] J. Pourchez, P. Grossesu, etc. Ruot. HEC influence on hydration measured by conductometry [J]. Cement and Concrete Research, 2006 (36): 1777-1780.

[11] Laetitia Patural, Philippe Marchal, Alexandre Govin, etc. Cellulose ethers influence on water retention and consistency in cement-based mortars [J]. Cement and Concrete Research, 2011, 41 (1): 46-55.

[12] SCHMITZI, HACKER c-J. Application of cellulose ether to cement baseddry mixed mortar [J]. New Building Materials, 2006 (7): 45-48.

[13] J. Pourchez, P. Grosseau, B. Ruot. Current understanding of cellulose ethers impact on the hydration of $C_3A$ and $C_3A$-sulphate systems [J]. Cement and Concrete Research, 2009 (39): 664-669.

[14] 李珊珊，张勇，卢晓辉，等. 改性纤维素对砂浆性能的影响研究 [J]. 商品混凝土，2014 (5)：43-45.

# 石粉含量对普通抹灰砂浆及防水砂浆性能的影响

于东威[1] 鲁晓辉[2] 张 勇[2] 谢慧东[2]

（1 山东省经信委散装水泥办公室 济南，2 山东华森建材集团有限公司 济南）

**摘 要** 本文全部利用人工砂生产普通抹灰砂浆及防水砂浆，就石粉含量对人工砂普通抹灰砂浆、防水砂浆性能的影响进行了比较系统的研究，并通过孔结构技术分析了其作用机理。结果表明：石粉的填充效应、形态效应、吸水效应和晶核效应的共同作用，改善了人工砂普通抹灰砂浆及防水砂浆的性能。

**关键词** 人工砂；石粉含量；抹灰砂浆；防水砂浆

## 0 前言

随着天然砂资源日益减少，利用人工砂生产干混砂浆成为预拌砂浆发展的趋势，但是人工砂是经机械破碎筛分而成，其颗粒尖锐粗糙且带有棱角，同时在其中不可避免地要含有一定量的石粉，这是人工砂与天然河砂最明显的区别所在。目前，对于人工砂在普通砂浆中的应用研究比较欠缺[1-3]，本文全部利用人工砂生产普通的抹灰砂浆和防水砂浆，针对人工砂中的石粉含量对普通砂浆性能的影响进行了比较系统的研究，并通过孔结构技术分析了其作用机理。

## 1 原材料

水泥为山水 P·O42.5 级水泥，性能指标见表 1；粉煤灰为山东济南黄台电厂产Ⅱ级粉煤灰，性能指标见表 2；人工砂为石灰岩碎石机械破碎，性能指标见表 3；砂浆增稠保水材料 HT，自配；饮用自来水。

### 表 1 水泥物理力学性能

| 密度<br>（g/cm³） | 安定性<br>（雷氏夹法） | 细度<br>（75$\mu$m 筛筛余,%） | 凝结时间（h:min） | | 抗压强度（MPa） | | 抗折强度（MPa） | |
|---|---|---|---|---|---|---|---|---|
| | | | 初凝 | 终凝 | 3d | 28d | 3d | 28d |
| 3.2 | 合格 | 3.6 | 2:40 | 4:25 | 21.8 | 48.7 | 4.5 | 7.8 |

### 表 2 粉煤灰基本性能

| 项目 | 细度<br>（45$\mu$m 筛筛余,%） | 烧失量（%） | 含水量（%） | 需水量比（%） |
|---|---|---|---|---|
| Ⅱ级灰指标 | ≤25 | ≤5.0 | ≤1.0 | ≤105 |
| 测试值 | 20.4 | 2.6 | 0.3 | 102 |

表 3 人工砂技术指标

| 方筛孔尺寸 | 累计筛余（%） | 物理指标 | 单位 | 数值 |
|---|---|---|---|---|
| 4.75mm | 0 | 松散密度 | kg/m³ | 1500 |
| 2.36mm | 9 | 紧密密度 | kg/m³ | 1790 |
| 1.18mm | 35 | 表观密度 | kg/m³ | 2580 |
| 0.60mm | 59 | 细度模数 | / | 2.7 |
| 0.30mm | 76 | MB 值 | / | 0.85 |
| 0.15mm | 87 | 石粉含量 | % | 13.5 |
| 筛底 | 100 | | | |

## 2 试验方法及试验结果

### 2.1 试验方法

所有试验均参照《建筑砂浆基本性能试验方法标准》JGJ/T 70—2009，采用砂浆搅拌机进行搅拌，搅拌时间不少于 3min，砂浆立方体抗压强度测试试件的成型采用 70.7mm×70.7mm×70.7mm 试模，养护为标准养护。

### 2.2 试验方案及试验结果

设计砂浆配比见表 4，抹灰砂浆稠度控制在 90～100mm 之间，防水砂浆稠度控制在 70～80mm 拌制砂浆。将人工砂通过 0.075mm 筛，筛除人工砂中的石粉备用，然后分别用 0%、6%、9%、12%、15% 的石粉等量取代通过 0.075mm 筛筛除石粉后的人工砂，研究石粉含量对普通抹灰砂浆、防水砂浆各种性能的影响。其试验方案见表 4，试验结果见表 5。

表 4 试验方案

| 序号 | 配合比（kg/m³） | | | | | |
|---|---|---|---|---|---|---|
| | 水泥 | 粉煤灰 | 人工砂 | 石粉 | HT | 膨胀剂 |
| A1 | 240 | 60 | 1500 | 0 (0) | 15 | — |
| A2 | 240 | 60 | 1410 | 90 (6) | 15 | — |
| A3 | 240 | 60 | 1365 | 135 (9) | 15 | — |
| A4 | 240 | 60 | 1320 | 180 (12) | 15 | — |
| A5 | 240 | 60 | 1275 | 225 (15) | 15 | — |
| B1 | 320 | 50 | 1500 | 0 (0) | 18.5 | 22.2 |
| B2 | 320 | 50 | 1410 | 90 (6)) | 18.5 | 22.2 |
| B3 | 320 | 50 | 1365 | 135 (9) | 18.5 | 22.2 |
| B4 | 320 | 50 | 1320 | 180 (12) | 18.5 | 22.2 |
| B5 | 320 | 50 | 1230 | 270 (15) | 18.5 | 22.2 |

表 5　试验结果

| 序号 | 稠度（mm） | 保水性（%） | 凝结时间 | 14d 拉伸黏结强度（MPa） | 强度（MPa） | | 抗渗压力（MPa） |
|---|---|---|---|---|---|---|---|
| | | | | | 7d | 28d | |
| A1 | 92 | 87.0 | 6h30min | 0.10 | 4.9 | 9.5 | — |
| A2 | 91 | 92.9 | 5h30min | 0.19 | 7.3 | 13.4 | — |
| A3 | 98 | 93.6 | 5h20min | 0.23 | 7.8 | 14.3 | — |
| A4 | 95 | 95.6 | 5h00min | 0.21 | 7.4 | 14.0 | — |
| A5 | 94 | 94.8 | 4h50min | 0.20 | 6.6 | 13.2 | — |
| B1 | 71 | 86.4 | 6h30min | 0.10 | 7.7 | 14.0 | 0.3 |
| B2 | 73 | 89.3 | 5h30min | 0.18 | 8.6 | 15.7 | 0.5 |
| B3 | 72 | 93.1 | 5h10min | 0.24 | 9.4 | 16.8 | 0.6 |
| B4 | 75 | 92.2 | 5h00min | 0.23 | 9.5 | 18.6 | 0.7 |
| B5 | 74 | 90.7 | 4h30min | 0.20 | 9.2 | 17.5 | 0.6 |

# 3　试验结果分析

## 3.1　石粉含量对普通抹灰砂浆、防水砂浆保水性的影响

保水性是新拌砂浆的重要性能指标，是指砂浆混合物保持水分的能力，也指砂浆中各项组成材料不易分离的性质。它的好坏直接决定了新拌砂浆的工作性及施工性能。从表 5 中可以看出，随着石粉含量的增加，普通抹灰砂浆、防水砂浆保水性均先增加后降低，且掺量为 12%（A4）和 9%（B3）时，其保水性较好，分别达到 95.6%、93.1%。

## 3.2　石粉含量对普通抹灰砂浆、防水砂浆凝结时间的影响

凝结时间也是砂浆施工性能的一方面，凝结时间的长短影响到新拌砂浆的相应性能，因此，研究石粉含量对普通抹灰砂浆凝结时间的影响是必须的。从表 5 中可以看出，抹灰砂浆、防水砂浆的凝结时间随石粉含量增加逐渐降低，石粉含量增加至 15% 时，抹灰砂浆、防水砂浆的凝结时间相对不含石粉的砂浆分别缩短 1h40min、2h00min。

## 3.3　石粉含量对普通抹灰砂浆、防水砂浆拉伸黏结强度的影响

拉伸黏结强度反应砂浆与基体的黏结性能，它的好坏直接影响到砂浆的质量，特别是黏结力，砂浆黏结力越低，越易出现空鼓、开裂和脱落等现象。从表 5 中可以看出，随着石粉含量的增加，其砂浆拉伸黏结强度先增大后降低，石粉含量为 9% 的拉伸黏结强度最大，抹灰砂浆和防水砂浆拉伸黏结强度分别为 0.23MPa、0.25MPa。

## 3.4　石粉含量对普通抹灰砂浆、防水砂浆立方体抗压强度的影响

砂浆立方体抗压强度的大小直接反应其砂浆的强度等级，即强度越高其等级越高，因而研究人工砂中的石粉含量对其强度的影响是极其重要的。从表 5 中可以看出：无

论是 7d 还是 28d，随着石粉含量的增加，其砂浆抗压强度先增大后降低，且抹灰砂浆、防水砂浆分别在石粉含量为 9％、12％时，抗压强度最大；另外，石粉含量在 6％～15％之间时，其强度变化不大，即石粉掺量在 6％～15％之间时，对其砂浆抗压强度影响不大。

## 3.5　石粉含量对普通防水砂浆抗渗性能的影响

防水砂浆最主要的性能为抗渗性能，从表 5 可以看出其 28d 抗渗压力先增大后降低，石粉含量为 12％时，其 28d 抗渗压力最大，抗渗压力为 0.7MPa。

## 3.6　不同石粉含量的砂浆孔结构分析

根据表 4 配合比，选择 A1、A4、B1、B4 配合比进行试配，拌制砂浆，制作砂浆试件，养护至规定龄期后，从距离砂浆试件表面 5mm 以内的部位取样，进行孔结构分析试验，不同石粉含量的普通抹灰砂浆孔结构分析试验结果见表 6。

表 6　孔结构试验结果

| 试样 | 孔径（nm） | | | | 总孔隙率（％） |
|---|---|---|---|---|---|
| | ＜20 | 20～50 | 50～100 | ＞100 | |
| A1 | 19.66 | 18.79 | 14.81 | 46.74 | 18.18 |
| A4 | 35.39 | 24.69 | 12.85 | 27.06 | 13.93 |
| B1 | 20.36 | 21.29 | 13.62 | 44.71 | 18.74 |
| B4 | 33.39 | 25.69 | 13.85 | 27.06 | 14.36 |

砂浆的性能与其内部结构有直接关系。Mehta 教授认为：孔径 $d<20$nm 为无害孔；$d$ 在 20～50nm 之间为少害孔；$d$ 在 50～100nm 之间为有害孔；$d>100$nm 为多害孔[4]。砂浆硬化体中孔径 $d>100$nm 的孔对砂浆的性能有较大的危害，即砂浆中孔径大于 100nm 的多害孔越多，砂浆的密实性越差，性能越低。

从表 6 可知，无石粉人工砂砂浆的总孔隙率明显高，且无害孔和少害孔较少，而有害孔和多害孔较多；当人工砂砂浆中加入石粉后，人工砂砂浆中无害孔和少害孔数量明显增多，特别是无害孔增加比较明显，多害孔数量明显降低。另外，掺加石粉抹灰砂浆、防水砂浆的孔隙率均出现明显降低，这表明人工砂中掺加适量石粉对提高砂浆密实性、抗渗性有显著作用。

## 3.7　砂浆 SEM 分析

为了探讨石粉含量对砂浆微观结构的影响，对 B1、B4 号配合比进行试配，拌制砂浆，制作砂浆试件，养护至 28d 龄期后，从距离砂浆试件表面 5mm 以内的部位取样，进行 SEM 分析，SEM 如图 1、图 2 所示。

从图 1、图 2 中试样 B1、B4 均可以看到板状 Ca（OH）$_2$晶体，但试样 B1 看不到 C-S-A 纤维和针状钙矾石晶体，而试样 B4 能看到 C-S-A 纤维和针状钙矾石晶体，且试样 B4 比 B1 试样在颗粒分布上均匀且堆积紧密，这是由于石粉起到了很好的分散均化浆体颗粒的作用，有利于砂浆强度的发挥以及水化反应的进一步发展，并使砂浆内部结构更加致密化，这从表 5 中 7d、28d 强度和 28d 抗渗等级的宏观数据上得到印证。

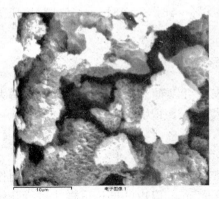 

图 1　试样 B1 SEM 分析　　　　　　　图 2　试样 B4 SEM 分析

## 4　机理分析

人工砂粒径小于 $75\mu m$ 的部分称之为石粉，通过筛分试验，石粉通过 $45\mu m$ 筛筛余为 $20\%\sim24\%$，细度与普通水泥细度相当。人工砂中的石粉是与母岩完全相同的材质，人工砂中适量的石粉存在是有益处的。当有适量石粉存在时，石粉可改变人工砂砂浆的各种性能，其作用机理表现如下：

（1）填充效应。由于石粉颗粒与水泥颗粒粒度相当，因此，石粉会填充于砂浆水泥水化硬化过程中产生的空隙中，使砂浆体密实。从孔结构分析可以看出，当人工砂中掺入石粉后，砂浆的孔结构得到改善，孔隙率减小，孔结构得到改善，其主要原因是石粉发挥了填充效应。

（2）形态效应。由于石粉的存在，使得新拌砂浆的浆体量增加，使砂浆的保水性增强、泌水率减小，减少了自由水在界面上聚集，因而有利于浆-骨料界面的改善。

（3）吸水效应。当人工砂中含有较多的石粉时，由于石粉的需水量大，使得在水灰比和单位用水量相同的情况下，人工砂砂浆的实际水灰比要小于普通砂浆，从而有利于提高砂浆的抗压强度，并使砂浆凝结时间缩短。

（4）晶核效应。石粉在水泥水化过程中起到了晶核效应，当水泥中 $C_3S$ 开始水化时，大量释放出 $Ca^{2+}$，$Ca^{2+}$ 具有比 $[SiO_4]^{4-}$ 离子团高得多的迁移能力，根据吸附理论，首先发生 $CaCO_3$ 微粒表面对 $Ca^{2+}$ 的吸附作用，由于 C-S-H 和 $Ca(OH)_2$ 在 $CaCO_3$ 表面上大量生长，导致 $C_3S$ 颗粒周围 $Ca^{2+}$ 浓度降低，使 $C_3S$ 水化加速[5-8]，从而加速了水泥的水化，并使水化产物增多，避免晶体的集中生长，且早期比后期更为明显。

## 5　结论

（1）当人工砂中掺入一定量石粉时，与无石粉人工砂普通砂浆相比，其砂浆的保水性提高，泌水少，黏聚性增强，凝结时间缩短；抗压强度和拉伸黏结强度提高。

（2）由于石粉的填充效应、形态效应、吸水效应、晶核效应的共同作用，使得掺适量石粉人工砂砂浆的物理力学性能得到改善和提高，砂浆的密实度提高，保水性增强，抗压强度、拉伸黏结强度提高。

（3）石粉对人工砂砂浆的性能有着非常重要的影响，应根据砂浆的不同技术要求合理选择控制人工砂中石粉的含量。

**参考文献**

[1]　侯云芬，蔡光汀，陈家珑，路宏波.人工砂在抹灰砂浆中的应用研究［J］.混凝土，2004（2）：31-33.

[2]　薛秉钧，李松林.人工砂在混凝土和砂浆中的应用研究［J］.中州煤炭，2003（6）：3-4.

[3]　常江，蒋元海，柳刚，胡玉柱，张铂，祁建华，董猛，康勇.人工砂是配制优质混凝土和砂浆的理想材料［J］.混凝土与水泥制品，2005（3）：14-17.

[4]　唐咸燕，肖佳，陈烽，等.矿渣微粉、粉煤灰水泥基材料的性能试验研究［J］.粉煤灰，2006（5）：21-23.

[5]　胡曙光，李悦，等.石灰石混合材改善高铝水泥后期强度的研究［J］.建筑材料学报，1998，1（1）：49-53.

[6]　侯宪钦，高培伟，等.石灰石作水泥混合材的研究［J］.山东建材，1998（1）：16-20.

[7]　胡曙光，李悦，等.石灰石混合材掺量对水泥性能的影响［J］.水泥工程，1996（21）：22-24.

[8]　章春梅.硅酸钙微集料对硅酸三钙水化的影响［J］.硅酸盐学报，1988，16（2）：110-116.

# 不同细度水泥的水化特性及其
# 对砂浆自愈合性能的影响

梁瑞华　张　磊　寇　宵　荣　辉　杨久俊
（天津城建大学材料科学与工程学院　天津）

**摘　要**　研究了不同细度水泥（比表面积分别为 $254m^2/kg$、$278m^2/kg$、$358m^2/kg$、$384m^2/kg$、$407m^2/kg$）的水化热、水化产物和力学性能，以及水泥细度和养护条件对预制裂缝的水泥砂浆强度恢复率和裂缝愈合的影响，分析了水泥砂浆裂缝自愈合机理。研究结果表明：随着水泥比表面积增大，水泥水化放热量峰值越高，相同龄期下的水化程度越高；预制裂缝试块在自然养护、标准养护和水中养护 90d 后的强度恢复率呈现出相似的规律，均随着细度增加而逐渐减小；而细度相同时，随着环境中水分供给量的增加，强度恢复率增大。比表面积为 $254m^2/kg$ 的水泥制成的砂浆试块，预制裂缝的初始最大宽度为 0.070mm，水中养护 90d 后裂缝基本愈合；而比表面积为 $407m^2/kg$ 的水泥制成试块，预制裂缝初始最大宽度为 0.070mm，水中养护 90d 后裂缝愈合率为 57.1%。

**关键词**　水泥；细度；水化特性；砂浆；自愈合

## 0　引言

近几十年来，水泥粉磨技术取得了快速发展，从料床粉磨、大幅度节能领域推进到超细粉磨、对物料深加工以激活改性[1]；经改造后粒径 $5 \sim 25 \mu m$ 的微粉量比之前增多了 20%，水泥 3d 和 28d 抗压强度分别提高 2MPa 和 3MPa，混合材料掺量提高了 20%[2]。然后水泥粉磨太细，水泥颗粒与水接触发生水化反应更快更充分，短期水化放热量也会越多，大量热能集聚在混凝土内部，使混凝土内、外部之间形成了温差与温度应力，导致混凝土裂缝产生，对结构承受荷载极其不利[3-5]。早在 1836 年就有学者发现混凝土具有对裂缝自我修复、自我愈合的能力[6]，水泥基材料裂缝自愈合现象归因于未水化水泥颗粒在一定条件下的继续水化，新生成的水化产物在裂缝处沉淀结晶（生成 CH 或 $CaCO_3$）从而堵塞缝隙或使裂缝宽度变小[7-10]，而水泥粉末越细，水化反应后，未水化颗粒储存含量越少，不利于水泥基材料裂缝的自愈合反应。本文主要从水泥细度对其水化规律和砂浆自愈合性能的影响进行研究，分析了不同粒径水泥对水化热、水化产物的影响，以及对水泥砂浆试块强度恢复率和裂缝修复变化的影响。

## 1　试验

### 1.1　原材料

试验所用熟料为天津天瑞水泥厂生产的普通硅酸盐水泥熟料，粉磨时加入的二水石膏来自天津天筑建材有限公司，熟料和石膏的化学组成见表 1；砂采用标准砂和普通河砂，细度模数为 2.9；拌和水为自来水。

表 1　熟料和石膏的化学组成（wt%）

| 名称 | SiO$_2$ | Fe$_2$O$_3$ | Al$_2$O$_3$ | CaO | MgO | K$_2$O | Na$_2$O | SO$_3$ |
|------|------|------|------|------|------|------|------|------|
| 熟料 | 16.6 | 3.4 | 3.7 | 60.5 | 2.2 | 0.7 | 0.2 | 2.7 |
| 石膏 | 12.7 | 0.3 | 1.5 | 33.0 | 0.7 | 0.2 | 0.3 | 43.6 |

## 1.2　试样制备

### 1.2.1　不同细度水泥的制备

水泥熟料掺石膏在一定时间下粉磨过筛，分别得到不同粒径范围内的水泥 C1、C2、C3、C4、C5，各粒度范围水泥颗粒比表面积和水泥的物理性质稠度时间、初凝时间、终凝时间见表 2。

表 2　水泥的物理性质

| 水泥 | 比表面积（m$^2$/kg） | 标准稠度（%） | 初凝时间（min） | 终凝时间（min） |
|------|------|------|------|------|
| C1 | 254 | 25.6 | 260 | 310 |
| C2 | 278 | 25.9 | 227 | 274 |
| C3 | 358 | 24.5 | 210 | 265 |
| C4 | 384 | 24.2 | 160 | 240 |
| C5 | 407 | 25.7 | 112 | 164 |

### 1.2.2　不同细度水泥砂浆试块及其裂缝的制备

用不同细度水泥 C1、C2、C3、C4、C5 以质量比（$m_{水泥}:m_{标准砂}:m_{水}=1:3:0.5$）制备尺寸（40mm×40mm×160mm）的砂浆试块，养护 28d 和 118d 后，测抗压强度；并用 28d 的砂浆试块预制裂缝，然后标记裂缝位置，继续养护 90d 后测定其抗压强度。预制裂缝方法为：制备砂浆试块，养护 28d 后，放于液压机压力台，侧面受压，以试块极限破坏荷载的 90% 反复预压试块三次，至试块表面出现可见裂缝为止。

## 1.3　测试与表征

### 1.3.1　水化热测定

试验用武汉博泰新科技有限责任公司出产的 PTS-12S 型数字式水泥水化热测定仪，对比分析不同细度水泥早期水化放热的差异。

### 1.3.2　强度恢复率

试验用设备为无锡建仪仪器机械有限公司出产的 TYE-2000B 型压力试验机。28d 强度恢复率 $\phi$ 的计算见公式（1）：

$$\psi = \left[ \left( \overline{f}_{90d} - f_{28d} \right) / \left( f_{118d} - f_{28d} \right) \right] \times 100\% \tag{1}$$

式中，$f_{28d}$为试块 28d 抗压强度，$f_{118d}$为试块 118d 抗压强度，$\overline{f}_{90d}$为预制裂缝试块在不同养护条件下继续养护 90d 后抗压强度。（$f_{118d} - f_{28d}$）是试块在 118d 龄期抗压强度与 28d 抗压强度的差值，即随着龄期延长强度的增加值，该值始终为正值。（$\overline{f}_{90d} - f_{28d}$）则为预制裂缝试块修复 90d 后抗压强度与试块 28d 抗压强度的差值，该值反映的是经过修复后试块的强度恢复情况，该值可正可负。$\psi$为正值时说明试块经过养护后砂浆裂缝某种程度上愈合，$\psi$值越大，试块强度恢复情况越好；$\psi=0$，说明试块修复至该龄期时强度可达到原试块 28d 的强度；该值为负时，则说明试块经过修复难以恢复至原试块 28d 强度。

### 1.3.3 裂缝宽度变化

采用日本基恩士生产的 VHX-600E 型超景深三维显微镜测定裂缝宽度，并拍摄裂缝图像。标记过的裂缝前后宽度对比，反映试块裂缝愈合情况；裂缝宽度修复率 $\eta$ 按公式（2）。

$$\eta = \left[ \left( w - w_n \right) / w \right] \times 100\% \tag{2}$$

式中，$\eta$ 为裂缝宽度修复率；$w$ 为预制裂缝后测得宽度；$w_n$ 为养护 $n$ 天后再次测得裂缝宽度。

## 2 试验结果及讨论

### 2.1 不同细度水泥的水化热

图 1a 和图 1b 显示水泥早期水化放热过程大致可分为 5 个时期，加水后十几分钟内，水化放热速率快速上升，为诱导前期；之后水化放热速率迅速下降，持续 2~4h，水泥水化进入诱导期；水泥 C1、C2、C3、C4、C5（比表面积分别为 254m²/kg、278m²/kg、358m²/kg、384m²/kg、407m²/kg）的诱导期时间依次为 3.6h、3h、2.5h、2.3h、1.6h，之后水泥又开始快速水化大量放热，形成一个巨大的放热峰，此为加速期，C1、C2、C3、C4、C5 五种水泥的加速期时间依次为 14h、13h、10.5h、6.5h、5.5h；五种水泥放热温度峰值依次为 30.12℃、31.08℃、32.65℃、34.39℃、36.58℃。达到峰值后水化放热速度开始快速下降，水化进入减速期，持续时间较长，一般为 25~50h；之后水泥水化放热速度基本稳定，为稳定期。

由图 1 水泥水化放热曲线可知，水泥比表面积越大，水化诱导期越短，可归因于水泥颗粒变小与水接触面积增加，相同时间内水化产物量增加，导致水泥颗粒水化产物容易突破诱导期形成的包裹在未水化颗粒表面的钙矾石结晶层[11]。随着水泥比表面积的增加，水化的加速期缩短，同时水化放热量峰值越高且出现时间越早。加速期主要对应于 $C_3S$ 的水化[12]，加速期的缩短也是因为水泥颗粒减小而导致的水化速率加快，同时由于颗粒细化还会增加熟料矿物的晶格缺陷，使矿物的结构不稳定性提高。在图中对应各水泥水化曲线所覆盖的积分面积，随着水泥比表面积增大，放热峰面积增加，水化程度提高。

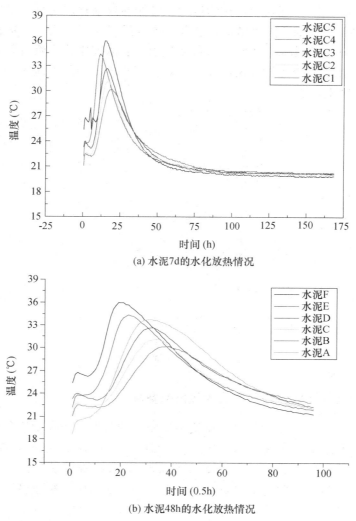

(a) 水泥7d的水化放热情况

(b) 水泥48h的水化放热情况

图1 不同细度水泥不同时间内的水化放热

## 2.2 不同细度水泥砂浆试块抗压强度发展

水泥 C1、C2、C3、C4、C5 砂浆试块抗压强度发展情况如图 2 所示，在 3d 到 118d 期间内，C2～C5 强度发展规律相似，而 C1 的强度发展明显要比其他水泥慢，随着龄期增长至 28d，C1 与其他水泥的强度差值是越来越大的，28d 之后 C1 的强度发展变快、与其他几种水泥的差值减小。

水泥试块早期强度发展情况与比表面积有重要关系，比表面积较大时，早期强度发展较快，后期强度发展缓慢，例如水泥 C5 的 3d 强度就达到 32.4MPa。水泥颗粒较细时，比表面积增大，水化产物生成速率和生成量会增加，但是水泥颗粒级配不合理[13]，且微小颗粒间存在范德华力、静电力，因而水泥初始堆积状态不够密实，孔隙率较大。水化程度不是决定水泥凝结的唯一因素，还受水泥颗粒堆积和水化产物胶凝能力等因素的影响[14]。颗粒细到一定程度时，可能导致水化产物量不足以填充原始堆积孔隙，从而使混凝土的孔隙率增加，混凝土抗压强度反而降低[15]。因此图 2 中水泥 C5 砂浆试块 118d 抗压强度还没有 C2 和 C4 试块高。水泥细化虽然可以提高早期水化速率，有利于水泥浆体结构的快速形成，但对后期浆体结构的发展不利，并由此影响水泥力学性能的发挥。

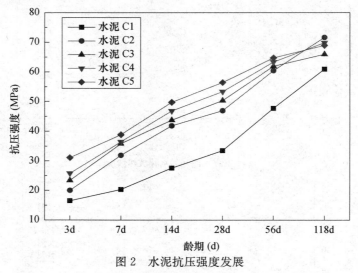

图 2　水泥抗压强度发展

### 2.3　不同养护条件下水泥砂浆试块的强度恢复率

水泥 C1、C2、C3、C4、C5 砂浆试块在不同养护条件下的强度恢复情况从图 3 中看，自然养护条件下，水泥 C1、C2、C3、C4、C5 砂浆试块强度恢复率依次为 68.4％、52.5％、−25％、−122.8％、−143.3％，在标准养护条件下强度恢复率分别为 86.2％、44.7％、13.9％、−50％、−91.4％，在水中养护条件下强度恢复率分别为 100.5％、41.6％、11.2％、−2.5％、−21.5％。

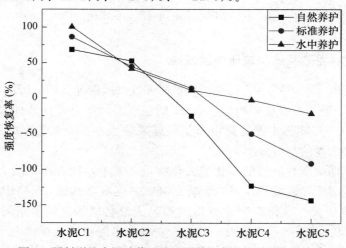

图 3　预制裂缝水泥砂浆试块不同养护条件下的强度恢复率

从在不同养护条件下不同比表面积制备的砂浆试块强度恢复率可知，预制裂缝后的水泥 C1、C2 所制砂浆试块在自然、标准和水中养护 90d 时强度恢复率均超过未预制裂缝前强度即 28d 强度，而 C3 试块只有在标准养护和水中养护的条件下才可以恢复超过未预制裂缝时强度，C4 和 C5 试块在三种养护条件下都无法恢复到 28d 预制裂缝前的强度，说明裂缝产生后，试块内未水化的粗颗粒可以与水接触发生二次水化反应，生成水化产物填充裂缝起到一定修复作用。随着水泥比表面积的增加，试块强度修复率逐渐减小，如 C1 至 C5 由正值 68.4% 变为负值 -143.3%，可见，一定范围内，水泥比表面积越大，砂浆预制裂缝后强度修复能力越低。强度修复率随着养护条件中水分供应量的增加而增加。试块在水中养护条件下强度恢复最好，更有利于未水化颗粒与水接触发生二次水化反应[16]，生成水化产物填充裂缝，使结构更完整。在实验所用的水泥中，比表面积为 254m²/kg 的水泥 C1 制成的砂浆试块强度恢复率最高，说明水泥比表面积越小未水化颗粒储备量越多。

## 2.4　水泥砂浆试块裂缝宽度变化

养护至 28d 的砂浆试块预制裂缝后继续养护 28d、90d，裂缝的前后变化情况，很直观地显示了自愈合的效果好坏，通过观察养护前后裂缝宽度的变化情况可以得出不同比表面积水泥预制裂缝试块的愈合能力大小。图 4a、图 4b、图 4c 选取了预制裂缝后的 C1 试块分别在自然养护、标准养护和水中养护裂缝变化情况，以及预制裂缝后的 C1、C2 和 C5 不同细度水泥砂浆试块水中养护 28d、90d 后裂缝情况如图 4c、图 4d、图 4e 所示。

从预制裂缝的试块在不同条件下继续养护后裂缝变化情况可以看出，水泥细度相同时，在不同养护条件下，裂缝愈合情况也不同，其中，水中养护时裂缝愈合情况较好。同一养护条件下，随着水泥比表面积的增大，裂缝自愈合能力降低。

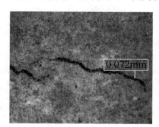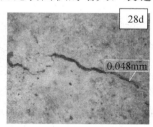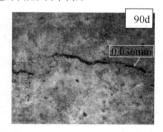

(a) C1 水泥砂浆试块自然养护 28d、90d 裂缝宽度变化情况

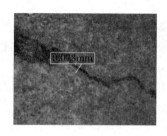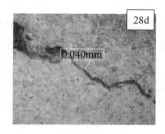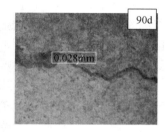

(b) C1 水泥砂浆试块标准养护 28d、90d 裂缝宽度变化情况

图 4　不同细度水泥砂浆试块在不同养护条件下养护 28d、90d 时裂缝变化情况

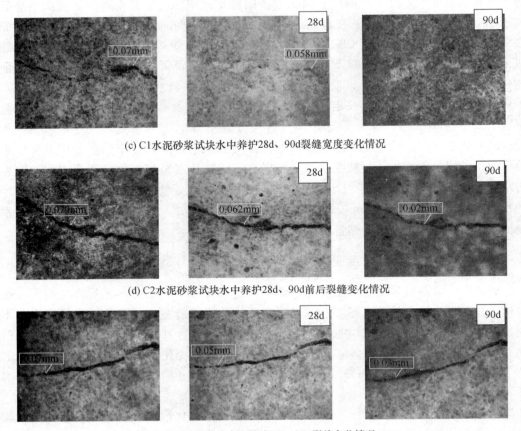

(c) C1水泥砂浆试块水中养护28d、90d裂缝宽度变化情况

(d) C2水泥砂浆试块水中养护28d、90d前后裂缝变化情况

(e) C5水泥砂浆试块水中养护28d、90d裂纹变化情况

图 4　不同细度水泥砂浆试块在不同养护条件下养护 28d、90d 时裂缝变化情况

## 3　结论

（1）不同细度的水泥（C1、C2、C3、C4、C5，比表面积分别为 254m²/kg、278m²/kg、358m²/kg、384m²/kg、407m²/kg）水化放热特性差异较大。随着细度增加，水泥的诱导期依次从 3.6h 缩短至 1.6h，加速期从 14h 缩短至 5.5h，而放热温度峰值从 30.12℃升高至 36.58℃。

（2）预制裂缝试块在自然养护、标准养护和水中养护 90d 后的强度恢复率呈现出相似的规律，均随着细度增加而逐渐减小；而水泥细度相同时，随着环境中水分供给量的增加，强度恢复率增大，水泥砂浆试块预制裂缝后在水中继续养护其自愈合效果最好。

（3）比表面积为 254m²/kg 的水泥砂浆预制裂缝试块，预制裂缝的初始最大宽度为 0.070mm，水中养护 90d 后裂缝基本愈合；而比表面积为 407m²/kg 的水泥砂浆预制裂缝试块，预制裂缝初始最大宽度为 0.070mm，水中养护 90d 后裂缝愈合率为 57.1%。

## 参考文献

〔1〕　田桂萍．国内外水泥粉磨技术进展．〔C〕中国水泥技术年会暨第十七届全国水泥技术交流大会论文集．2015：130.

〔2〕　Chen J C，Wey M Y，Liu Z S. Adsorption mechanism of heavy metals on the sorbents during incineration〔J〕. Journal of Environmental Engineering，2001，127（1）：63.

〔3〕　Mouanga P，Khelidj A. Predicting Ca（OH）$_2$ content and chemical shrinkage of hydrating cement pastes using analytical approach〔J〕. Cement and Concrete Research，2004，34（2）：255.

〔4〕　Feng X，Garboczi E，Bentz D P，et al. Estimation of the degree of hydration of blended cement paste by a scanning electron microscope point 2 counting procedure〔J〕. Cement and Concrete Research，2004，34（10）：1787.

〔5〕　Escalante J I. Nonevaporable water from neat OPC and replacement materials in composite cement hydrated at different temperature〔J〕. Cement and Concrete Research，2003，33（11）：1883.

〔6〕　Hearn N，Morley C T. Self-healing property of concrete-experimental evidence. Mater Struct 1997，30：404-411.

〔7〕　Abrams D A. Test of a 40-foot Reinforced Concrete Highway Bridge〔J〕. Proceedings ASTM，1913，13：884.

〔8〕　刘承超．自修复混凝土的工作机理及试验研〔D〕．福州：福州大学，2004.

〔9〕　Hearn N，Morley C T. Self-healing property of concrete experimental evidence〔J〕. Mater Struct，1997，30：404.

〔10〕　Clear C A. The effects of autogenous healing upon the leakage of water through cracks in concrete〔C〕. Wexham Springs 1985，Technical Report 559，CCA.

〔11〕　李林香，谢永江，冯仲伟，等．水泥水化机理及其研究方法〔J〕．混凝土，2011，6：76.

〔12〕　马振珠，岳汉威，宋晓岚．水泥水化过程的机理、测试及影响因素〔J〕．长沙大学学报，2009，23（2）：43.

〔13〕　范章权．水泥细化提高水化速率对水泥结构的发展及性能的影响〔J〕．福建建材，2013，8：9.

〔14〕　陈晓．自修复用熟料粗粉水化特性及其对水泥强度影响的研究〔D〕．哈尔滨：哈尔滨工业大学，2012.

〔15〕　康宇．硅酸盐类水泥早期水化特性及其关系的探索〔D〕．南宁：广西大学，2006.

〔16〕　范凌燕．超细水泥水化特性及高早强混凝土配制技术研究〔D〕．长沙：中南大学，2008.

# 含钼尾矿砂混合砂级配优化及其
# 对水泥砂浆性能的影响

罗忠涛 刘正辉 张美香 康少杰 刘 垒 王亚洲

（郑州大学材料科学与工程学院 郑州）

**摘 要** 本文研究了钼尾矿砂替代天然砂对干混砂浆物理力学性能的影响，并分析替代后细度模数的变化对干混砂浆的影响。结果表明，砂浆的用水量随钼尾矿砂掺量的增加而增加，强度随掺量的增加呈现先增长后下降的趋势，说明存在最佳掺加比例。其最佳的钼尾矿砂掺加比例为 40％，其细度模数调整为 1.6，相对于不掺钼尾矿砂的砂浆，用水量增加了 3.5％，28d 抗压强度增加了 21.6％，且砂浆性能较优良。

**关键词** 钼尾矿砂；颗粒级配；干混砂浆；力学性能

## 1 引言

随着基础建设的日益发展，建设用砂的量不断增大，以北京为例，每年约需 6000 万吨[1-2]。不少地区经过几十年的大量开采，天然砂资源已接近耗尽。天然砂价格逐年升高，对天然砂的开采甚至盗采愈演愈烈，不但堵塞航道，破坏生态环境，还可能酿成重大安全事故[3-4]。

钼是一种有色金属，因为其具有优异的物理和化学性能而被广泛应用于钢铁、催化剂、润滑剂和颜料等行业。而钼尾矿是在开采、分选矿石之后排放的，且暂时不能被利用的固体或粉状废料，并通过管道输送至尾矿库存放。通常情况下，在开采钼矿山的同时要建设一座可容纳矿山全部生产期间排出钼尾砂的尾矿库，尾矿工程投资较大，还要占用大量农田和林地，难以复田，也破坏了生态平衡[5]。如何充分合理利用钼尾矿是钼矿开采企业亟待解决的难题。目前已有许多方法利用钼尾矿，如回收钼的过程中同时回收其中的铜品位伴生素[6-7]，也可用于配制玻璃、纤维、陶瓷工业和水泥生产等[8-10]。由于钼尾矿在组成、形态、颗粒级配等方面与天然河砂存在明显差异，目前应用较少。如果经过适当分选与加工，钼尾矿有望制成建设用砂，既能解决建设用砂短缺和环境污染问题，又能提高资源利用率。

本文通过选取不同掺量的钼尾矿砂替代天然砂作为砂浆的细骨料，并研究其所组成的级配对新拌砂浆物理力学性能的影响。

## 2 原材料与试验方法

### 2.1 原材料

（1）水泥：中国天瑞集团郑州水泥公司生产的 P·O42.5 级普通硅酸盐水泥。

（2）天然砂：表观密度为 2645kg/m³，堆积密度为 1450kg/m³，细度模数为 2.45。

（3）钼尾矿砂：河南栾川洛钼集团的钼尾矿砂，细度模数为 0.8。

原材料的化学组成见表 1。

表 1　原材料的化学组成（%）

| 成分 | SiO₂ | Al₂O₃ | Fe₂O₃ | TiO₂ | MgO | CaO | Na₂O | K₂O | P₂O₅ | SO₃ | Loss |
|---|---|---|---|---|---|---|---|---|---|---|---|
| 水泥 | 21.61 | 5.59 | 3.01 | 0.36 | 4.01 | 58.23 | 0.27 | 1.24 | 0.08 | 3.01 | 2.31 |
| 钼尾矿砂 | 56.23 | 9.12 | 3.48 | 5.89 | 3.34 | 9.78 | 1.77 | 1.06 | 0.65 | 0.13 | 1.10 |

## 2.2　试验方法

选取干燥至恒重的钼尾矿砂，通过实验研究尾矿砂掺量（从 0%～80%，以 10% 质量分数递增取代天然砂）对新拌砂浆物理力学性能的影响，其稠度控制在（90±10）mm。

## 3　试验结果与分析

### 3.1　钼尾矿砂掺量对颗粒级配的影响

表 2 是不同掺量钼尾矿砂的颗粒级配分布。由图 1 可见，随着钼尾矿砂的加入，混合砂（前后统一）的细度模数越来越小。其中在 10%～30% 的阶段，细度模数减小幅度大。因为钼尾矿砂经过多次的粉磨和分级，细度模数很小。而天然砂经过水洗后，小于 0.3mm 的颗粒含量较少。刚加入少量的钼尾矿砂，会引入大量的小于 0.3mm 颗粒，致使混合砂的细度模数减小幅度较大。再往后加钼尾矿砂，各级配颗粒含量趋于稳定，下降幅度趋缓。

表 2　不同掺量钼尾矿砂的颗粒级配

| 钼尾矿砂掺量（%） | 各粒级颗粒所占比例 | | | | | | | | 细度模数 |
|---|---|---|---|---|---|---|---|---|---|
| | 4.75 | 2.36 | 1.18 | 0.6 | 0.3 | 0.15 | 0.075 | 剩余 | |
| 0 | 0 | 3.6 | 17.0 | 34.2 | 28.0 | 1.2 | 13.4 | 3.0 | 2.45 |
| 10 | 0 | 2.6 | 14.4 | 30.4 | 29.4 | 3.4 | 14.6 | 5.0 | 2.24 |
| 20 | 0 | 2.0 | 10.0 | 23.2 | 29.0 | 4.6 | 23.8 | 7.8 | 1.82 |
| 30 | 0 | 2.4 | 13.0 | 21.8 | 23.0 | 5.2 | 25.0 | 9.6 | 1.80 |
| 40 | 0 | 2.2 | 10.2 | 20.2 | 19.8 | 6.2 | 30.2 | 11.4 | 1.58 |
| 50 | 0 | 1.8 | 9.8 | 16.8 | 17.2 | 10.4 | 32.4 | 11.8 | 1.33 |
| 60 | 0 | 1.2 | 7.0 | 14.2 | 14.8 | 12.0 | 38.2 | 13.0 | 1.18 |
| 70 | 0 | 2.0 | 7.8 | 9.8 | 10.0 | 15.6 | 40.6 | 14.8 | 1.03 |
| 80 | 0 | 1.0 | 6.4 | 7.0 | 8.0 | 18.0 | 44.6 | 15.0 | 0.85 |

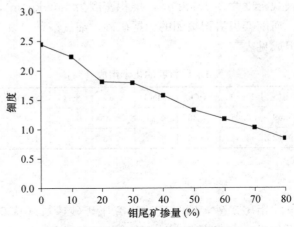

图 1　细度模数随钼尾矿砂掺量变化曲线

### 3.2　钼尾矿砂掺量对砂浆物理力学性能的影响

本节研究钼尾矿砂不同掺量取代天然砂后对砂浆的用水量、稠度等方面的性能影响。表 3 给出了试验砂浆的配合比，并根据《建筑砂浆基本性能试验方法标准》JGJ/T 70—2009 进行试验。

表 3　尾矿砂不同掺量对砂浆性能影响结果

| 编号 | 水泥 (kg/m³) | 天然砂 (kg/m³) | 钼尾矿砂 (kg/m³) | 用水量 (kg/m³) | 稠度 (mm) | 抗压强度（MPa） | |
|---|---|---|---|---|---|---|---|
| | | | | | | 7d | 28d |
| Y0 | 450 | 1350 | 0 | 378 | 88 | 13.57 | 20.67 |
| Y1 | 450 | 1215 | 135 | 380 | 90 | 14.88 | 24.26 |
| Y2 | 450 | 1080 | 270 | 385 | 91 | 14.84 | 24.87 |
| Y3 | 450 | 945 | 405 | 388 | 89 | 14.87 | 24.59 |
| Y4 | 450 | 810 | 540 | 390 | 87 | 16.25 | 25.14 |
| Y5 | 450 | 675 | 675 | 405 | 90 | 15.92 | 22.81 |
| Y6 | 450 | 540 | 810 | 408 | 91 | 14.72 | 20.83 |
| Y7 | 450 | 405 | 945 | 425 | 92 | 14.23 | 18.53 |
| Y8 | 450 | 270 | 1080 | 430 | 91 | 12.97 | 18.45 |

### 3.3　钼尾矿砂掺量对用水量的影响

图 2 是砂浆用水量随钼尾矿砂掺量变化曲线图。由图 2 可见，随着钼尾矿砂掺量的增加，砂浆用水量呈增加趋势，当掺量在 20％～40％取代范围内基本保持稳定增加。在 20％时砂的细度模数为 2.24，还属于中砂的范围，所以用水量增加缓慢。超过 40％时，细度模数已经变成 1.58，已超出了细砂的范围，砂浆需水量急剧增加，并且随着钼尾矿细砂掺量的增加需水量继续增大。

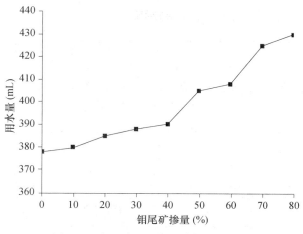

图 2　用水量随钼尾矿砂掺量变化曲线

## 3.4　钼尾矿砂掺量对砂浆抗压强度的影响

图 3 是掺入钼尾矿砂后砂浆 7d 和 28d 抗压强度随钼尾矿砂掺量变化曲线图。由图 3 可见，随着尾矿砂掺量的增加，砂浆的 7d 抗压强度和 28d 抗压强度表现出"升—平稳—降"的趋势。掺量从 0% 到 10% 时强度逐渐升高并高于基准砂浆。因为天然河砂中小于 0.3mm 的颗粒含量较少，新加入的钼尾矿砂会填充到大颗粒缝隙中，使得砂浆体系密实。从 20% 到 40% 掺量时强度基本保持不变，但钼尾矿砂含量超过 4% 后，强度大幅度降低。这是因为由于钼尾矿砂较细，比表面积大，掺入比例越多，需要的水和水泥量越大，在相同水泥用量时就会随掺量增加导致界面黏结能力下降，强度降低。在掺量为 40% 时，掺钼尾矿砂后的细度模数为 1.58，接近细砂的下限，既能保持良好的用水量，强度又最好。钼尾矿砂填充效应较好，砂浆中骨架结构良好、体系密实，钼尾矿砂对结构的增强效应占主要方面，因此能提高砂浆力学性能。

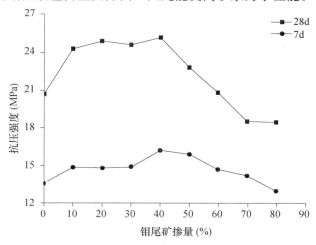

图 3　抗压强度随钼尾矿砂掺量变化曲线

### 3.5 钼尾矿砂掺量对砂浆孔结构分布的影响

表 4、图 4 为掺钼尾矿砂 20％、50％、80％的砂浆的孔径分布情况。3 种钼尾矿砂掺量砂浆试件的分布基本上是一致的,大部分孔径都小于 10nm。随着钼尾矿砂的增加,砂浆中的孔径分布整体增加。每增加 5％的用水量,就增加平均 2.5％的孔隙率,28d 抗压强度平均减小 12.9％。孔隙率越大,强度越小,致密度越小。

表 4  不同掺量钼尾矿砂的砂浆孔结构的分布

| 钼尾矿砂掺量 | 用水量（mL） | 28d 抗压强度（MPa） | 孔隙率（mg/g） | 细度模数 |
| --- | --- | --- | --- | --- |
| 20％ | 385 | 24.87 | 13.51 | 1.82 |
| 50％ | 405 | 22.81 | 15.09 | 1.33 |
| 80％ | 430 | 18.45 | 17.71 | 0.85 |

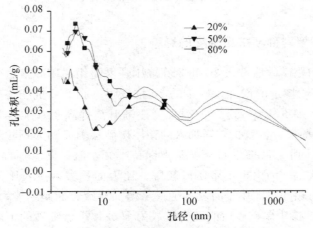

图 4  不同掺量钼尾矿砂的砂浆孔结构的分布

## 4  结论

钼尾矿砂取代天然砂制备干混砂浆后具有较好的物理力学性能,其适宜掺量为 40％左右,调整细度模数到 1.6。当掺量进一步增加时,会带来需水量增大、抗压强度降低等不良影响。掺入钼尾矿砂后的硬化砂浆密实,骨架结构良好,尾矿砂起到了良好的填充效应,提高了体系力学性能。钼尾矿砂代替天然砂生产干混砂浆,不仅可以缓解目前日益突出的天然砂紧缺问题,而且能实现固体废弃物的资源合理利用,在降低生产成本的同时又保护了生态环境。

**参考文献**

[1] 钟欣,陈浩.天然砂低价出口损失大 [J].建材市场,2002（6）.

[2] 韩继先.闽粤两省天然砂石出口现状与行业前景展望 [J].混凝土世界,2011（19）：20-21.

[3] 李庆志.烟台市海砂资源的利用与保护 [J].沿海都市,2007（6）.

［4］　侯晓冬，周震．泰安市河砂资源管理的实践［J］．山东水利，2010（7）：63-64.

［5］　欧洲共同体联合研究中心．尾矿和废石-综合污染预防与控制最佳可行技术［M］．北京：化学工业出社，2009.

［6］　朱传贵，等．钼渣中有价钼的回收［J］．中国钼业，2000（4）：40-41.

［7］　杜新路，等．提高金堆城钼矿选铜回收率的试验研究［J］．中国钼业，2006（2）：20-22.

［8］　潘一舟，周访贤．钼铁矿尾矿在水泥生产中的应用［J］．金属矿山，1992（2）：49-51.

［9］　沈洁，赵跃智，李红霞，等．钼尾矿制备建筑用微晶玻璃的初步研究［J］．玻璃，2010（3）：3-4.

［10］　周文娟，林松．尾矿细砂砂浆试验研究［J］．混凝土，2013（7）：108-110.

# 养护条件对水泥砂浆裂缝自愈合效果研究

李海川[1]　荣　辉[2,3]　杨久俊[2]

（1　内蒙古交通设计研究院有限责任公司　呼和浩特，

2　天津城建大学材料科学与工程学院　天津，

3　华南理工大学，亚热带建筑科学国家重点实验室　广州）

**摘　要**　研究了不同裂缝宽度的水泥砂浆裂缝在自然养护、标准养护和水中养护 3 种养护条件下的自愈合效果，并采用 X 射线衍射、扫描电镜等微观测试技术对其影响效果进行分析。研究结果表明，对于宽度为 0.01mm 的水泥砂浆裂缝，在水中养护 28d 后可愈合 90%，强度增长率最高，可达 9.31%，水化产物最多，而在标准养护和自然养护下，愈合程度分别为 50% 和 0%，强度增长率分别为 5.77% 和 2.17%；对于宽度为 0.02mm 的水泥砂浆，在水中养护 28d 可愈合 20%，而在标准养护和自然养护下，愈合程度分别为 10% 和 0%。

**关键词**　养护条件；水泥砂浆；裂缝；自愈合；微观产物

裂缝作为混凝土结构最为常见的破坏形式，直接影响了混凝土工程的耐久性和使用寿命。宏观破坏性裂缝的出现意味着材料整体失效，会造成严重的人力、物力浪费。寻找裂缝成因并提前采取预防措施是防止不可逆转裂缝出现的一种有效方法[1]，但是比较繁琐麻烦，因此在破坏性裂缝出现以前及时发现可事后修补裂缝的位置[2]，并及时采用合适手段进行修复的方法被广泛采用。当前，混凝土裂缝修复方法很多，主要分为外部修复（电解沉积、渗透结晶、结晶沉淀）和内部自修复[3]两类。其中，自修复方法主要包括向混凝土中加入中空纤维（管）[4-5]、微胶囊[6-7]、膨胀剂[8]、形状记忆合金[9]、微生物[10-11]等材料来实现混凝土的自修复。在上述自修复方法中，利用混凝土自身的组成特点，通过改变混凝土的养护环境，刺激其内部未水化水泥颗粒的继续水化来实现裂缝修复的研究较少，并且在现有的不同修复方法中，明确探讨不同裂缝宽度下自愈合效果的文章并不多。因此，本文研究了不同裂缝宽度下的水泥砂浆裂缝在自然养护、标准养护及水中养护条件下的自愈合效果，并对其影响机理进行分析，以期通过改变水泥基材料所处的养护环境，进而刺激未水化水泥继续水化的潜能，最终确定水泥基材料获得最佳自愈合效果的养护条件，以及在这些养护条件中裂缝实现自修复的阈值。

## 1　试验过程

### 1.1　原材料

水泥为天瑞集团郑州水泥有限公司生产的 P·O42.5 级水泥，其 28d 实测抗折强度为 8.0MPa，抗压强度为 52.9MPa，比表面积为 340m²/kg，初凝时间 197min，终凝时间 253min。水泥的化学组成见表 1。细骨料为普通河砂，其细度模数位为 2.94，满足中砂的级配要求。水为自来水。

表 1 水泥的化学组成（%）

| CaO | SiO₂ | Al₂O₃ | Fe₂O₃ | MgO | SO₃ | Na₂O | K₂O | L. O. I |
|---|---|---|---|---|---|---|---|---|
| 57.94 | 17.49 | 4.47 | 2.90 | 3.21 | 3.60 | 0.19 | 1.19 | 1.31 |

## 1.2　水泥砂浆样品制备

按水泥∶砂∶水＝1∶4∶0.55 的配比制作砂浆样品，具体成型方法及强度检测按《水泥胶砂强度检测方法》GB/T 17671—1999 进行。试件样品尺寸为 100mm×100mm×300mm。

## 1.3　裂缝制作及观测

试件脱模并在标准养护条件下养护 28d 后进行裂缝制作。在砂浆样品上粘贴应变片，当压力机对样品缓慢施压时，通过观察应变值的变化及试件表面的开裂程度，制作 ≤0.02mm 的裂缝，具体步骤如下：

（1）样品表面处理：用酒精棉清洁需要粘贴应变片部位，用环氧树脂及固化剂调和的胶体对擦过酒精的地方进行打底处理，使其表面平整并涂上 A 胶、B 胶。

（2）粘贴应变片：将应变片粘贴在 A 胶、B 胶上，注意防止产生气泡。

（3）连线：通过导线连接应变仪与应变片。过程中注意保护应变片，防止受潮变形。为了防止温度对应变值的影响，需要在应变仪上接一个试样作温度补偿。

（4）裂缝压制：将连接好的砂浆试样垂直放在电液式压力试验机上进行压制。压制过程中注意观察应变仪上数据的变动，及时用裂缝测宽仪观察试样上裂缝的扩展，当裂缝扩展到符合试验要求时，及时卸载，读取此时的应变值以及荷载值。

（5）裂缝观测：通过 40 倍 GTJ-FKY 裂缝测宽仪观测砂浆试样裂缝宽度。将镜头紧靠裂缝，调整探头方向，当裂缝与主机显示器刻度尺垂直，标记并读出裂缝的宽度。

（6）随后将制备的带有不同裂缝宽度的水泥砂浆样品分别放在自然养护、标准养护和水中养护条件下养护 28d，然后再观测其裂缝宽度。

## 1.4　力学性能、微观结构及矿物组成

水泥砂浆在不同养护条件下的力学性能测试按照《建筑砂浆基本性能试验方法标准》JGJ/T 70—2009 进行。同时为了探明裂缝在不同养护条件下的愈合产物化学成分及形貌特征，用砂纸对愈合后的裂缝表面轻微摩擦得到不同养护环境中的水化产物，并采用 X 射线衍射分析仪（XRD）和扫描电子显微镜（SEM）分析裂缝处形成的矿物成分及微观结构。

## 2 结果与讨论

### 2.1 愈合前后尺度对比及阈值的确定

裂缝宽度分别为0.01mm、0.02mm的砂浆试样分别在自然养护、标准养护、水中养护条件下养护28d，其愈合前后的效果如图1、图2所示。

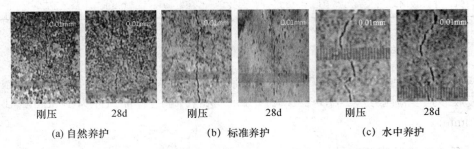

| 刚压 | 28d | 刚压 | 28d | 刚压 | 28d |
| (a) 自然养护 | | (b) 标准养护 | | (c) 水中养护 | |

图1 不同养护条件下0.01mm裂缝愈合前后对比

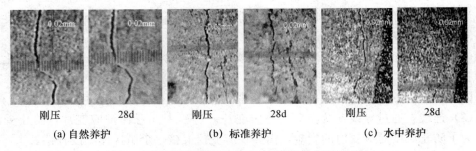

| 刚压 | 28d | 刚压 | 28d | 刚压 | 28d |
| (a) 自然养护 | | (b) 标准养护 | | (c) 水中养护 | |

图2 不同养护条件下0.02mm裂缝愈合前后对比

由图1、图2可以看出，在自然养护环境中，0.01mm与0.02mm的裂缝几乎没有愈合的趋势；在标准养护环境中，由于空气湿度增加，0.01mm与0.02mm的裂缝分别有50%和10%发生愈合；随着湿度继续增加，在水溶液中尽管0.02mm的裂缝愈合效果不太好，仅有20%左右的裂缝发生愈合，但是0.01mm的裂缝已经几乎完全愈合，愈合率达90%以上。

由以上试验可知，裂缝发生愈合的关键条件是水的存在。在水中养护条件下，≤0.01mm的裂缝能够完全愈合。

### 2.2 愈合前后强度与养护条件的关系

愈合后砂浆试样的强度增长率可用公式（1）计算。

$$强度增长率＝（愈合后强度－愈合前强度）/愈合前强度 \tag{1}$$

不同湿度养护条件下预制裂缝（0.01mm）砂浆试样愈合前、愈合后的抗压强度及愈合后砂浆试样的强度增长率见表2。

表 2  裂缝愈合前后抗压强度及愈合后试样的强度增长率

| 养护环境 | 愈合前强度（MPa） | 愈合后强度（MPa） | 强度增长率（%） |
| --- | --- | --- | --- |
| 自然养护 | 32.74 | 33.45 | 2.17 |
| 标准养护 | 32.91 | 34.81 | 5.77 |
| 水中养护 | 32.32 | 35.33 | 9.31 |

由表 2 可知，开裂试样在不同湿度养护环境中养护 28d 后，强度都有所提升，其中自然养护条件下，砂浆试样的强度增长率最低，仅有 2.17%，而水中养护条件下，砂浆试样的强度增长率则达到了 9.31%，是 3 种养护环境中强度增长率最高的一组。可见，随着养护环境湿度的升高，预制裂缝试样的强度增长率也有所升高。这是由于未水化的水泥颗粒能够继续水化的基本条件是水的存在，在自然养护环境和标准养护环境中，虽然空气中存在一定的水分，但是这样的湿度仅仅能够促使裂缝表面少量的未水化水泥颗粒继续水化，这样少量的水化产物不足以填堵裂缝，因此不能实现裂缝的愈合；在水中养护环境下，预制裂缝表面完全与水接触，大量未水化的水泥颗粒在这样优越的条件下得以继续水化，相对于前面的两种养护环境，水中养护环境条件下得到的水化产物更多，这些产物不断地在裂缝处聚集、交叉、堆叠，最终使得 0.01mm 的裂缝实现了愈合，但是这些水化产物的生成量难以将 0.02mm 的裂缝堵塞，因此不能实现愈合。

## 2.3  自愈合产物微观分析

为了弄清不同湿度环境下裂缝处的生成产物，采用 XRD 对愈合 28d 后裂缝表面的生成物进行分析，试验结果如图 3（图中 $2\theta$ 为衍射角）所示。

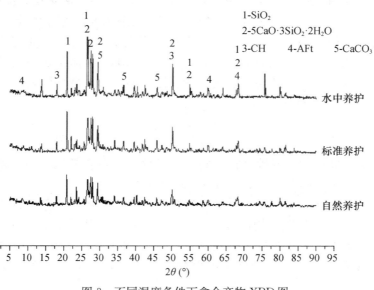

图 3  不同湿度条件下愈合产物 XRD 图

由图 3 可知，在不同湿度的养护环境中，裂缝处的生成产物没有特别大的区别，主要包括以下几种：C-S-H、Ca（OH）$_2$（图 3 中 CH 即为氢氧化钙）、AFt 及 CaCO$_3$

等。其中在水中养护环境中 C-S-H、Ca（OH）$_2$ 的特征峰最为明显，标准养护环境次之，自然养护环境下的衍射峰没有前两者明显。这是由于，养护一定龄期的砂浆试样其内部组成物水化的比例是一样的，经预制裂缝后，暴露出来的未水化部分在合适的条件下将继续水化，而水分的存在是未水化部分继续水化的必要条件。水中养护环境中，充足的水分有力地促使水化反应的进行，因此生成大量的水化产物 C-S-H、Ca（OH）$_2$，同时空气中一部分 $CO_2$ 溶入水中，与裂缝处生成的部分 Ca（OH）$_2$ 反应生成了不溶于水的 $CaCO_3$，有利于裂缝的愈合。

图 4a、图 4b、图 4c 分别为预制裂缝砂浆试样在自然养护、标准养护、水中养护条件下养护 28d 后，裂缝横断面的扫描电镜照片。

(a) 自然养护      (b) 标准养护      (c) 水中养护

图 4    不同湿度条件下裂缝断面 SEM 图

由图 4a 可知，自然养护环境中，由于空气湿度低，不利于未水化水泥颗粒的继续水化，因此水化产物不明显，不利于裂缝愈合；图 4b 在标准养护环境中，当裂缝表面未水化水泥颗粒接触到空气中的水蒸气将发生水化反应，生成少量细长针状钙矾石、团絮状 C-S-H 凝胶及颗粒状 $CaCO_3$，只能将裂缝的某些片段填塞，不能实现完全愈合；图 4c 水中养护环境中，裂缝表面未水化水泥颗粒完全浸没在水中，裂缝断面处形成大量絮状 C-S-H 凝胶和针柱状的钙矾石，且片状 Ca（OH）$_2$ 与溢进水中的 $CO_2$ 反应，生成一定量颗粒状的 $CaCO_3$，这些产物紧贴在裂缝表面，形成薄而致密的一层，有利于 0.01mm 以下的裂缝完全愈合。

## 3　结论

（1）不同裂缝宽度的水泥砂浆在不同养护条件下自愈合效果不同。其中以水中养护效果最佳，其次为标准养护，最后为自然环境养护。

（2）裂缝宽度为 0.01mm 时，水泥砂浆在水中养护 28d 后可愈合 90%，强度增长率最高，可达 9.31%，水化产物最多。而在标准养护和自然养护下，愈合程度分别为50% 和 0%，强度增长率分别为 5.77% 和 2.17%；对于宽度为 0.02mm 的水泥砂浆，在水中养护 28d 可愈合 20%，而在标准养护下和自然环境下，愈合程度分别为 10%和 0。

（3）未水化水泥水化的主要原因是水分的存在。随着湿度提高，未水化水泥水化产生的 C-S-H 凝胶、Ca（OH）$_2$、AFt 及 $CaCO_3$ 等水化产物增多，有助于裂缝实现愈合。

**参考文献**

[1] 岳锐强. 桥梁混凝土裂缝成因分析 [J]. 公路，2010 (5)：183-187.

[2] 王炎炎，李振国，罗兴国. 混凝土裂缝的修复技术简述 [J]. 混凝土，2006 (3)，91-93.

[3] 蒋正武. 国外混凝土裂缝的自修复技术 [J]. 建筑技术，2003, 34 (4)：261-262.

[4] Thao T D P, Johnson T J S, Tong Q S, etc.. Implementation of self-healing in concrete-proof of concept [J]. Civil structure Engineering, 2009, 2 (2): 116-125.

[5] 匡亚川，欧进萍. 内置纤维胶液管钢筋混凝土梁裂缝自愈合行为试验和分析 [J]. 土木工程学报，2005, 38 (4)：53-59.

[6] Boh B, Sumiga B. Microencapsulation technology and its applications in building construction materials [J]. Materials Geoenvironmental, 2008, 55 (3): 329-344.

[7] 欧进萍，匡亚川. 内置胶囊混凝土的裂缝自愈合行为分析和试验 [J]. 固体力学学报，2004, 25 (3)：320-324.

[8] Sisomphona K, Copuroglu O, Koenders E A B. Self-healing of surface cracks in mortars with expansive additive and crystalline additive [J]. Cement and Concrete Composites, 2012 (34): 566-574.

[9] Tawil S E, Rosales J O. Prestressing concrete using shape memory alloy tendons. ACI Structural Journal, 2004, 101 (6): 846-851.

[10] Tittelboom K V, Belie N D, Muynck W D, Verstraete W. Use of bacteria to repair cracks in concrete [J]. Cememt and Concrete Research, 2010 (40): 157-166.

[11] Serguey V Z, Henk M J, Fred J V. Amathematical model for bacterial self-healing of cracks in concrete [J]. Journal of Intelligent Material Systems and Structures, 2012 (3): 1-9.

# 水泥和矿物外加剂对石膏抹面砂浆性能的影响

肖学党[1]　曲　烈[2*]　张学武[2]　张文研[2]　康茹茹[2]

（1　信阳市灵石外加剂有限公司　信阳，2　天津城建大学材料科学与工程学院　天津）

**摘　要**　以石膏为主要原料，加入水泥、矿物外加剂、砂和水，研究了水泥和矿物外加剂对石膏砂浆流动性、强度的影响。结果表明，随着水胶比增加，掺加水泥和粉煤灰的砂浆强度减小。当水胶比为 0.50 时，砂浆强度最大；当水胶比为 0.55 时，砂浆强度最小；当水胶比为 0.50 和 0.55 时，石膏砂浆强度高于标准值。当水胶比为 0.50 和 0.55 时，掺加水泥和矿粉的石膏砂浆强度也高于标准值。复掺矿物外加剂的砂浆最优配比是 70%石膏、10%水泥、10%粉煤灰、10%矿渣。水胶比是 0.5，胶砂比1∶3，其性能可达到稠度 83mm，保水率 94.3%，3d 抗折、抗压强度分别为 2.0 和 5.59MPa，7d 抗折、抗压强度分别为 3.03MPa、9.44MPa。

**关键词**　石膏；抹面砂浆；稠度；保水率；强度

## 1　引言

目前我国石膏利用率仅占 50%，石膏大部分用于室内装饰，有时也用作水泥缓凝剂。由于传统的水泥砂浆性能较差，如出现开裂、鼓包、脱落等现象，石膏砂浆可以改善这一缺点。但之前人们对石膏抹面砂浆的研究存在许多误区，如石膏砂浆的强度、稠度损失和抗水性等问题[1-2]。最近研究人员在石膏砂浆中添加少许水泥和矿物外加剂可提高石膏砂浆的强度、流动性和改善稠度损失[3]。随着石膏流动性差、强度低、稠度损失问题的解决，石膏砂浆将具有良好的发展前景。

高英力等[4]研究发现单掺粉煤灰对石膏砂浆的流动性有明显影响，粉煤灰替代水泥能提高砂浆的流动性。掺加水泥量低于 15% 时，在 28d 内未发现有明显的裂缝。杨新亚等[5]研究发现当石膏∶粉煤灰或者矿渣∶增强材料∶激发剂∶保水剂＝（80～90）∶（5～7）∶（5～13）∶（2～5）∶（0.1～0.3），石膏砂浆的各性能均可以达到标准的要求。

高淑娟等研究了掺加矿渣石膏砂浆的物理力学性能[6]。当掺矿渣 10%、20%、30%、40%、50%时，砂浆中矿渣掺量与用水量成反比关系。在满足砂浆标准前提下，掺 30%矿渣石膏砂浆抗折、抗压强度最高，保水性最佳。黄戡等[7]研究了掺水泥对石膏基砂浆物理力学性能的影响。水泥掺加量越大，其胶结能力越大，掺适量的水泥替代石膏，不仅可以提高石膏砂浆的性能，而且还可节约成本，对其应用有很大的益处。

黄洪财等[8]研究了掺矿物外加剂对石膏基砂浆性能的影响。他认为复掺水泥和粉煤灰的砂浆的 3d 强度并无明显变化，但是 28d 砂浆可以达到最高强度，其次是单掺粉煤灰的。复掺粉煤灰和矿粉的量越大，石膏基砂浆的凝结时间越长，有一定的缓凝作用。但是掺水泥的恰好与其相反。微观分析中发现，由于石膏凝结时间快，导致矿物外加剂存在较少的反应，石膏凝结速度快，阻碍了其他物质的化学反应，因此影响了石膏砂浆的强度。

本文研究了石膏砂浆组成、掺复合水泥和矿物外加剂的石膏抹面砂浆的物理力学性能，即测定了石膏抹面砂浆的稠度、保水率、抗折和抗压强度、耐久性。通过复掺水泥和粉煤灰，复掺水泥和矿粉，复掺水泥、粉煤灰和矿粉，确定了掺复合水泥和矿物外加剂石膏砂浆的最佳配方，研制了满足设计要求的石膏砂浆，即其指标可达到稠度范围为（80±10）mm，保水率≥80%，3d抗压强度≥3.0MPa，7d抗压强度≥7.0MPa。

## 2 材料与方法

### 2.1 原料

试验材料选用天津侯台商售石膏；水泥选用唐山市筑成水泥有限公司生产的P·O42.5等级普通硅酸盐水泥；矿粉选用天津市售高炉磨细矿渣；粉煤灰选用天津北疆发电厂的Ⅱ级粉煤灰；砂子选用过2.36mm方孔筛的河砂；保水增稠剂选用山东方达康工业纤维素有限公司生产的羟丙基甲基纤维素醚（HPMC），掺量0.2%（占石膏含量）；由于石膏凝结速度快，为了减缓凝结及施工方便，选用柠檬酸钠作为缓凝剂，掺量为0.02%（占石膏含量）；减水剂选用聚羧酸高效减水剂，掺量为2%（占胶凝材料的量）。

### 2.2 材料制备与试验方法

将原料按配比称量并混合，倒入水泥胶砂搅拌机中，加入0.02%柠檬酸钠缓凝剂、0.2%的纤维素保水增稠剂、2%的聚羧酸高效减水剂；搅拌均匀后，按照不同水胶比确定加水量。水胶比为0.40～0.65；搅拌时间为180s；将搅拌均匀的石膏砂浆，倒入三联模具中，模具的规格是40mm×40mm×160mm；将三联模放到水泥胶砂振实台振动，振动两次，每次振动时间为60s；然后将试样放入自然环境养护，24h脱模，最后将其放在标准养护室养护；3d、7d后测定其强度。强度测试参照《水泥胶砂强度检验方法（ISO法）》GB/T 17671—1999进行；稠度、保水率和软化系数测定根据《建筑砂浆基本性能试验方法标准》JGJ/T 70—2009进行。

## 3 结果与讨论

### 3.1 水胶比对石膏砂浆性能的影响

从图1a可以看出，当水胶比为0.40时，砂浆的稠度、保水率最低；当水胶比0.40～0.50时，砂浆的稠度和保水率呈现增长趋势；当水胶比0.50～0.55时，砂浆的稠度和保水率增长趋势变缓；当水胶比0.55～0.65时，砂浆的稠度增长趋势又开始加快而保水率开始下降。当$0.40 \leqslant W/B < 0.50$时，砂浆的稠度和保水率低于标准值；当

$W/B>0.55$ 时，砂浆的保水率虽然能满足标准值，但是砂浆稠度高于设计值；水胶比为 0.45～0.55 时，砂浆的稠度、保水率都能满足设计值。

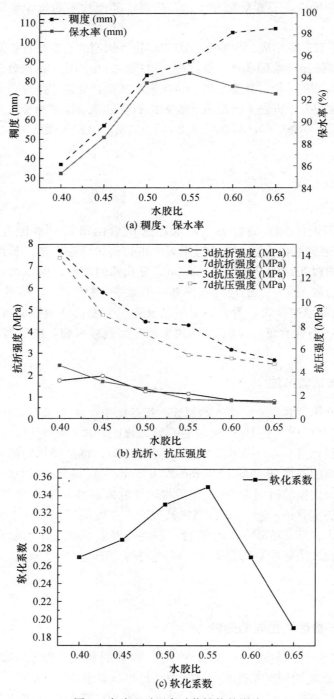

(a) 稠度、保水率

(b) 抗折、抗压强度

(c) 软化系数

图 1  水胶比对石膏砂浆性能的影响

从图 1b 可以看出，当水胶比为 0.40 时，砂浆的 3d、7d 抗压强度达到最大值；当水胶比为 0.40～0.50 时，砂浆的 3d、7d 抗压强度下降最快；当水胶比为 0.50～0.55 时，砂浆的 3d、7d 抗压强度下降变得缓慢；当水胶比大于 0.55 时，砂浆的 3d、7d 抗压强度基本保持不变；另外在水胶比为 0.40～0.45 时，砂浆的 3d 抗折强度增加但 7d 抗折强度减少，但水胶比大于 0.45 时，砂浆 3d、7d 抗折强度均下降。

从图 1c 可以看出，随着水胶比增加，石膏砂浆软化系数先增加后减小。当水胶比为 0.40～0.55 时，其软化系数增加；当水胶比为 0.55～0.65 时，其软化系数逐渐降低。当水胶比为 0.55 时，其软化系数最高，当水胶比为 0.65 时其软化系数最低。

## 3.2　复掺水泥和粉煤灰对石膏砂浆性能的影响

从图 2a 可以看出，当水胶比为 0.50 时，随着水胶比增加，砂浆的稠度和保水率增加，砂浆的稠度为 81mm、保水率为 93.3%；在水胶比为 0.55 时，砂浆稠度为 86mm、保水率为 94.8%。在水胶比 0.50 和 0.55 时，砂浆稠度和保水率均能满足设计值。从图 2b、图 2c 可以看出，随着水胶比增加砂浆强度减小。当水胶比为 0.50 时，砂浆强度最大；当水胶比为 0.55 时，砂浆强度最小；但当水胶比为 0.50 和 0.55 时，砂浆强度高于设计值。

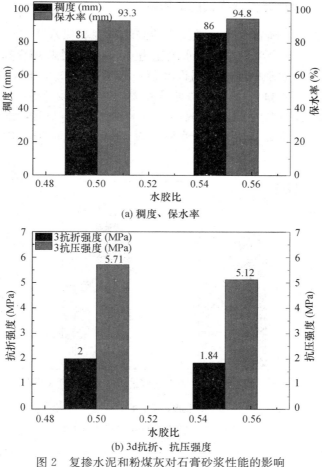

(a) 稠度、保水率

(b) 3d抗折、抗压强度

图 2　复掺水泥和粉煤灰对石膏砂浆性能的影响

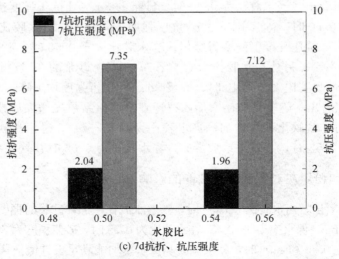

(c) 7d抗折、抗压强度

图 2　复掺水泥和粉煤灰对石膏砂浆性能的影响（续）

### 3.3　复掺水泥和矿渣对石膏砂浆性能的影响

从图 3a 可以看出，随着水胶比增加，砂浆的稠度和保水率将增加。当水胶比为 0.50 时，砂浆稠度和保水率最小，当水胶比为 0.55 时，砂浆稠度和保水率最大，而当水胶比为 0.50 时，砂浆稠度可达到设计值；当水胶比 0.55 时，砂浆稠度大于设计值；当水胶比为 0.50 和 0.55 时，砂浆保水率均能满足设计值。从图 3b 和图 3c 可以看出，随着水胶比增加，砂浆强度减小。当水胶比为 0.50 时，砂浆强度最大；当水胶比为 0.55 时，砂浆强度最小；当水胶比为 0.50 和 0.55 时，砂浆强度都高于设计值。

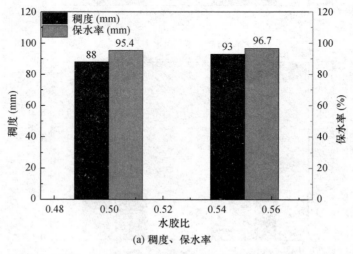

(a) 稠度、保水率

图 3　复掺水泥和矿渣对石膏砂浆性能的影响

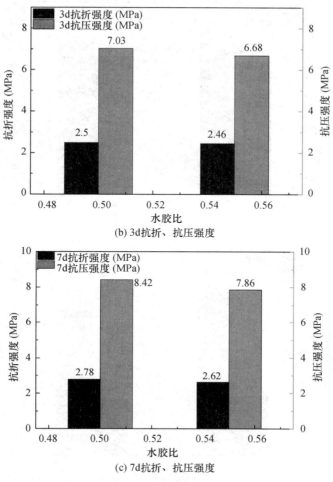

(b) 3d抗折、抗压强度

(c) 7d抗折、抗压强度

图 3 复掺水泥和矿渣对石膏砂浆性能的影响（续）

## 3.4 复掺水泥、粉煤灰和矿渣对石膏砂浆性能的影响

从图 4a 可以看出，随着水胶比增加，砂浆的稠度和保水率增加。当水胶比为 0.50 时，砂浆稠度和保水率最小，但均能满足设计值；在水胶比为 0.55 时，砂浆稠度和保水率最大，且砂浆稠度和保水率也能满足设计值。从图 4b 和图 4c 可以看出，随着水胶比增加，砂浆强度减小。当水胶比为 0.50 时，砂浆强度最大；当水胶比为 0.55 时，砂浆强度最小；当水胶比为 0.50 和 0.55 时，砂浆强度均高于设计值。

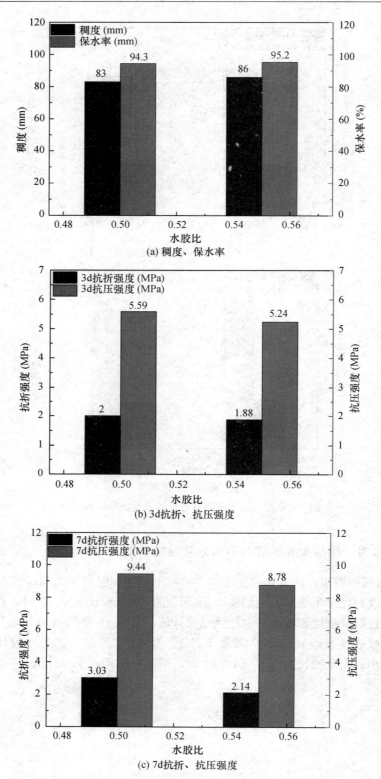

(a) 稠度、保水率

(b) 3d抗折、抗压强度

(c) 7d抗折、抗压强度

图 4    掺水泥、粉煤灰和矿渣对石膏砂浆性能的影响

## 4　结论

（1）随着水胶比增加，掺加水泥和粉煤灰砂浆的强度减小。当水胶比为 0.50 时，砂浆强度最大；当水胶比为 0.55 时，砂浆强度最小；当水胶比为 0.50 和 0.55 时，石膏砂浆强度高于设计值。

（2）随着水胶比增加，掺加水泥和矿渣砂浆的强度减小。当水胶比为 0.50 时，砂浆强度最大；当水胶比为 0.55 时，砂浆强度最小；当水胶比为 0.50 和 0.55 时，石膏砂浆强度高于设计值。

（3）复掺水泥和矿物外加剂砂浆最优配比是：70％石膏、10％水泥、10％粉煤灰、10％矿渣；水胶比是 0.5，胶砂比 1∶3；可达到稠度 83mm，保水率 94.3％，3d 抗折、抗压强度分别为 2.0 和 5.59MPa，7d 抗折、抗压强度分别为 3.03MPa、9.44MPa。

**参考文献**

［1］　黄洪财，马保国，邢伟宏．矿物掺和料对建筑石膏的改性及机理研究［J］．非金属矿，2008（02）：27-30.

［2］　马保国，黄洪财等．不同矿物掺和料对建筑石膏物理性能的影响［J］．新型建筑材料，2007，34（9）：74-76.

［3］　Alvarez-Ayuso E Querol X. Study of the use of coal fly ash as an additive to minimise fluoride leaching from FGD gypsum for its disposal［J］．Chemosphere，2007，71（1）．

［4］　高英力，陈瑜，王迪，等．脱硫石膏-粉煤灰活性掺和料设计及水化特性［J］．四川大学学报（工程科学版），2010（02）：225-231.

［5］　杨新亚，王锦华，李祥飞．硬石膏基粉刷石膏应用研究［J］．非金属矿，2006（02）：18-20.

［6］　高淑娟，胡轩子．矿粉掺量对石膏砂浆性能的影响［J］．四川建材，2014（5）：1-3.

［7］　黄戬，卿淞，谢国柱，等．水泥石膏相似材料的模拟试验［J］．西部探矿工程，2003（12）：127-129.

［8］　黄洪财．矿物掺和料与化学外加剂对建筑石膏的改性研究［D］．武汉：武汉理工大学，2008.

# 石灰石粉对砂浆耐磨性能的影响及作用机理

王雨利[1]　蔡基伟[2]　杨　雷[1]　罗树琼[1]

（1　河南理工大学材料科学与工程学院　焦作，2　河南大学材料与结构研究所　开封）

**摘　要**　采用石灰石粉等质量取代河砂和机制砂，研究了石灰石粉含量对砂浆耐磨性能的影响，并结合显微硬度和 SEM 扫描进行了机理分析。结果表明，随着石灰石粉含量的增大，水泥胶砂耐磨系数先是减小，后又增大；其中河砂的最佳石灰石粉含量为15％；机制砂的最佳石灰石粉含量为 10％。显微硬度测试结果表明，石灰石粉提高了水泥石的硬度，改善了水泥石与骨料的过渡区。SEM 扫描则表明石灰石粉加速了C-S-H凝胶的生成，从而在 7d 时便产生了许多网络状粒子。

**关键词**　石灰石粉；耐磨性；机制砂；河砂

近年来，随着可开采的天然砂资源越来越少，特别是在一些山区高速公路建设中，石多砂少，天然砂资源十分匮乏，应用机制砂替代天然砂作为建筑用砂势在必行。但机制砂与河砂相比，具有显著的特点。机制砂颗粒表面粗糙、多棱角，且机制砂大多级配不良，0.63～0.315mm 级配颗粒偏少，机制砂与天然砂最显著的区别是机制砂中含有大量与母岩物理化学性质相同、粒径小于 0.075mm 的石粉[1]，且石粉含量一般在10％～20％之间[2,3]。为了探讨机制砂应用的可行性，国内外进行了大量的机制砂对混凝土性能影响的研究。

研究表明[4-10]，机制砂可配制出耐久性优异的高强混凝土，适量的石粉对机制砂混凝土的工作性和强度无不利影响，甚至还可以改善混凝土的抗渗和抗冻性能。李北星等研究了机制砂粗糙度、压碎值对混凝土耐磨性的影响[11]，但石粉含量对混凝土耐磨性能的影响还未见报道。随着我国交通基本设施建设的日益发展，水泥路面混凝土将逐年递增，在山区高速公路的建设中，由于当地的天然砂资源十分匮乏，机制砂路面水泥混凝土所占的比例将越来越大。然而，机制砂含有石粉等特点会影响混凝土的路用性能，特别是耐磨性能，关系到路面混凝土的使用寿命和安全性。本文以石灰石粉为研究对象，研究了砂中不同石灰石粉含量时水泥胶砂耐磨性能的变化，并结合显微硬度、SEM 扫描等进行了机理分析。

## 1　原材料及试验方法

### 1.1　原材料

采用华新 P·C32.5 水泥，水泥的各项性能指标见表 1。细骨料为武汉河砂和华生石灰岩机制砂，其主要性能指标见表 2，级配曲线如图 1 所示。

**表1 水泥的主要性能**

| 水泥 | 标准稠度（%） | 凝结时间（h：min） | | 安定性 | 抗折强度（MPa） | | 抗压强度（MPa） | |
|---|---|---|---|---|---|---|---|---|
| | | 初凝 | 终凝 | | 3d | 28d | 3d | 28d |
| P·C32.5 | 26.2 | 2：20 | 3：15 | 合格 | 5.1 | 9.5 | 21.5 | 37.8 |

**表2 细骨料的主要性能指标**

| 编号 | 砂 | 密度（g/cm³） | | | 松散空隙率（%） | 紧密空隙率（%） | 细变模数 | LP含量（%） | 压碎值（%） | 粗糙度（%） |
|---|---|---|---|---|---|---|---|---|---|---|
| | | 表观 | 松散 | 紧密 | | | | | | |
| 1 | RS | 2.63 | 1.50 | 1.62 | 43 | 2.50 | — | — | — | 13.2 |
| 2 | MS | 2.73 | 1.61 | 1.89 | 41.0 | 30.8 | 3.63 | 8.1 | 16 | 18.2 |

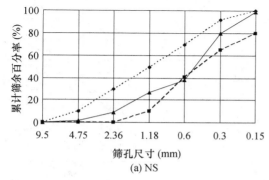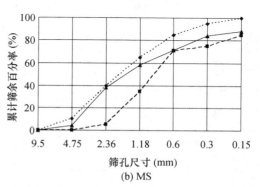

图1 细骨料级配曲线（9.5～0.15mm累计筛余百分率，图中虚线为中砂级配上下限）

## 1.2 试验方法

水泥胶砂耐磨试验采用尺寸为150mm×150mm×30mm的试件，按照《公路工程水泥及水泥混凝土试验规程》（JTG E30—2005）进行。按公式（1）计算每一试件的磨耗量，以单位面积的磨损量来表示，计算精确至0.001kg/m²。

$$G=（m_1-m_2）/0.0125 \tag{1}$$

式中，$G$为单位面积的磨损量（kg/m²）；$m_1$为试件的原始质量（kg）；$m_2$为试件磨损后的质量（kg）；0.0125为试件的磨损面积（m²）。

## 2 试验结果及分析

### 2.1 石灰石粉对水泥胶砂耐磨性能的影响

固定砂灰比为2.5，水灰比为0.44。采用石灰石粉等质量取代砂子，变化砂子的石灰石粉含量，研究武汉河砂和石灰岩机制砂在不同石灰石粉含量时，对水泥胶砂耐磨性能的影响。具体配合比和试验结果见表3，其中表3中的水粉比为水与水泥和石灰石粉质量和的质量比。

从表 3 可以看出，随着石灰石粉取代砂子质量的增加，即石灰石粉含量的增大，河砂砂浆的耐磨系数先是减小，后又增大，在石灰石粉含量为 15% 时，耐磨系数最小，比不掺时减小了 32%，也可以说耐磨能力提高了 32%；石灰石粉含量为 20%，耐磨系数也比不掺时减小了，其减小幅度为 20%；当石灰石粉含量为 30% 时，耐磨系数比不掺时的略大。也就是说，石灰石粉在取代量不超过 20% 时，可提高胶砂的耐磨能力，其最佳石灰石粉含量为 15%。

**表 3　石灰岩石粉对耐磨性能的影响**

| 编号 | 砂 | 水粉比 | LP 含量（%） | 原材料（kg） | | | | AR 比例（kg/m²） |
|---|---|---|---|---|---|---|---|---|
| | | | | 水 | 水泥 | LP | 砂 | |
| 1 | RS | 0.44 | 0 | 4.4 | 10 | 0 | 25 | 3.2 |
| 2 | | 0.40 | 5 | | | 1.3 | 23.7 | 2.88 |
| 3 | | 0.35 | 10 | | | 2.5 | 22.5 | 2.38 |
| 4 | | 0.32 | 15 | | | 3.8 | 21.2 | 2.08 |
| 5 | | 0.29 | 20 | | | 5 | 20 | 2.56 |
| 6 | | 0.25 | 30 | | | 7.5 | 17.5 | 3.29 |
| 7 | Limestone MS | 0.44 | 0 | 4.4 | 10 | 0 | 25 | 2.95 |
| 8 | | 0.40 | 5 | | | 1.3 | 23.7 | 2.77 |
| 9 | | 0.35 | 10 | | | 2.5 | 22.5 | 2.32 |
| 10 | | 0.32 | 15 | | | 3.8 | 21.2 | 3.52 |
| 11 | | 0.29 | 20 | | | 5 | 20 | 3.71 |
| 12 | | 0.25 | 30 | | | 7.5 | 17.5 | 4.67 |

石灰岩机制砂的石灰石粉含量对胶砂耐磨能力与河砂有相似的影响，耐磨系数也是先减小，后增大，在 10% 时耐磨系数最小，比不掺时减小了 21%；但石灰石粉含量增大为 15% 时，耐磨系数迅速变大，比不掺时增大了 19%，耐磨系数值为 3.52kg/m²，大于标准中规定的中轻交通路面与桥面 28d 磨耗最大值 3.0kg/m²，即石灰岩机制砂的石灰石粉含量最佳为 10%，且也不应超过 10%。

## 2.2　机理分析

（1）显微硬度测试

王雨利[12] 等人采用湿堆积密度法测试了水泥与石灰石粉混合后的密实度，得出石灰石粉在 15% 以内可增大二者混合物的密实度，且与石灰石粉对抗压强度和抗渗性能的改善有相似的规律。为了进一步探索石灰石粉对混凝土性能的改善机理，采用上海尚光显微镜有限公司生产的 HXS-1000 型智能显微硬度仪，测试了石灰石粉含量为 3.5%～14% 的 28d 龄期胶砂的显微硬度，其测试图如图 2 所示。固定水灰比为 0.4，砂灰比为 2.5，其测试结果见表 4 和图 3。

从表 4 和图 3 可以看出，过渡区厚度基本上在 10～20μm 之间。水泥石硬度从小到大的顺序分别为石灰石粉含量 3.5%、7%、14% 和 10.5%，也就是说，随着石灰石粉含量的增加，水泥石的硬度先是增大，后又减小，在石灰石粉含量为 10.5％时，水泥石的硬度最大，从而说明石灰石粉提高了水泥石的硬度；过渡区的硬度从小到大的顺序分别为石灰石粉含量 3.5％、7％、10.5％和 14％，即随着石灰石粉含量的增加，过渡区的硬度逐渐增大，说明石灰石粉改善了过渡区。

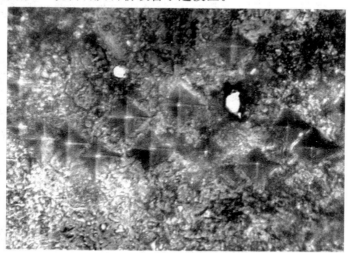

图 2　显微硬度测试压痕图

**表 4　显微硬度测试结果**

| LP 含量（％） | 位置（μm）/强度值（MPa） | | | | | | | | | | | | |
|---|---|---|---|---|---|---|---|---|---|---|---|---|---|
| | 0 | 10 | 20 | 30 | 40 | 50 | 60 | 70 | 80 | 90 | 100 | 110 | 120 |
| 3.5 | 193 | 192 | 424 | 474 | 552 | 534 | 507 | 444 | 504 | 541 | 508 | 434 | 486 |
| 7.0 | 288 | 356 | 377 | 403 | 534 | 582 | 534 | 507 | 498 | 597 | 526 | 577 | 504 |
| 10.5 | 297 | 562 | 610 | 618 | 555 | 593 | 610 | 591 | 618 | 654 | 555 | 747 | 562 |
| 14.0 | 426 | 548 | 593 | 578 | 578 | 594 | 606 | 659 | 659 | 623 | 531 | 466 | 492 |

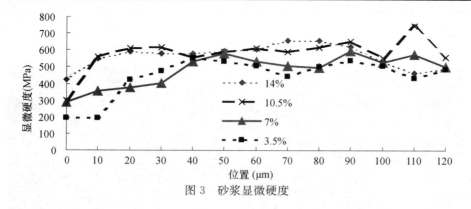

图 3　砂浆显微硬度

（2）SEM 测试

石灰石粉在水泥水化过程中可起到晶核作用，诱导水泥的水化产物析晶，加速水泥水化，石灰石粉还对钙矾石向单硫型转化有阻止作用，从而提高混凝土性能[13～15]。为了进一步探明石灰石粉对水泥水化的影响，石灰石粉分别以 0%、5%、10% 的外掺比例加入到水泥净浆中，观察了 7d、28d 的 SEM 图像，试验配比见表 5，SEM 图像如图 4～图 6 所示。

表 5 试验配合比

| 编号 | 熟料（g） | 石膏（g） | LP（g） | 含量（%） | 水（g） | W/P 比例 |
| --- | --- | --- | --- | --- | --- | --- |
| 1 | 760 | 40 | 0 | 0 | 400 | 0.50 |
| 2 | 760 | 40 | 40 | 5 | 400 | 0.47 |
| 3 | 760 | 40 | 80 | 10 | 400 | 0.45 |

注：W/P ratio 为水粉比，即用水量与水泥和石粉质量和的质量比。

从图 4～图 6 的 7d 的 SEM 图像可以看出，在不掺石灰石粉时，C-S-H 的形貌为纤维状粒子，且颗粒之间有一定的空隙；在石灰石粉掺量为 5% 时，由于石灰石粉的填充作用，颗粒之间接触很紧密，且 C-S-H 的形貌为网络状粒子，不掺时 C-S-H 凝胶的数量明显增多；在石灰石粉掺量为 10% 时，颗粒的空隙有变大的趋势，C-S-H 的形貌又演变为纤维状粒子。28d 的 SEM 图像则表明，随着水泥水化产物的增多，水泥石变得更加密实，C-S-H 的凝胶逐渐演变为网络状粒子；相比不掺石粉而言，掺有石粉的水泥石中 C-S-H 凝胶更多一些。这说明由于石粉的物理填充效应和化学稀释作用，加速了 C-S-H 凝胶的生成，且使水泥石变得更加密实。

(a) 7d

(b) 28d

图 4 未掺石灰石粉的 SEM 图

(a) 7d

(b) 28d

图 5 石灰石粉掺量为 5% 的 SEM 图

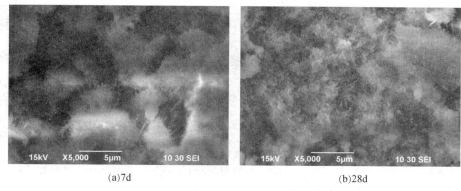

(a)7d　　　　　　　　　　　　　　　　　(b)28d

图 6　石灰石粉掺量为 10％的 SEM 图

## 3　结论

（1）砂中含有一定比例的石灰石粉，对水泥胶砂的耐磨能力有提高作用。其中当细骨料为河砂时，石灰石粉的最佳比例为 15％；石灰岩机制砂的最佳石灰石粉含量为 10％，且不要超过 10％；

（2）显微硬度测试表明，石灰石粉可提高水泥石的显微硬度，改善水泥石与骨料的界面过渡区；SEM 图像表明，石灰石粉加速了 C-S-H 凝胶的生成，且使水泥石变得更加密实。

**参考文献**

［1］　徐健，蔡基伟，王稷良，等．人工砂与人工砂混凝土的研究现状［J］．国外建材科技，2004，25（3）：20-24.

［2］　d. W. Fowler，C. Constantino. International Research on Fines in Concrete. International Center for Aggregates Research，5TH Annual Symposium，C2-4-1，1997.

［3］　王稷良，周明凯，贺图升，等．石粉对机制砂混凝土抗渗透性和抗冻融性能的影响［J］．硅酸盐学报，2008，36（4）：482-486.

［4］　Zhou Mingkai，Cai Jiwei，Wang Jiliang，et al. Research on properties of concrete prepared with artificial sand containing stone powder at high content［J］. Key Engineering Materials，2006（302-303）：263-268.

［5］　李北星，周明凯，田建平，等．石粉和粉煤灰对 C60 机制砂高性能混凝土性能的影响［J］．建筑材料学报，2006，9（4）：381-387.

［6］　Celik T，Marar K. Effects of Crushed Stone Dust on Some Properties of Concrete［J］. Cement and Concrete Research，1996，26（7）：1121-1130.

［7］　Quiroga. P. N，Ahnn，Fowler. D. W. Concrete Mixtures with High Microfines［J］. ACI Materials Journal，2006，103（4）：258-264.

［8］　Katz. A，Baum. H. Effect of High Levels of Fines Content on Concrete Properties［J］. ACI Materials Journal，2006，103（6）：474-482.

［9］　Li Beixing，Wang Jiliang，Zhou Mingkai. Effect of Limestone Fines Content in Manufactured Sand on Durability of Low-and High-strength Concrete［J］. Construction and Building Materials，2009，23（8）：2846-2850.

[10]　王雨利，王稷良，周明凯，等 . 机制砂及石粉含量对混凝土抗冻性能的影响 ［J］. 建筑材料
学报，2008，11（6）：726-731.

[11]　李北星，柯国炬，赵尚传，等 . 机制砂混凝土路用性能的研究 ［J］. 建筑材料学报，2010，
13（4）：529-534.

[12]　王雨利，周明凯，李北星，等 . 石粉对水泥湿堆积密度和混凝土性能的影响 ［J］. 重庆建筑
大学学报，2008，30（6）：151-154.

[13]　Zhou Mingkai, Peng Shaoming, Xu Jian, et al. Effects of Stone Powder on Stone Chipping
Concrete ［J］. Journal of Wuhan University of Technology，1996，11（4）：29-34.

[14]　洪锦祥，蒋林华，黄卫，等 . 人工砂中石粉对混凝土性能影响及其作用机理研究 ［J］. 公路
交通科技，2005，22（11）：84-88.

[15]　张新，谭雪霏，金志杰 . 石粉-粉煤灰复掺改性混凝土的研究 ［J］. 硅酸盐通报，2012，31
（3）：641-644.

# 可分散胶粉对水泥基修补砂浆的改性研究

李要增[1]　罗忠涛[1]　贾炎歌[1]　殷会玲[1]　杨久俊[1,2]

（1　郑州大学材料科学与工程学院　郑州，2　天津城建大学材料科学与工程学院　天津）

**摘　要**　为了进一步改善修补砂浆的性能，用可分散胶粉（乙烯-醋酸乙烯共聚物）对修补砂浆进行了改性研究。结果表明，粉料比从0％增加到2％时，修补砂浆的抗折强度、抗拉黏结强度得以提高，其中，抗折强度增加了10.23％，抗拉强度增加了10.82％（水养）和12.5％（标养），同时，体积稳定性和耐久性也得到了改善；在试验范围内，抗压强度降低了9.7％，而浆体的初始流动度和30min流动度随胶粉添加量的增加呈现先增加后降低的趋势，在粉料比为0.5％时流动效果最好。

**关键词**　可分散胶粉；改性砂浆；流动度；力学性能；干缩性能；耐久性

当前，水泥混凝土材料被大量应用于建筑、交通等工程中，已逐步成为人类社会、文化生活的基础，成为构筑现代文明社会的"基石"[1]。然而，在很多情况下，混凝土工程会因为内部因素或外部环境发生损坏，造成混凝土结构的退化，进而产生灾难性的后果。为了避免因混凝土损坏而带来的结构失效，就需要修补材料对其进行修补处理，而修补效果的好坏，除了与修补材料自身的强度有关外，还与修补材料与基体混凝土的体积稳定性、黏结强度和耐久性等有关。

传统的普通水泥砂浆，因其黏结性能、干缩性以及耐腐蚀性等较差，通常很难满足混凝土修补的要求。因此，本文充分利用可分散胶粉黏结强度高、耐水、耐冻融、耐老化性能，对水泥基修补材料进行改性处理，对改性后水泥基修补材料的流动性能、抗折、抗压强度、黏结强度和体积稳定性等方面进行了研究，以期能够将有机和无机的优点进行整合，研制出具有优良性能的水泥基修补材料。

## 1　试验

### 1.1　原材料

硅酸盐水泥：42.5级，天瑞集团郑州水泥有限公司生产。粉煤灰：开封火电厂产Ⅰ级粉煤灰。硅灰：洛阳济禾硅粉有限公司。二水石膏：北京中德新亚建筑技术有限公司提供。铝酸盐水泥：CA-50-A600，河南豫顺合成炉料有限公司硅酸盐水泥、粉煤灰、硅灰、石膏、铝酸盐水泥化学成分见表1。活性渗透激励组分A、B：A为市售白色晶体，主要成分为NaOH，纯度在99.5％以上；B为自行配制液体，主要成分为$Na_2SiO_3$。石英砂：目数为28～100目。减水剂：聚羧酸高效减水剂，苏州兴邦化学建材有限公司。缓凝剂：葡萄糖酸钠，天津市科密欧化学试剂有限公司。纤维材料：聚丙烯工程纤维，泰安汇鑫工程纤维有限公司。水：实验室自来水。

可分散胶粉：6031E，北京天维宝辰化学产品有限公司，是一种粉状水溶性的可再分散乳胶粉，活性成分主要是乙烯-醋酸乙烯共聚物（EVA），其物理性能见表2。

**表 1  原料化学成分（%）**

| 名称 | $SiO_2$ | $Al_2O_3$ | $Fe_2O_3$ | CaO | MgO | $SO_3$ | $Na_2O$ | $K_2O$ |
|---|---|---|---|---|---|---|---|---|
| 水泥 | 16.44 | 4.27 | 3.06 | 58.37 | 3.15 | 3.43 | 0.14 | 1.04 |
| 二水石膏 | 4.68 | 2.15 | 0.39 | 39.62 | 0.46 | 42.99 | — | — |
| 粉煤灰 | 57.02 | 27.38 | 4.86 | 3.99 | 1.34 | — | — | — |
| 硅灰 | 79.18 | 0.52 | 0.28 | 6.55 | 4.42 | — | — | — |
| 铝酸盐水泥 | 9.27 | 43.07 | 2.32 | 37.13 | 0.57 | — | — | — |

**表 2  可分散胶粉物理性能**

| 外观 | 白色粉末 | pH 值 | 7.0±1.0 |
|---|---|---|---|
| 堆积密度 | （550±50）g/L | 成膜外观 | 不透明 |
| 细度 | 150μm 筛余≤10% | 最低成膜温度 | 0℃ |
| 不挥发物质含量 | ≥95% | 玻璃化温度 | +16℃ |

## 1.2  试验配比

试验中控制灰砂比为 1∶1，水料比为 0.187，可分散胶粉按修补材料总质量的百分比进行掺加，掺加比例分别为 0%、0.5%、1%、1.5%、2%，修补材料其他组分在实验过程中掺加比例固定不变。

## 1.3  试验方法

试验时预先称取粉状物料，干混至均匀，将活性激励组分、减水剂、缓凝剂和纤维等加入称取好的水中，搅拌至均匀，然后按照《水泥胶砂强度检验方法》（GB/T 17671—1999）中规定的程序进行搅拌。流动度试验参照《水泥基灌浆材料应用技术规范》（GB/T 50448—2008）中的附录 A 进行，分别测试修复材料初始流动度和 30min流动度。抗折强度、抗压强度试块采用三联模成型，成型时无需振动，1d 后脱模，在养护箱中养护至规定龄期。黏结强度采用拉拔黏结强度进行，试验前将基体试块浸水处理 1d，试验采用水养和标养两种方式进行，测其 28d 黏结强度，观察养护制度的影响。干缩试验参照《水泥胶砂干缩试验方法》（JC/T 603—2004）进行，所用试块尺寸为 40mm ×40mm ×160mm，试块在标养 1d 后脱模，标养 7d 后将其置于（20±3）℃、相对湿度 50% 左右的环境中养护，分别测试各龄期的长度变化。耐久性试验为盐侵蚀＋冻融循环，试块首先在盐水中浸泡 4h，然后在－20℃下冻 4h，接着再将试块放入盐水中融解并再次接受盐离子侵蚀，以此循环进行耐久性测试。

## 2 试验结果与分析

### 2.1 可分散胶粉对修补材料流动度的影响

可分散胶粉添入前后修补材料流动度的变化如图 1 所示，可以看出，浆体材料中加入可分散胶粉，其初始流动度和 30min 流动度随胶粉加入量的增加呈现先增加后降低的趋势。当粉料比为 0.5％时，胶粉对浆体流动度有促进作用，与粉料比为 0 时相比，初始流动度增加了 3％，30min 流动度增加了 12.3％，30min 流动度保持率由 76.4％增加到了 83.2％。当粉料比进一步增加时，浆体流动度开始减小，且粉料比越大，流动度减小越大。这是因为，掺加适量胶粉的砂浆，在加水搅拌后，均匀分散在砂浆内的胶粉得以再次乳化，胶粉颗粒间具有的"润滑作用"赋予砂浆拌和物具有良好的流动性能[2]，但试验过程中浆体流动性能并不随胶粉加入量的增加而无限增加，而是有一个最佳掺量，本试验中在粉料比为 0.5％时浆体的流动性能最好。

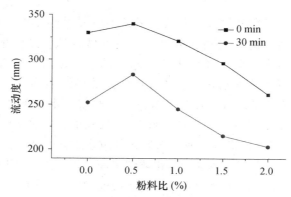

图 1 可分散胶粉用量对改性砂浆流动度的影响

### 2.2 可分散胶粉对修补材料抗折、抗压强度的影响

由图 2 可以看出，在试验范围内，修补材料抗折强度随粉料比的增加逐渐增强，而抗压强度随粉料比的增加逐渐降低。当粉料比由 0％变为 0.5％时，1d、3d 抗折强度增加分别为 2.3％和 2.75％，28d 抗折强度增加不大，但也有所增加；粉料比由 0 变为 2.0％时，其 1d、3d、28d 抗折强度增加 10.08％、8.6％、10.23％。这是因为，随着胶粉用量的增多，乳液的填充作用更加明显，改善了硬化浆体的内部结构，此外，乳液脱水形成的高黏结力的膜，将水泥水化产物进行了更加有效的连接，两者相互交织形成了更为牢固的三维空间网络结构，提高了试样的抗折强度[3]。

胶粉加入后，试样的抗压强度有所降低，以粉料比为 0.5％为例，其 1d、28d 抗压强度分别降低了 1.65％和 1.7％，随粉料比的增加，抗压强度降低更为严重，这是由于乳胶粉中含有的表面活性剂成分具有一定引气作用，在改善砂浆和易性的同时，导致硬化浆体结构不佳[4]，另外，乳液固化后，所成膜的弹性模量较小，在试块整体受压时起不到应有的刚性支撑作用，致使其抗压强度降低[5]。

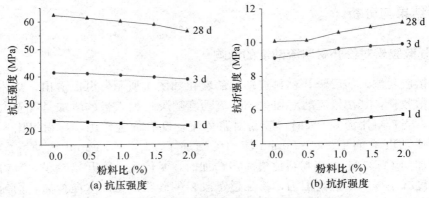

图 2　胶粉用量对改性砂浆抗折、抗压强度的影响

## 2.3　可分散胶粉对修补材料黏结强度的影响

图 3 显示了胶粉用量和养护条件对改性砂浆 28d 黏结强度的影响。从图中可以看出，无论水养还是标养，随着粉料比的增加，改性砂浆的黏结强度逐渐增加，同时，标养条件下改性砂浆的黏结强度总体上不如水养的，这是因为在有水存在的条件下，水泥等胶凝材料能够更有效地水化，增加改性砂浆的黏结强度。同时可以发现，随着粉料比的增加，黏结强度的增加幅度呈逐渐降低的趋势，水养条件下增幅由 4.48％降为 1.37％，标养条件下增幅由 6.25％降为 1.4％。胶粉的加入之所以能够增加砂浆的黏结强度，是因为胶粉在遇水时形成乳液，均匀地分散在水泥浆体中，乳液中的聚合物颗粒会在水泥水化过程中逐步沉积到浆体固相颗粒表面。随着砂浆的凝结硬化，聚合物颗粒会相互融合连接在一起形成聚合物膜，最终形成连续网络结构，并与水泥水化物相互交织，增加了水泥石内部不同粒子之间的接触面积，在砂浆受到拉应力时起到桥架作用，能够有效吸收和传递能量[6]，另外，由于聚合物乳液具有较强的扩散及渗透作用，有利于修补材料进一步渗透到基体试块中，增大两者的接触面，提高两者之间的黏结力[7]，这两个方面在使用过程中共同起作用，从而较大幅度地提高砂浆的黏结强度。

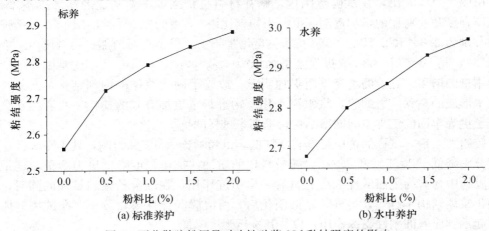

图 3　可分散胶粉用量对改性砂浆 28d 黏结强度的影响

## 2.4　可分散胶粉对修补材料体积稳定性的影响

从图 4 中可以看出，在没加胶粉之前，由于修补砂浆中存在膨胀组分，所以其体积维持在微膨胀的状态，加入胶粉后，体积变化不是很大，呈现出了微量的增幅，这可能是因为胶粉遇水成为乳液，均匀地分散在砂浆中，当水分逐渐减少时，胶粉开始固化，固化的胶粉有一部分填充在砂浆孔隙中，减少了砂浆的孔隙率，增加了其密实度，对砂浆整体的干缩性能进行了改善[8]。

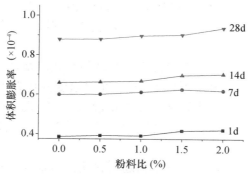

图 4　可分散胶粉用量对改性砂浆体积膨胀率的影响

## 2.5　可分散胶粉对修补材料耐久性的影响

按标准制作试块，养护至 28d，分为 A、B 两组，A 组进行盐侵蚀＋冻融循环试验，侵蚀溶液采用质量分数为 5% 的 $Na_2SO_4$ 溶液，B 组放入清水中，作为对照组。观察 40 个循环后改性修补材料的抗折耐蚀系数 $K_折$、抗压耐蚀系数 $K_压$ 和黏结耐蚀系数 $K_粘$，其中，$K = \dfrac{改性砂浆强度}{对照组强度}$，试验结果如图 5 所示。

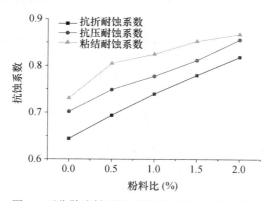

图 5　可分散胶粉用量对改性砂浆耐久性的影响

由图 5 可知，在"硫酸盐侵蚀＋冻融"循环的苛刻环境下，胶粉的添加可以有效改善改性砂浆的力学性能保持率，随着粉料比的增加，$K_折$、$K_压$ 和 $K_粘$ 均呈现增加的趋势，也就是说，加入胶粉可以有效改善改性砂浆的耐久性。这是因为，一方面胶粉具有一定的减水作用，加入后可以增加硬化浆体的密实度；另一方面，胶粉乳液在水泥水化过程中会逐步沉积到浆体固相颗粒表面，并最终与水泥水化产物交织在一起，构成三维的空间网络结构，减少外界离子对水泥水化产物的侵蚀，从而提升改性砂浆的耐久性能。

## 3　结论

（1）在水泥基修补砂浆中掺加可分散胶粉，修补砂浆的流动性能与胶粉的掺加量有关，粉料比为 0.5％时，浆体的初始流动度增加了 3％，30min 流动度增加了 12.3％，30min 流动度保持率提升了 6.8％，随着粉料比的增加，浆体的流动性能降低。

（2）在试验范围内，改性砂浆的抗折强度随粉料比的增加逐渐变大，而抗压强度随胶粉的加入逐渐降低，在粉料比为 2％时，变化幅度分别为 10.23％和 9.7％，抗拉黏结强度在水养和标养条件下都随胶粉的增加而增加，增幅分别为 10.82％（水养）和 12.5％（标养），同时，可分散胶粉的加入还可在一定程度上改善浆体的收缩性能，不过影响不是很大。

（3）改性砂浆的耐久性在试验范围内随粉料比的增加而变得更好，盐侵蚀＋冻融循环后强度保持率更好，说明可分散胶粉的加入改善了改性砂浆的耐久性，并且随胶粉添加量的增加改善效果更明显。

**参考文献**

[1]　袁群．老化病害混凝土结构质量评估及黏结加固中的基础问题研究［D］．大连：大连理工大学，2000.

[2]　王晓峰，张量．采用粉末聚合物改性的混凝土修补砂浆［J］．新型建筑材料，2007（3）：70-73.

[3]　唐修生，庄英豪，黄国泓，等．改性聚丙烯酸酯共聚乳液砂浆防水性能试验研究［J］．新型建筑材料，2005（9）：44-46.

[4]　钟世云，袁华．聚合物在水泥混凝土中的应用［M］．北京：化学工业出版社，2003.

[5]　叶剑锋．可分散聚合物粉末在干混砂浆中的应用［J］．福建建材，2008（4）：38-39.

[6]　姜晓妮，孙长永，高桂波．乙烯-醋酸乙烯酯乳胶粉对砂浆力学性能的影响［J］．河南建材，2009（02）：83-85.

[7]　农金龙，易伟健，黄政宇，等．聚合物乳液砂浆的黏结养护特性及其黏结性能［J］．湖南大学学报：自然科学版，2009，36（7）：6-11.

[8]　徐方，周明凯．水工聚合物改性水泥砂浆性能试验研究［J］．人民长江，2009，40（7）：14-16.

# 薄抹灰外墙外保温抹面胶浆柔韧性的研究

郭　磊[1]　马　彪[1]　李小棣[1]　曲　烈[2]

（1　天津建科建筑节能环境检测有限公司　天津，

2　天津城建大学材料科学与工程学院　天津）

**摘　要**　本文以薄抹灰外墙外保温系统常用抹面胶浆为研究对象，通过检测其抗拉伸和抗折弯性能，探讨不同厚度的抹面层的柔韧性，为进一步研究抹面层与保温系统适应性奠定研究基础。通过试验研究表明，抹面层的厚度对抹面层的柔韧性有非常重要的影响，抹面层厚度增加（3～6mm 范围内），其柔韧性逐渐增强。网格布对抹面层柔韧性的增强起到非常重要的作用，配置双层网格布对抹面层柔韧性的提升作用明显。

**关键词**　抹面胶浆；抗拉伸性能；抗折弯性能

## 1　引言

在外墙外保温系统中，抹面层位于保温层与饰面层中间，对于保温材料，抹面层起到保护保温层的作用，同时抵消保温材料产生的应力，对于饰面层，抹面层起到提供平整基层和保证涂层与系统有效连接的作用，所以抹面层在外墙外保温系统中起到非常重要的作用。抹面层的性能对薄抹灰外墙外保温工程质量的影响极大，是影响外保温工程开裂等质量问题的主要影响因素之一，特别是其柔韧性质，直接影响薄抹灰外墙外保温工程的质量[1]，故本文以薄抹灰外墙外保温系统中抹面层为研究对象，主要研究其柔韧性，旨在通过研究，为薄抹灰外墙外保温工程质量的控制和提高提供一定的支撑。

抹面层主要由抹面胶浆和耐碱玻纤网布组成，其柔韧性的影响因素主要与抹面胶浆和耐碱网格布的性能有关，抹面胶浆的柔韧性与其聚合物胶粉掺量、纤维品种和掺量、养护制度等有关[2]。关于材料的组成和工艺对材料性能的影响研究已经非常深入，本文不作为研究重点。作为薄抹灰外墙外保温系统的重要组成部分，抹面层的柔韧性能，在材料充分满足性能要求的基础上，宏观上只有抹面层的厚度和配置直接影响其柔韧性，目前相关薄抹灰外墙外保温系统标准中，抹面层厚度要求较为宽泛（3mm 以上或 3～6mm），但在实际外保温系统中，不同厚度的抹面层性能有所区别。同时标准中二层及以上配置多为单层网格布，首层系统多配置两层网格布，但网格布配置对抹面层的影响目前尚无详细研究。故本研究将抹面层厚度和网格布配置作为控制因素，研究抹面层厚度和网格布配置对抹面层柔韧性的影响。

对于抹面层的柔韧性，根据抹面层在系统中的位置和作用，首先应具备抵抗保温材料因横向变形产生的拉伸应力和保温材料垂直板面、扭曲、收缩所产生的折弯应力的能力[3]。对于抹面层的柔韧性，有相关标准给出抹面胶浆柔韧性的检测方法，通过压折比表征，如《模塑聚苯板薄抹灰外墙外保温系统材料》（GB/T 29906—2013）等，目前尚无相关标准对抹面层的柔韧性检测给出检测方法，有研究[4]提出采用"弯曲法"来检测抹面层的柔韧性，即将在固定尺寸厚度的 EPS 板上制作 3mm 抹面层并复合网格布，养护成型后将试件（带保温板）下部中间垫不同直径的圆管，以试件砂浆开裂时的圆管直径表征其折弯能力。这种检测方法有一定的科学性，但检测过程影响因素较多，且精密性不足，但实验原理值得借鉴，通过研究，与之原理相类似的《挤塑聚苯板薄抹灰外墙外保温系统用砂浆》（JC/T 2084—2011）中砂浆横向变形的方法，可以借鉴用于检测抹面层的抗折弯能力。同时其柔韧性的另一个重要指标抗拉伸性能，可以参考《挤塑聚苯板（XPS）薄抹灰外墙外保温系统材料》（GB/T 30595—2014）中对非水泥基抹面胶浆开裂应变的检测方法进行检测。

本文以抹面层为主要研究对象，通过控制抹面层厚度和网格布配置，应用研究所得的抗弯折性和抗拉伸性检测方法，研究不同抹面层的柔韧性。

## 2 试验材料与方法

本文参考《挤塑聚苯板薄抹灰外墙外保温系统用砂浆》（JC/T 2084—2011）中砂浆横向变形的方法来检测抹面层的抗折弯能力。试件尺寸为 280mm×45mm，数量为三个，试件于模具中制作，依据试验控制因素制作不同厚度的试件，养护 3d 后脱模备养护至 28d 备用，按图 1 进行折弯性试验。将用于折弯试验的试件水平放置在设备支架上，用直径为 97mm 的半圆压头在试件中央以 2mm/min 的速度加载，直至试件下表面出现裂纹，记录裂纹出现时的位移和力值。以三个试样的平均值为为试验结果。

参考《挤塑聚苯板（XPS）薄抹灰外墙外保温系统材料》（GB/T 30595—2014）中对非水泥基抹面胶浆开裂应变的检测方法进行检测。尺寸为 300mm×50mm，数量为三个。试件于模具中制作，依据试验控制因素制作不同厚度的试件，养护 3d 后脱模备养护至 28d 备用。试件如图 2 中的方式安装于万能试验机上，试样标距 200mm，加载速度 0.5mm/min，记录抹面层的第一道裂纹时的开裂应变和断裂应力。

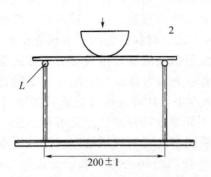

图 1 抹面层抗折弯性试验法示意图

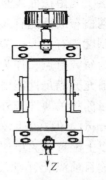

图 2 抹面层抗拉伸性能试验

# 3　试验结果与讨论

依据所设定的检测方法，检测不同厚度的抹面层的柔韧性。试验数据见表1。

**表1　抹面层的柔韧性**

| 抹面层厚度 | 3mm | | 4mm | | 5mm | | 6mm | | |
|---|---|---|---|---|---|---|---|---|---|
| | 无网 | 单网 | 无网 | 单网 | 无网 | 单网 | 无网 | 单网 | 双网 |
| 拉伸应力（N） | 42.43 | 137.17 | 122.48 | 229.26 | 147.66 | 267.11 | 212.01 | 323.61 | 508.82 |
| 拉伸应变(mm) | 0.18 | 0.38 | 0.26 | 0.39 | 0.48 | 0.58 | 0.50 | 0.63 | 0.85 |
| 折弯应力（N） | — | 1.33 | — | 2.67 | — | 8.48 | — | 11.71 | 13.38 |
| 折弯应变(mm) | — | 1.54 | — | 1.63 | — | 1.65 | — | 1.70 | 1.91 |

图3表征了不同厚度的未复合耐碱网格布抹面层在拉伸作用下的应力-应变曲线，由于抹面层未复合耐碱网格布，所以抹面层的应力-应变曲线趋于线性，而且斜率较为相近。通过对图中数据进行线性拟合，其斜率为其模量，根据模拟数据，3～6mm 的模量分别为 282N/mm、299N/mm、303N/mm、305N/mm，模量较为相近，平均值为297N/mm。因为试件为同一批次材料所致，数据的整体趋势验证了系列试验的可信性。对于不同厚度抹面层，由于未复合网布，抹面层的断裂呈现脆性断裂，但由于抹面内部含有一定量的纤维，所以在抹面层断裂后，出现随位移增加应力值不断下降的过程，同时也证明抹面层中的纤维在抵抗系统内横向应力发挥着重要作用。随着抹面层厚度的不断增加，抹面层断裂时的应力-应变逐渐加大，抵抗拉应力破坏的能力逐渐增强。

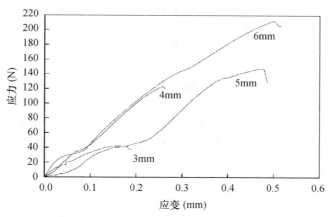

图3　未复合网格布抹面层应力-应变曲线

图4显示了加入不同厚度抹面复合耐碱网格布后的抹面层在拉伸作用下的应力-应变情况。总体上，复合网布的抹面层的应力-应变曲线仍成线性，4～6mm 的抹面线性较为一致，3mm 复合网布抹面层斜率相对较低，通过对图中数据进行线性拟合，根据模拟数据，3mm 模量为 284N/mm，4～6mm 的抹面的模量的平均值为 382N/mm，与未复合网布的抹面层相比，网格布的加入对 3mm 厚度的抹面模量没有明显影响，对4～6mm的抹面层模量提升明显。

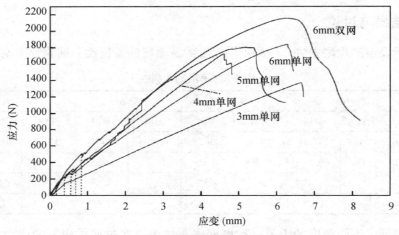

图 4　复合网格布抹面层应力-应变曲线

通过研究还发现抹面的厚度增加，对防止由于横向拉伸作用所产生的开裂有积极作用，图 4 中，竖向虚线与应力-应变曲线所交接的地方为试样第一道裂纹产生区域，若试件中不存在网格布，该区域应为试件断裂点，由于网格布的加入，试件可以继续承受载荷，但试样已经破坏开裂，为方便对比研究，将不同厚度抹面层（6mm 双网未列入）的拉伸开裂力和开裂应变分别进行作图比较，如图 5、图 6，无论有无网格布的复合，抹面层的开裂应力和应变随着抹面层厚度的增加而增加，即抵抗开裂的能力随抹面层厚度的增加而增强。

网格布对抹面层抗裂作用的提高影响显著，抗裂应力方面，单层网格布的加入对 3mm 抹面层的提升最为明显，提升 223.3％，对 6mm 抹面层的提升最小，提升 52.6％，但 6mm 抹面层若复合双网，抗裂应力提升 140.0％。抗裂应变方面，单层网格布的加入对 3mm 抹面层的提升最为明显，提升 111.1％，对 5mm、6mm 抹面层的提升作用相似，提升在 20％以上，6mm 抹面层若复合双网，抗裂应变提升 70％。主要因为 6mm 无网抹面层的抗裂应力-应变本身就较大，而 3mm 无网抹面层抗裂性能相对较小，且网格布加入后所带来的提升作用比较固定，造成了对 3mm 抹面层抗裂性能提升较大，对 6mm 抹面层抗裂性能提升较小。同时，由于双层网格布的叠加增强作用，使得 6mm 抹面层抗裂性能提升明显。

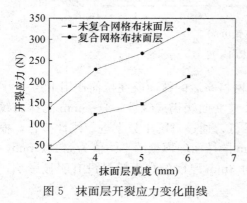

图 5　抹面层开裂应力变化曲线

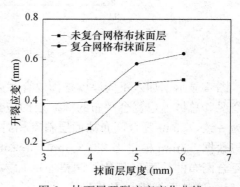

图 6　抹面层开裂应变变化曲线

以上讨论的是抹面层在系统横向应力作用下，不同厚度抹面层所具有的抵抗开裂的能力，但若出现垂直于抹面层表面的应力，如材料变形等原因产生的折弯，这种作用与拉伸作用有较大的区别，若抹面层不具备足够的强度，也会被折断开裂，所以抹面层的抵抗折弯的能力需要仔细研究。在目前的相关标准中，表征抹面胶浆的折弯性用压折比进行表征，并将压折比≤3.0作为合格评定标准，但此项指标不能充分表征抹面层，特别是复合网格布的抹面层所具备的抗折弯能力，所以对抹面层折弯性的研究很有必要，由于无网抹面层的折弯性极小，故本研究未将其引入研究。

图7显示了不同厚度的抹面层在折弯作用下应力-应变变化情况。抹面层在折弯应力作用不断增强过程中，逐渐弯曲，应变逐渐增加，初期为线性，进而随着变形逐渐增加，应力增加放缓，应力-应变曲线变为弯曲，而后随着应变增大（弯曲程度增大），应力趋于平衡，直至抹面层出现裂纹（图7中虚线部位），应变不断增加，应力开始下降，当裂纹在上、下表面贯通后，由于网格布的作用，应力随应变的增加进而逐渐增加或趋于平衡，但此阶段已没有研究价值，值得注意的是，6mm双网抹面层在出现裂纹后，在裂纹逐渐扩展的过程中，应力随应变增加保持相对恒定，可见双层网布对提高抹面层的抗裂作用有着非常积极的影响。

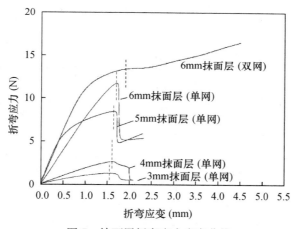

图7　抹面层折弯应力应变曲线

同时，通过图7中不同厚度抹面层折弯应力-应变曲线的比较，3mm抹面层与4mm抹面层的曲线较为相近，5mm抹面层与6mm抹面层（单网）的曲线较为相近。总体上，随着抹面层厚度的增加，在折弯作用下的开裂应力和应变逐渐增强，抗折弯能力逐渐增强，特别是抹面层由4mm增加到5mm，折弯开裂应力提升超过3倍，增强作用明显，折弯开裂应变虽有提升，但增加并不显著。较6mm单网抹面层，6mm双网抹面层折弯开裂应力和应变提升相对较高，进一步说明了双层网格布对抹面层整体的抗折弯开裂提高作用明显。

## 4　结论

抹面胶浆的柔韧性指标可用抗拉伸性能和抗折弯性能进行有效表征。综合以上研究，抹面层的厚度对抹面层的柔韧性有非常重要的影响，抹面层厚度增加（3～6mm 范围内），其柔韧性逐渐增强，抗裂能力逐渐增强。网格布对抹面层柔韧性的增强起到非常重要的作用，配置双层网格布对抹面层柔韧性的提升作用明显。

以上结论并不意味着抹面层厚度增加会有益于外保温系统整体的抗裂性，在掌握抹面层柔韧性的基础上，还应掌握其他系统组成材料的性能，要同时考虑抹面层自重和经济等因素影响，从而合理考量，选择适于系统抹面层厚度和配置，并在施工过程中准确控制。

**参考文献**

[1] 杨秀艳. EPS 薄抹灰外墙外保温系统的开裂成因与对策研究 [D]. 山东建筑大学，2011.

[2] 陈明凤，张彭成，等. EPS 保温砂浆性能的影响因素分析 [J]. 新型建筑材料，2001.7.

[3] 李冰，张碧茹. 抹面胶浆的柔韧性与外墙外保温体系的开裂 [J]. 墙材革新与建筑节能，2002.05.

[4] 徐振伟. 外墙外保温抹面砂浆柔韧性影响因素 [A]. 2012 第五届中国国际建筑干混砂浆生产应用技术研讨会 [C]. 2012.03.06.

# 不同厚度和配置对抹面砂浆干缩性能的影响

马　彪[1]　郭　磊[1]　李小棣[1]　曲　烈[2]
(1　天津建科建筑节能环境检测有限公司　天津，
2　天津城建大学材料科学与工程学院　天津)

**摘　要**　本文对抹面砂浆所形成的不同厚度和配置的抹面层的干缩性能进行了研究，研究发现抹面层随养护天数的增加，干缩值逐渐增加，在养护 7d 之前干缩较大，7d 后趋于平稳，网格布的加入对抹面层抵抗干缩起到非常重要的作用，在不同的养护龄期，抹面层厚度越厚，干缩越明显，双层网布抹面层加入可有效抑制干缩。

**关键词**　抹面胶浆；抹面层；干缩性能

　　抹面胶浆，又称抗裂砂浆或抹面砂浆，由水泥基胶凝材料、高分子聚合物以及填料和添加剂等组成，具有一定形变能力和较好黏结性能，与耐碱玻纤网格布共同组成抹面层的聚合物砂浆[1]。在薄抹灰外墙外保温系统中，抹面胶浆的主要作用是与耐碱网格布共同组成抹面层，保护保温板并起防裂、防火、防水和抗冲击等作用。

　　随着薄抹灰外墙外保温系统的广泛使用，抹面层开裂、空鼓、脱落等质量问题广泛发生，其中抹面层的干缩性能是影响外墙外保温工程质量的重要因素，许多研究[2][3]认为，外墙外保温的龟裂多为抹面层干缩引起，在外墙外保温系统中，抹面施工完成后，抹面逐渐干燥收缩，若部分保温材料受热膨胀，抹面会受到较大的应力，造成不同程度的龟裂，有些龟裂裂纹尺寸较小不宜察觉，涂料施工后，在干湿循环、冻融循环的作用下，裂纹不断扩展，最终造成涂料层的大面积龟裂。故需要对抹面层的干缩性能进行研究。

　　抹面的干缩性除与材料组成有关[4]外，还与抹面层的厚度有关，目前抹面层组成对干缩性的影响研究已经非常广泛，通过控制抹面中的水泥、砂、纤维、聚合物等组成，即可控制抹面层的干缩性，且目前抹面的组成逐渐趋于近似，抹面自身的干缩性也较为一致，但厚度对抹面层的干缩性影响却没有详实准确的研究，多以经验来判定。

## 1　试验与结果

　　根据多人的研究，本文对不同厚度的抹面层的干缩性能进行研究，试验数据见表 1。由图 1 可知，不同厚度抹面层随养护天数的增加，干缩值逐渐增加，在养护 7d 之前干缩较大，7d 后干缩趋于平稳，网格布的加入对抹面层抵抗干缩起到非常重要的作用，对于同一龄期同一厚度的抹面层，网格布的加入使得试样干缩值降低 3～6 倍，网格布穿插于抹面层中，对抹面层养护过程中的干缩起到较强的抵抗作用。对于不同厚度的抹面层，在不同的养护龄期，抹面层厚度越厚（3～6mm），干缩越明显，对于

6mm 厚度双层网布抹面层，由于双层网布的作用，其干缩性趋于 5mm 抹面层的干缩性能。

表1 抹面层干缩性能

| 抹面层厚度 | | | 3d | 7d | 14d | 28d |
|---|---|---|---|---|---|---|
| 3mm | 无网 | 干缩值（mm） | 0.4 | 0.46 | 0.5 | 0.52 |
| | | 干缩率（%） | 0.13 | 0.15 | 0.17 | 0.17 |
| | 单网 | 干缩值（mm） | 0.06 | 0.11 | 0.14 | 0.17 |
| | | 干缩率（%） | 0.02 | 0.04 | 0.05 | 0.06 |
| 4mm | 无网 | 干缩值（mm） | 0.52 | 0.6 | 0.63 | 0.7 |
| | | 干缩率（%） | 0.17 | 0.2 | 0.21 | 0.23 |
| | 单网 | 干缩值（mm） | 0.14 | 0.18 | 0.22 | 0.25 |
| | | 干缩率（%） | 0.05 | 0.06 | 0.07 | 0.08 |
| 5mm | 无网 | 干缩值（mm） | 0.59 | 0.66 | 0.72 | 0.78 |
| | | 干缩率（%） | 0.2 | 0.22 | 0.24 | 0.26 |
| | 单网 | 干缩值（mm） | 0.14 | 0.23 | 0.27 | 0.3 |
| | | 干缩率（%） | 0.05 | 0.08 | 0.09 | 0.1 |
| 6mm | 无网 | 干缩值（mm） | 0.62 | 0.69 | 0.74 | 0.82 |
| | | 干缩率（%） | 0.23 | 0.24 | 0.26 | 0.28 |
| | 单网 | 干缩值（mm） | 0.17 | 0.28 | 0.3 | 0.33 |
| | | 干缩率（%） | 0.06 | 0.1 | 0.11 | 0.12 |
| | 双网 | 干缩值（mm） | 0.16 | 0.24 | 0.28 | 0.31 |
| | | 干缩率（%） | 0.06 | 0.09 | 0.1 | 0.11 |

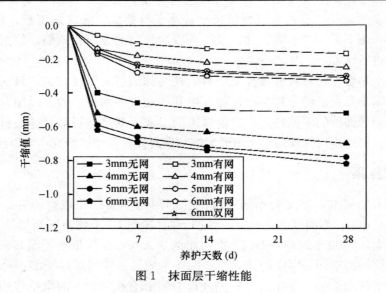

图1 抹面层干缩性能

## 2 结论

不同厚度抹面层随养护天数的增加，干缩值逐渐增加，在养护 7d 之前干缩较大，7d 后干缩趋于平稳，网格布的加入对抹面层抵抗干缩起到非常重要的作用，在不同的养护龄期，抹面层厚度越厚（3～6mm），干缩越明显，对于 6mm 厚度双层网布抹面层，由于双层网布的作用，其干缩性趋于 5mm 抹面层的干缩性能。

**参考文献**

［1］ 天津建科建筑节能环境检测有限公司等．天津市泡沫塑料板薄抹灰外墙外保温系统应用技术规程．［S］．中国建材工业出版社，2014.

［2］ 胡建军，等．外墙外保温工程空鼓、裂纹、剥落等质量通病的剖析与防治［T］．浙江建筑，2014.6.

［3］ 朱晋萍，等．外墙外保温体系产生裂缝的原因及防控措施［T］．建材技术及应用，2015.2.

［4］ 张媛媛．外墙外保温体系裂缝原因分析［T］．四川水泥，2014.11.

# 钢筋连接用套筒灌浆料物理性能研究

赵素宁[1]　高士奇[2]　曲　烈[3]

（1　天津市房屋质量安全鉴定检测中心　天津，

2　天津华汇工程建筑设计有限公司　天津，

3　天津城建大学材料科学与工程学院　天津）

**摘　要**　本文研究了钢筋连接用套筒灌浆料的流动性、力学强度以及竖向膨胀率。结果表明：用水量、加水方式以及搅拌时间对其流动性具有一定的影响，增加用水量或搅拌时间能够改善流动性，采用二次加水可在一定程度上增大流动度；一定范围内强度随着用水量的增加而降低，标准养护水箱养护的强度较常温养护和标准养护箱养护的高；24h内竖向膨胀率随时间延长呈上升趋势，7h左右达到最大值，之后略有下降。

**关键词**　钢筋连接用套筒灌浆料；流动性；强度；竖向膨胀率

现在建筑更多追求低污染、高质量、短工期，使得装配式建筑深受欢迎。通过内外墙板等产品的产业化生产、现场拼装，不仅提高了产品的质量，而且大幅减少了现场工人的劳动强度。装配式建筑所需的预制构件在专业化的工厂中进行机械化生产，精度高，质量有保障，而且减少了材料的浪费，更好地体现了节能减排、保护环境的方针政策。装配式建筑结构中，预制构件的钢筋连接技术成为其构成框架结构整体的关键[1]。灌浆套筒连接是一种由工程实践需要和技术发展而产生的新型钢筋连接方式[2]。钢筋套筒灌浆连接是将套筒灌浆料注入套筒中，与两端钢筋充分接触，灌浆料硬化后与钢筋的横肋和套筒内壁凹槽或凸肋紧密啮合，实现上下 2 根钢筋的连接[3]。套筒灌浆料通过自身的膨胀性紧固钢筋，增强钢筋与套筒灌浆料、套筒灌浆料与套筒内壁的作用力。因此，套筒灌浆料的性能是实现预制构件纵向连接的关键。

随着装配式建筑的应用，钢筋连接用套筒灌浆料以其具有微膨胀、高强、早强及和易性等性能得到广泛应用。国内外关于水泥基灌浆料和高性能灌浆料的研究很多[4-7]。本文针对钢筋连接用套筒灌浆料的物理性能进行研究，以得出影响其性能发挥的主要因素以及施工过程中应注意之处。

## 1　试验

### 1.1　试验材料

钢筋连接用套筒灌浆料是以水泥为基本材料，配以细骨料，以及混凝土外加剂和其他材料组成的干混料，加水搅拌后具有良好的流动性、早强、高强、微膨胀等性能，填充于套筒和带肋钢筋间隙内的干粉料，简称"套筒灌浆料"[8]。由于在生产套筒灌浆料时所添加的各主配料的种类和分量不同，产品的各物理性能也有所差异，本文主要针对 A、B 两种套筒灌浆料进行研究，寻求其共性与差异性。

## 1.2 试验仪器

仪器设备主要有：水泥胶砂搅拌机、微机控制电子压力试验机、160×40×40 成型试模、截锥圆模、玻璃板、钢直尺等

## 1.3 试验方法

根据胶凝材料的性质，分别改变用水量、加水方式、搅拌时间、搅拌方式以及养护条件，观察各因素对套筒灌浆料的影响。

# 2 结果分析

## 2.1 流动度试验

### 2.1.1 加水量对流动度的影响

设定统一的搅拌方式即搅拌开始后 10s 内加水，搅拌 240s 后测定流动度，结果如表 1 所示。

**表 1 不同加水量时 A、B 套筒灌浆料的流动度值**

| 种类 | 加水量（%） | 初始流动度（mm） | 30min 保留值（mm） |
|---|---|---|---|
| A | 12 | 300 | 250 |
| | 13 | 320 | 320 |
| | 14 | 335 | 330 |
| B | 12 | 290 | 235 |
| | 13 | 305 | 242 |
| | 14 | 312 | 258 |

由表 1 可以看出，套筒灌浆料在加水量为 12% 时就具有了很好的流动度，这是其中所含减水剂的作用；对于不同种类的套筒灌浆料在试验条件相同的情况下，其流动度相差较大，但均随着加水量增加，初始流动度和 30min 保留值有所增加。

### 2.1.2 加水方式对流动度的影响

对于 B 种套筒灌浆料，加水量 17%，通过一次加水（搅拌开始 10s 内完成加水）和二次加水（搅拌开始 10s 内先加 80% 水，搅拌 3min 中后加 20% 水）搅拌 240s 后测定结果如表 2 所示。

由表 2 可以看出，两次加水较一次加水具有更好的初始流动度，但相差不多；30min 时二者的流动度近乎相同。这是由于，一次加水时，10s 内几乎是瞬间，加入的水首先被先接触到的粉末颗粒吸附，然后在搅拌过程中，水分被分配均匀，形成具有一定流动性的浆体；两次加水时，加入的 80% 水足以使灌浆料处以浆体与粉末的临界点，搅拌 3 分钟后水分分配均匀，再加入的 20% 的水多数被小颗粒吸附，但有极少的

一部分成为自由水，使浆体具有更好的流动度，但随着时间延长，浆体中细小的颗粒开始水化，进入凝结期，会需要额外的水分，所以这种优势在30min后消失。

表2    不同加水方式时套筒灌浆料的流动度值

| 加水方式 | 初始流动度（mm） | 30min保留值（mm） |
|---|---|---|
| 一次加水 | 380 | 265 |
| 两次加水 | 400 | 260 |

### 2.1.3    搅拌时间对流动度的影响

对于B种套筒灌浆料，采用加水量17%，搅拌开始后10s内加水，分别搅拌180s、240s、300s，试验结果如表3所示。

表3    不同搅拌时间下套筒灌浆料的流动度值

| 时间（s） | 初始流动度（mm） | 30min保留值（mm） |
|---|---|---|
| 180 | 370 | 272 |
| 240 | 380 | 265 |
| 300 | 385 | 268 |

由表3可以看出，在用水量足够的情况下，搅拌时间对初始流动度影响较大，在一定的时间范围内，搅拌时间越长，流动度越大，但是对30min后的流动度影响较小。其主要原因是，充分的搅拌使得材料内部水分分布更为均匀，当搅拌时间较短时，会造成搅拌不均，未与水颗粒接触的浆料在流动过程中会产生较大的摩擦，而阻碍整体的扩散，影响流动度；随着搅拌时间加长，浆体水分分布均匀，各微小颗粒处于流态，流动度增大。30min后，对浆体进行重新混合搅拌测定，使得最初搅拌不均的浆体得到很好的混合，其流动度反而较其他的大；对于搅拌均匀的浆料，由于能与水颗粒充分接触，使得水化速度较不均匀的快，30min后的流动度变小。

## 2.2    强度试验

### 2.2.1    加水量对强度的影响

套筒灌浆料成型2h后拆模，放入（20±1）℃标准养护水箱中养护14d的抗压强度如下：

表4    不同加水量时的抗压强度

| 加水量（%） | 11 | 12 | 14 | 15 | 17 |
|---|---|---|---|---|---|
| 抗压强度（MPa） | 92.5 | 85.2 | 70.5 | 67.1 | 63.5 |

由表4可以得知，随着用水量的增加，套筒灌浆料的强度随之降低。这是由胶凝材料的性质决定的，在用水量合适的情况下，抗压强度会随用水量的增加而降低，当用水量过低时又会由于胶凝材料不能完全水化而使强度降低。在本次试验中，最小用水量11%时的14d强度达到92.5MPa，较其他的大，故可以认为11%的用水量可以满足胶凝材料的完全水化需求。当用水量增加后，由于在水化过程中，部分水分被胶凝

材料水化吸收，部分水分流失形成细小空洞，从而影响整体的强度。

### 2.2.2 养护时间对强度的影响

采用加水量17%，搅拌5min，成型2h后拆模，放入（20±1）℃标准养护水箱中养护至各龄期的强度如下：

表5 17%用水量时抗压强度随养护时间的变化

| | 1d | 2d | 3d | 14d | 94d |
|---|---|---|---|---|---|
| 抗压强度（MPa） | 8.5 | 32.1 | 41.8 | 63.5 | 67.8 |

由表5可以看出，在成型后，养护初期，抗压强度增长较快，14d后基本趋于缓慢，这是由于其中掺加的早强剂作用的结果，在14d左右基本完成水化过程，使得强度达到较大值，在随后的养护环境中，只有微量未水化的成分的水化完成使得强度略有提高。94d的强度略高于14d强度在一定程度上也可以证明套筒灌浆料强度的稳定性。

根据以上试验，做补充试验，研究用水量为10.5%和11%时抗压强度随养护时间的变化，结果如下：

表6 抗压强度随养护时间的变化

| 用水量（%） | 抗压强度（MPa） | | | | |
|---|---|---|---|---|---|
| | 2h | 1d | 5d | 7d | 77d |
| 10.5 | 3.2 | 39.2 | 75.6 | 91.8 | 95.6 |
| 11 | 2.7 | 38.3 | 69.7 | 90.6 | 95.8 |

由表6得知，在用水量较小时，7d时的抗压强度已经达到较大值。由于增加用水量会增加水化速度，故在较大用水量时，在标准水养护的条件下，胶凝材料可在7d内完成水化过程。各种用水量的情况下，抗压强度均会随着养护时间的增加而增大，但由于表6中两种用水量差距小，后期的强度基本无差别。

### 2.2.3 养护条件对强度的影响

本试验采用两种养护条件，分别是标准养护水箱养护和标准养护箱养护（温度20℃±1℃，湿度≥90%）。试验结果如表7所示：

由表7可以看出，水中养护要比标准养护箱中养护的早期强度高，这是由于在水中养护可以提供胶凝材料良好的水化环境，使得内部成分能够快速的水化，形成具有强度的水化产物，而标准养护箱养护时，在90%的湿度下，并不能使试体内部胶凝材料与水分充分接触，从而影响了整体的水化进程，前提水化产物较少，强度较低。

表7 不同养护条件下套筒灌浆料的抗压强度

| 养护条件 | 抗压强度（MPa） | | |
|---|---|---|---|
| | 1d | 5d | 7d |
| 标准养护箱 | 9.2 | 52.6 | 60.3 |
| 标准养护水箱 | 38.3 | 69.7 | 90.6 |

## 2.3 竖向膨胀率随时间的变化

按照 JG/T 408—2013 标准进行试验，采用 12% 用水量，对套筒灌浆料进行竖向膨胀率测定，其试验结果如图 1 所示：

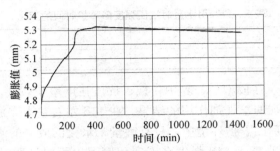

图 1 随时间变化的竖向膨胀率值

经计算所得此套筒灌浆料的 3h 竖向膨胀率为 0.333%，24h 竖向膨胀率为 0.499%，得出 24h 与 3h 的差值为 0.166%，均满足产品规范要求。

从图 1 的曲线变化趋势可以看出，随着时间延长，套筒灌浆料的竖向膨胀率在增大，到达 7h 左右时基本达到最大值，随后略有下降。这是由于成型后，浆体中膨胀剂的作用使得早期材料具有良好的膨胀性能，解决了胶凝材料水化收缩的问题，张毅等[9]认为膨胀剂的加入生成了有利于水化试样较少收缩的钙矾石晶体，其中以活性硅铝酸和活性氧化铝为主要早期膨胀源。7h 后，竖向膨胀率有所下降，但下降很微小，可以证明套筒灌浆料的膨胀性较稳定。

## 3 讨论

在节能减排、绿色环保的新时代理念的驱动下，建筑行业装配式结构将会愈演愈烈，而装配式结构建筑必不可少的套筒连接也使得钢筋套筒连接用灌浆料用量剧增。现有的套筒灌浆料种类繁多，组成成分各异，性能差异较大。目前对水泥基灌浆料的研究较多，深入浅出，从材料的性能、机理到施工技术等等[9-11]。套筒灌浆料类似于水泥基灌浆料，但有别于它，可以说套筒灌浆料属于水泥灌浆料的延伸，对特殊性能有更高的要求，比如流动性、膨胀性、强度以及氯离子含量等。

目前，市场上的套筒灌浆料产品多种多样，随着产品市场的扩大，性能更加优越、突出的产品必将应运而生，对新产品的研究将是一大发展方向。本文通过套筒灌浆料的物理性能研究得出对其影响的主要因素：用水量、加水方式、搅拌时间、养护条件等等，但是缺少微观结构、反应机理的验证，仅参考其他作者的研究，整体性有所欠缺，所以，对套筒灌浆料更深入的研究有待进行。

作者在进行试验过程中发现，在常温环境下套筒灌浆料的强度上升缓慢，且强度较低。如何保障施工现场中套筒灌浆料性能的有效发挥也是学者的一项研究，改变材料的性能或在施工现场进行特殊的养护方式，这些都有待研究。

## 4 结论

（1）用水量、加水方式以及搅拌时间对套筒灌浆料的流动性具有一定的影响。增加用水量或搅拌时间能够改善流动性；搅拌时采用二次加水可在一定程度上增大初始流动度。

（2）当用水量能够满足胶凝材料水化所需时，套筒灌浆料试体抗压强度随着用水量的增加而降低。

（3）标准养护水箱养护的套筒灌浆料试体抗压强度较常温养护和标准养护箱养护的高。

（4）在24h内，套筒灌浆料的竖向膨胀率随时间延长呈上升趋势，7h左右达到最大值，之后略有下降。

**参考文献**

[1] 汪秀石，等．装配式结构用高强套筒灌浆料性能试验研究［J］．混凝土与水泥制品，2015（2）：65～68.

[2] 张友海，等．装配式建筑钢筋套筒连接用灌浆料性能比较［J］．混凝土世界，2014（11）：80～83.

[3] 秦珩，等．钢筋套筒灌浆连接施工质量控制措施［J］．施工技术，2013（14）：113～117.

[4] 刘晓斌，等．高性能水泥基灌浆料试验研究［J］．商品混凝土，2013（10）：36～37.

[5] Yee A A.，Structural and economical benefits of precast/ presterssed concrete construction［J］．PCI Journal，2001（4）：34～42.

[6] 俞锋，等．早强微膨胀水泥基灌浆料的性能研究［J］．混凝土与水泥制品，2012（11）：6～9.

[7] 李晓明，等．养护温度对低温灌浆料强度发展的影响［J］．中国港湾建设，2014（7）：47～49.

[8] JG/T 408—2013钢筋连接用套筒灌浆料［S］.

[9] 张毅，等．UEA膨胀剂对水泥基灌浆料性能的影响及机理分析［J］．商品砂浆的理论与实践，265～271.

[10] 彭鹏飞，等．水泥基灌浆料性能影响因素探讨［J］．建材世界，2013，34（4）：8～9.

[11] 韩瑞龙，等．灌浆套筒连接技术及其应用［J］．结构工程师，2011，27（3）：149～153.

# 改性聚醚型聚羧酸减水剂合成及流动性能的研究

曲 烈[1] 刘子香[2] 韩 立[1] 刘 勇[1] 王光月[1] 王丽娜[1]

（1 天津城建大学材料科学与工程学院 天津，

2 天津市飞龙砼外加剂有限公司 天津）

**摘 要** 以异戊烯醇聚氧乙烯醚（TPEG2400）、2-丙烯酰胺-2-甲基丙磺酸（AMPS）、马来酸酐（MA）、过硫酸铵（APS）为原料，合成了改性聚醚型聚羧酸减水剂，然后测定其流动性能。结果表明，聚醚型聚羧酸减水剂的最佳合成参数为反应单体摩尔比 TPEG：MA：AMPS＝1：2：3，引发剂用量为单体质量的 4％，固含量为 30％，反应时间为 5h，反应温度为 80℃；当折固掺量为 0.1％减水剂，水灰比为 0.35 时，水泥的净浆流动度可以达 312mm。由于将 MA、AMPS 和 TPEG 聚合，TPEG 中存在醚键提供了较厚的亲水性立体保护膜，使得水泥粒子有稳定的分散性，故合成的聚醚型聚羧酸减水剂具有优良的性能。

**关键词** 改性聚醚；聚羧酸减水剂；立体保护膜；流动度

## 1 引言

随着我国经济和工程建设迅速发展，高效减水剂已成为高性能混凝土中不可或缺的组分，它正朝着高性能、多功能化、生态化、国际标准化方向发展[1-2]。目前市场上已发展出近百种结构不同的 PCE，如水溶性反应型高分子、聚醚接枝共聚物、丙烯酸酯接枝共聚物、马来酸接枝聚合物、含末端磺基接枝聚合物和接枝改性型共聚物。聚醚型聚羧酸减水剂常用烯丙基聚乙二醇单体与甲基丙磺酸、马来酸酐、丙烯酸在以过硫酸铵为引发剂条件下来合成；而聚醚与改性羧酸聚合物的复合可使减水剂保持卓越的减水及坍落度性能，故得到许多研究人员的重视[3]。

聚醚型聚羧酸减水剂分子结构为梳形侧链型，其分子结构可分为三个层次：中心线型主链层，以非极性基相互连接为主；长侧链溶剂化扩散层，由许多疏水基亚甲基和亲水基醚键构成的聚氧化乙烯长侧链 PEO；短侧链绒化紧密层：连接主链上亲水基团（—COO—、—OH、—SO$_3$—等）和低碳脂肪链疏水基团，其化学结构中的羧基、磺酸基负离子提供静电斥力[4]。该减水剂对水泥颗粒产生齿形吸附，加之其分子化学结构中存在的醚键，形成了较厚的亲水性立体保护膜，提供了水泥粒子的分散稳定性[5-6]。

国内有郑州大学、河北工业大学、重庆大学、济南大学、清华大学、厦门大学、湖南大学等单位开展了聚醚型聚羧酸减水剂合成路线和性能方面的研究[7-10]。王自为等[11]提供了一种具有高保坍，大减水，对混凝土凝结时间影响小等优点的减水剂的制备方法，即以水为溶剂在较低的温度下，将大单体 A（异戊二烯基聚氧乙烯醚或异戊二烯基聚氧乙烯丙烯醚，TPEG）和小单体 B（不饱和羧酸及其衍生物）采用氧化还原体系引发，在链转移剂作用下经共聚反应而得。

郝利炜等[12]用异戊二烯基聚醚（TPEG）、丙烯酸及丙烯酸乙酯为主要原料，制备出的减水剂水泥适应性及保坍性能较好。陈超等[13]以改性聚醚（TPEG）、丙烯酸、AMPS 等为原料合成的高减水型聚羧酸减水剂，能够有效改善混凝土的工作性能，保水性好，无泌水。袁莉弟等采用甲基烯丙基聚氧乙烯醚、丙烯酸、马来酸酐及甲基丙烯磺酸钠为单体，以过硫酸盐为引发剂，合成了系列聚醚接枝聚羧酸系减水剂。

本文拟依据分子设计方法，采用 TPEG2400 大单体与其他单体聚合，调整单体间比例、优化反应条件来合成改性聚醚型聚羧酸减水剂，然后通过仪器分析表征减水剂结构与性能，并探讨其作用机理。

## 2. 试验材料与方法

### 2.1 试验材料

试验所用异戊烯醇聚氧乙烯醚（TPEG2400）、2-丙烯酰胺-2-甲基丙磺酸（AMPS）、马来酸酐（MA）、过硫酸铵（APS）、NaOH（30%）均为天津市科威化学试剂公司所提供。试验所用水泥为天津振兴水泥厂生产的 P·O42.5 硅酸盐水泥。

### 2.2 试验仪器

电热恒温水浴锅、电子天平、定时电动搅拌器、三口烧瓶、冷凝管、恒压滴定管、玻璃棒、烧杯、红外光谱仪、水泥净浆搅拌机（无锡建仪仪器机械有限公司）、水泥流动度测试仪。

### 2.3 试验方法

按配方拌制水泥净浆，测量水泥净浆流动度。检验方法按《混凝土外加剂匀质性试验方法》（GB/T 8077—2012）进行。

## 3 结果与讨论

### 3.1 固含量对聚醚型聚羧酸减水剂流动性的影响

由图 1 可知，反应温度为 70℃，反应时间为 5h，掺单体质量 3%引发剂时，随着固含量的增加，聚醚型聚羧酸减水剂流动度增加。固含量的影响与分子间有效碰撞有关，当反应浓度过低时，大单体之间发生有效碰撞概率比较小，从而生成产物也较少，换言之反应不完全，得到有效聚醚型聚羧酸减水剂较少，故而水泥净浆流动度较小。当反应浓度过大时，由于减水剂大单体的空间位阻，妨碍减水剂有效合成；综合考虑，确定聚醚型聚羧酸减水剂最佳固含量为 30%。

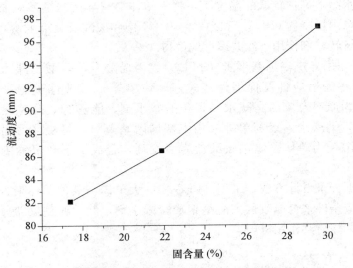

图 1　固含量对聚醚型聚羧酸减水剂流动度的影响

### 3.2　MA 和 AMPS 摩尔比对聚醚型聚羧酸减水剂流动度的影响

如图 2 所示，当反应温度为 70℃，反应时间为 5h，引发剂为单体总质量 3％时，随着 MA：AMPS 的增加，水泥净浆流动度呈现先增加后减小的趋势。当 MA：AMPS＜2：3 时，由于 MA 掺量较少，反应不完全；当 MA：AMPS＝2：3 时，MA 掺量增加，反应逐步完成，水泥净浆流动度达到最大。当 MA：AMPS＞2：3 时，由于 MA 的掺量增加，减水剂中 AMPS 的磺酸基和氨基含量减少，减水剂流动度下降。因磺酸基电负性比羧基大，这些磺酸基和氨基的负离子基团吸附在水泥颗粒表面呈现更高的静电斥力，对水泥分散效果更好。

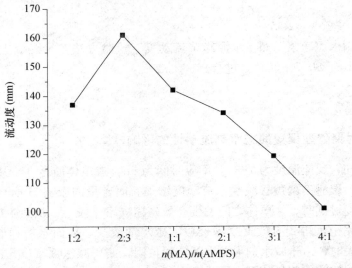

图 2　MA 和 AMPS 摩尔比对聚醚型聚羧酸减水剂流动度的影响

### 3.3 引发剂用量对聚醚型聚羧酸减水剂流动度的影响

如图 3 所示，当 TPEG：MA：AMPS＝1：2：3，反应温度为 70℃，反应时间 5h 时，随着引发剂过硫酸铵的增加，水泥净浆初始流动度呈现先增加后降低的趋势。当引发剂用量较小时，由于单体缺少引发剂其聚合反应难以进行，故水泥净浆流动度较小。当引发剂用量达到 4％以上，水泥净浆流动度也较小，因引发剂太多，聚合物合成产物的分子量反而小，对水泥颗粒的分散效果不好，故引起流动度下降；同时，引发剂过多过很容易产生爆聚。因此，聚醚型聚羧酸减水剂的引发剂合适掺量为 4％。

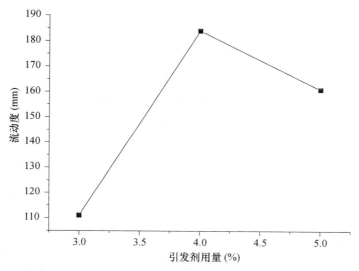

图 3 引发剂用量对聚醚型聚羧酸减水剂流动度的影响

### 3.4 反应温度对聚醚型聚羧酸减水剂流动度的影响

温度对聚醚型聚羧酸减水剂流动度的影响见图 4。当引发剂掺量为 4％，反应温度在 50～60℃之间时，掺减水剂的水泥净浆流动度较低，这是由于温度过低，单体转化率低，反应不完全的缘故。当反应温度达到 60℃之后，减水剂的分散效果明显增加，这是因为聚合反应加快，增加了反应产物。可见，在一定范围内反应温度愈高，聚合速率愈大。因此，聚醚型聚羧酸减水剂的最佳反应温度为 80℃。

### 3.5 反应时间对聚醚型聚羧酸减水剂流动度的影响

反应时间对聚醚型聚羧酸减水剂流动度的影响见图 5。随着反应时间增加，流动度也呈现先增加后减小的趋势。当反应时间为 5h 时，掺减水剂的水泥净浆最高。反应时间过短，则反应不完全，转化率不高，减水效果不明显；反之，反应时间过长，反应产物发生自聚，减水分散效果下降。因此，聚醚型聚羧酸减水剂的最佳反应时间为 5h。

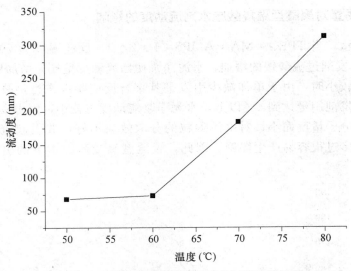

图 4　反应温度对聚醚型聚羧酸减水剂流动度的影响

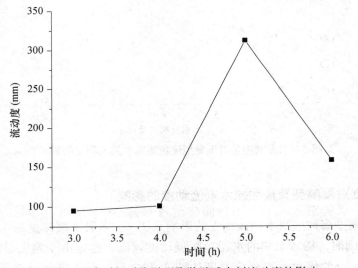

图 5　反应时间对聚醚型聚羧酸减水剂流动度的影响

## 3.6　聚醚型聚羧酸减水剂的红外光谱分析

　　试验表明，最佳原料配比和工艺参数是：TPEG∶MA∶AMPS＝1∶2∶3，引发剂掺量 4％，反应温度为 80℃，反应时间为 5 小时。当水灰比为 0.35，减水剂掺量为 1％时，水泥净浆的初始流动度达 312mm，1h 后其流动度仍为 308mm。聚醚型聚羧酸减水剂的红外光谱见图 6。在 3439.79cm$^{-1}$，1716.39cm$^{-1}$，1651.69cm$^{-1}$，1298.14cm$^{-1}$，1101.21cm$^{-1}$，1042.01cm$^{-1}$ 等位置出现多处吸收峰，其中在 3439.79cm$^{-1}$ 出现了强而宽的吸收带，此峰是典型的缔合 $\nu_{OH}$ 吸收带，在 1298.14cm$^{-1}$ 和 1042.01cm$^{-1}$ 出现了吸

收峰，此峰为 $\nu_{SO_3H}$ 吸收峰，说明在聚醚型聚羧酸减水剂中成功引入了—SO₃H，可知
AMPS 已成功参与反应；同时，在 1651.69cm⁻¹ 出现了明显的吸收峰，此峰为缔合态
酰胺 $\nu_{C=O}$ 吸收峰，也说明 AMPS 已成功参与反应；在 1716.39cm⁻¹ 附近出现了吸收带，
此峰为羧基的吸收带，说明减水剂中已引入了马来酸酐中的酸酐；在 1101.21cm⁻¹ 处
的吸收峰为脂肪醚的吸收带，此带为大单体 TPEG2400 中的醚键。这说明合成的聚醚
型聚羧酸系减水剂的分子结构与预期设计目标是一致的。

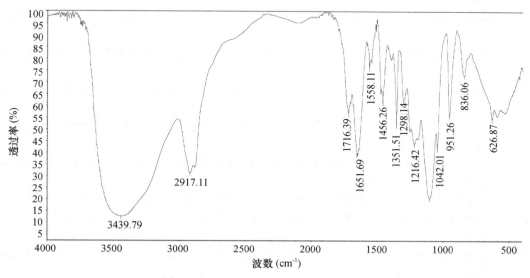

图 6　聚醚型聚羧酸减水剂红外 IR 光谱

## 4　结论

（1）聚醚型聚羧酸减水剂的最佳合成参数为：反应单体摩尔比 TPEG : MA :
AMPS＝1 : 2 : 3，引发剂用量为单体质量的 4％，固含量为 30％，反应时间为 5h，反
应温度为 80℃，水灰比为 0.35，当折固掺量为 0.1％减水剂时，水泥的净浆流动度
达 312mm。

（2）红外光谱分析表明，合成减水剂的分子结构与预期设计一致。将 MA、AMPS
和 TPEG 聚合，TPEG 分子化学结构中的醚键，有较厚的亲水性立体保护膜，给水泥
粒子提供了稳定的分散性，故合成的聚醚型聚羧酸减水剂性能优良，且聚合过程简单
安全。

**参考文献**

[1]　宋家乐，温宏平. 聚醚型聚羧酸系减水剂的性能研究［J］. 混凝土与水泥制品，2011（12）：
　　　19-21.
[2]　张克举，田艳玲，何培新. 国内聚羧酸系高效减水剂的研究进展［J］. 胶体与聚合物，2010，
　　　28（1）：37-39.
[3]　X M Shao, H Wang, T Liu. Together of Carboxylic Acid Superplas-ticizer Research Situation

and Expectation [J]. Jiangsu Build. Mater. ，2008 (2)：17-19.

[4]　Lv S H，Gao R J，duan J P, et al. Effects of β-cyclodextrin side chains on the dispersing and retarding properties of polycarboxylate superplasticizers [J]. Journal of Applied Polymer Science，2012，125 (1)，396-404.

[5]　Lange A，Plank J. Study on the foaming behaviour of allyl ether-based polycarboxylate superplasticizers [J]. Cement and Concrete Research，2012，42 (2)，484-489.

[6]　Schrofl C，Gruber M，Plank J. Preferential adsorption of polycarboxylate superplasticizers on cement and silica fume in ultra-high performance concrete (UHPC) [J]. Cement and Concrete Research，2012，42 (11)，1401-1408.

[7]　王为，陈赞，刘佩，等. 聚羧酸系减水剂侧链结构对水泥塑化效果的影响 [J]. 新型建筑材料，2008 (4)：24-27.

[8]　赵彦生，吴风龙，马德鹏，等. 聚羧酸系减水剂中间大分子单体的合成 [J]. 化学与生物工程，2010，27 (1)：33-36.

[9]　成立强，王文平. 水相 ATRP 法合成聚羧酸类高效减水剂 [J]. 高分子材料科学与工程，2010，26 (2)：29-32.

[10]　王自为，裴继凯，李军平，等. 异戊二烯基聚醚类聚羧酸盐减水剂及其合成方法 [P]. 中国专利，201010119880.6，2011-03-30.

[11]　张万烽. 聚羧酸型减水剂的合成工艺探讨 [J]. 福建建设科技，2008 (1)：2-3.

[12]　郝利炜，耿春雷. 一种聚醚型减水剂的制备及性能研究 [J]. 商品混凝土，2011 (8)：28-30.

[13]　陈超，廖声金，郎春林. 高减水型改性醚类聚羧酸减水剂的试验研究 [J]. 商品混凝土，2012 (3)：51-53.

# 《预拌砂浆生产与应用技术规程》
# 河南省工程建设标准修订概况

曲　烈[1]　杨久俊[1]　李美利[2]　张　磊[1]　余海燕[1]　荣　辉[1]　王　渊[2]

（1　天津城建大学材料学院　天津，2　河南省建筑科学研究院有限公司　郑州）

**摘　要**　本文全面介绍了《预拌砂浆生产与应用技术规程》DBJ41/T 078—2015 的修订。河南省工程建设标准报批稿增加了机械喷涂抹灰砂浆的性能要求、预拌砂浆生产质量控制的基本要求、干混砂浆和湿拌砂浆的拌和要求、机械化施工的要求；修订了湿拌砂浆的技术要求，预拌砂浆原材料、细集料、矿物掺和料和添加剂的要求，干混砂浆生产质量控制，湿拌砂浆生产质量控制和施工过程质量控制章节，扩大了产品规格范围，对生产质量与施工质量控制等作了改动。这样将有利于预拌砂浆的质量控制和市场竞争。

**关键词**　预拌砂浆；干混砂浆；技术要求；标准

## 一、前言

　　河南省工程建设标准《预拌砂浆生产与应用技术规程》DBJ41/T 078—2007 自2007 年颁布实施至今已 8 年多，它对统一河南省预拌砂浆产品的规格、技术要求、检验方法、生产质量控制与施工过程质量控制等起到了积极的作用。但是，随着预拌砂浆行业的发展，DBJ41/T 078—2007 的某些条款已不适用，许多地方需要修改补充。同时，鉴于该标准制定时所依据的一些规范、标准，现在已被新的规范、标准所取代，故对 DBJ41/T 078—2007 进行必要的修订。起草小组由河南省建筑科学研究院有限公司、河南省散装水泥办公室、天津城建大学及有关企业技术人员组成，经过一年多的工作，提出了新的《预拌砂浆生产与应用技术规程》标准报批稿。

## 二、主要修订内容

　　规程共分 7 个部分：1. 总则；2. 术语、分类和标记；3. 预拌砂浆的技术要求；4. 预拌砂浆生产质量控制；5. 产品检验；6. 施工过程质量控制；7. 施工质量验收。

　　修订的主要技术内容是：1. 修订了干混砂浆的技术要求；2. 修订了湿拌砂浆的技术要求；3. 增加了机械喷涂抹灰砂浆的性能要求；4. 增加了预拌砂浆生产质量控制的基本要求；5. 修订了预拌砂浆原材料、细集料、矿物掺和料和添加剂的要求；6. 修订了干混砂浆生产质量控制；7. 修订了湿拌砂浆生产质量控制；8. 修订了施工过程质量控制。增加了对干混砂浆和湿拌砂浆的拌和要求；9. 增加了机械化施工的要求。

　　规程引用标准：根据目前预拌砂浆生产应用现状，为保证产品质量，引用标准

《建筑材料放射性核素限量》GB 6566、《民用建筑工程室内环境污染控制规范》GB 50325、《通用硅酸盐水泥》GB 175、《建筑石膏》GB 9776、《建设用砂》GB/T 14684、《普通混凝土用砂质量及检验方法标准》JGJ 52、《人工砂质量标准及应用技术规程》DBJ 41/T048、《混凝土和砂浆用再生细骨料》GB/T 25176、《用于水泥和混凝土中的粒化高炉矿渣粉》GB/T 18046、《天然沸石粉在混凝土与砂浆中应用技术规程》JGJ/T 112、《石灰石粉在混凝土中应用技术规程》JGJ/T 318、《砂浆和混凝土用硅灰》GB/T 27690、《建筑干混砂浆用可再分散乳胶粉》JC/T 2189、《建筑干混砂浆用纤维素醚》JC/T 2190、《混凝土和砂浆用颜料及其试验方法》JC/T 539、《混凝土外加剂》GB 8076、《砂浆、混凝土防水剂》JC 474、《混凝土外加剂中释放氨的限量》GB 18588、《水泥混凝土和砂浆用合成纤维》GB/T 21120、《混凝土用水标准》JGJ 63、《砌筑砂浆配合比设计规程》JGJ/T 98、《水泥包装袋》GB 9774、《混凝土搅拌机》GB/T 9142、《建筑砂浆基本性能试验方法标准》JGJ/T 70、《预拌砂浆》GB/T 25181、《砌体工程现场检测技术》GB/T 50315、《贯入法检测砌筑砂浆抗压强度技术规程》JGJ/T 136、《抹灰砂浆技术规程》JGJ/T 220、《外墙饰面砖工程施工及验收规程》JGJ 126、《建筑工程饰面砖黏结强度检验标准》JGJ 110、《抹灰石膏》GB/T 28627，共31个。现将标准修订处有关条文说明如下：

1. 总则

1.0.1　本条文说明了制订本规程的目的。

建筑砂浆传统生产是在现场由施工单位自行拌制使用。随着建筑业技术的发展和文明施工要求的提高，建筑砂浆在现场拌制日益显示出其固有的缺陷，即砂浆质量不稳定，文明施工程度低和污染环境。因此，取消现场拌制砂浆，采用工业化生产的预拌砂浆势在必行，预拌砂浆作为一种商品，必须制订出在技术上和管理上具有可操作性的生产应用技术规范，统一预拌砂浆的技术要求、生产质量控制、产品验收和施工质量控制标准。

1.0.2　本条说明了规程的适用范围。

本规程适用于砌筑、抹灰、地面及装饰装修工程中预拌砂浆以及特种预拌砂浆的生产和施工质量控制。

2. 术语、分类和标记

2.1　术语

2.1.1　修订了预拌砂浆的定义。《预拌砂浆术语》GB/T 31245 将预拌砂浆定义为：专业生产厂生产的湿拌砂浆或干混砂浆。结合河南省预拌砂浆发展现状，生产厂家、用户等也习惯于将预拌砂浆分为湿拌砂浆和干混砂浆，因此修订了预拌砂浆的定义，将原干拌砂浆修订为干混砂浆。

2.1.10　本条定义了用于生产预拌砂浆的机制砂的定义，是为了促进岩石、尾矿或工业废渣颗粒制备的细骨料的应用，减少对天然资源的消耗。引自国家标准《建设用砂》GB/T14684。

2.1.11　本条定义了用于生产预拌砂浆的再生细骨料的定义，是为了促进建筑垃圾制备的细骨料的应用，减少建筑垃圾对环境的污染，同时减少对天然资源的消耗。

引自国家标准《混凝土和砂浆用再生细骨料》GB/T 25176。

2.1.12　随着时间的延长，干混砂浆加水拌和之后，湿拌砂浆的性能会出现不同程度的降低，新拌砂浆存放时间越久其性能下降越多，因此为了保证施工质量，本条规定了新拌砂浆的可操作时间的定义，以促使新拌砂浆在规定的时间内使用完毕。

2.2　分类

2.2.1　预拌砂浆按生产的搅拌形式分为两种：干混砂浆与湿拌砂浆。

2.2.2　干混砂浆按使用功能分为两种：普通干混砂浆和特种干混砂浆。普通干混砂浆按用途分为干混砌筑砂浆、干混抹灰砂浆和干混地面砂浆。

2.2.3　湿拌砂浆按用途分为湿拌砌筑砂浆、湿拌抹灰砂浆和湿拌地面砂浆。

2.3　标记

2.3.1　～2.3.4　对照现行水泥、混凝土产品标准，采用英文字母符合我国现行标准要求。在标记中，将砂浆的强度等级、稠度、凝结时间以及胶凝材料等信息表示出来，以方便交接货贮存和使用。

3. 预拌砂浆的技术要求

3.1　一般规定

3.1.1　用于不同场合用途的砂浆，有的会有一些特殊设计的要求，如防水、保温等技术要求，为了不限制有特种要求的预拌砂浆的使用，做本条规定。

3.1.3　预拌砂浆色泽均匀可以从一个侧面反映其搅拌均匀，干混砂浆出现结块则反映其吸水受潮，其质量可能受到影响。

3.1.6　M2.5 的砂浆在建筑工程中已经被淘汰，因此删除了 DM2.5 、WMM2.5 砌筑砂浆及其对应的传统砂浆。

3.1.7　施工方可根据送货量及施工速度与供方协商确定砂浆的可操作时间，通常湿拌砌筑和抹灰砂浆的可操作时间限定在 8h 之内，即一个工作班组时间内必须使用完毕。

3.1.8　在一般情况下，某一类干混砂浆按其一般使用的要求控制在适中的凝结时间，但在需方有要求时，可通过协商确定。

3.2　干混砂浆质量标准

3.2.1　本条规定了普通干混砂浆的技术要求。

抗压强度是划分砂浆强度等级的重要指标，砌筑砂浆的抗压强度直接影响砌体的抗压强度。抹灰砂浆的抗压强度和黏结强度也影响抹灰质量，黏结强度低的砂浆，易出现脱层，空鼓等缺陷，尤其是国家禁止采用黏土型墙材后，非黏土型墙材与砂浆之间的黏结是一个值得关注的问题。所以本条对抹灰砂浆规定了黏结强度指标。对于地面砂浆，抗压强度低，则砂浆的耐磨性差，易引起空鼓，所以本条对地面砂浆规定了抗压强度指标。新型墙体材料要求砂浆有较大的保水能力，而传统的分层度已不能很好反映干拌砂浆的保水能力，因此引入国际上常用的保水率概念。

3.2.2　特种干混砂浆的品种繁多，很难一一概括描述，其技术质量要求按相关规程或标准的规定，或设计要求规定。

3.2.3　关于均匀性指标，是针对散装干拌砂浆在运输和输送过程中可能对砂浆均匀性产生影响而所设的指标，便于有关各方控制散装干拌砂浆的质量。

3.3 湿拌砂浆质量标准

3.3.1 规定了湿拌砂浆的性能指标。湿拌砌筑砂浆和混拌抹灰砂浆的强度等级设置分别与干混砌筑砂浆和干混抹灰砂浆的相同。稠度偏差、凝结时间、保水率等指标引自国家标准《预拌砂浆》GB/T 25181。增加了可操作时间和可操作时间内的稠度损失率的规定。因为随着时间的延长，湿拌砌筑砂浆和抹灰砂浆的操作性会逐渐降低进而影响砂浆的后期性能。虽然通过材料和技术手段也可以实现湿拌砂浆较长的凝结时间，但为保证工程质量，湿拌砌筑和抹灰砂浆的可操作时间限定在8h之内，即一个工作班组时间内必须使用完毕。地面砂浆因其稠度低，时间对砂浆操作性的影响大，因此地面砂浆的可操作时间限定在4h之内。删除了M10地面砂浆。

3.4 机械喷涂抹灰砂浆质量标准

3.4.1 机械喷涂抹灰砂浆引自《机械喷涂抹灰施工规程》JGJ/T 105，但入泵砂浆稠度规定为80～110mm，根据试验结果稠度超过110mm，机械喷涂砂浆喷涂厚度超过3mm即会产生流淌。

4. 预拌砂浆生产质量控制

4.1 一般规定

4.1.2 为了保证预拌砂浆的质量，规定了砂应经过筛分，按一定的级配配比使用。

4.1.4 强调了预拌砂浆的生产应符合安全和环保的要求。

4.2 预拌砂浆原材料

4.2.2 本条规定了预拌砂浆宜采用的水泥种类。

1 水泥一般宜采用硅酸盐水泥和普通硅酸盐水泥，但对其他品种水泥，只要能满足砂浆产品的性能指标，也允许使用。

2 相对固定水泥生产厂，以便更好地熟悉和掌握该水泥的性能，并且能获得质量稳定的砂浆。

4 由于石膏硬化体的绝热性和吸声性好，防火性能好，以及良好的装饰性能等优点，石膏用作预拌抹灰砂浆的胶凝材料是可行的。

4.2.3 本条规定了用于生产预拌砂浆的细骨料的基本要求。

人工砂和混合砂应符合我省地方标准《人工砂质量标准及应用技术规程》DBJ41/T048的要求。

4.2.4 本条规定了矿物掺和料的技术和使用要求。粉煤灰的质量等级不应低于Ⅱ级。试验表明Ⅲ级粉煤灰对砂浆的工作性影响较大。"禁止使用黏土膏、硬化石灰膏和消石灰粉作为掺和料"的规定是引自行业标准《砌筑砂浆配合比设计规程》JGJ/T 98和《抹灰砂浆技术规程》JGJ/T 220。

4.3 配合比的确定与执行

4.3.1～4.3.2 预拌砂浆经配合比设计和试配后，其性能应满足本规程的相关要求。

4.3.3～4.3.4 规定了各种砂浆的最低水泥含量。

4.3.5  厂家应根据产品特性给出干混砂浆推荐的加水量范围。

4.4  干混砂浆生产质量控制

4.4.1  干混砂浆中的细集料必须经过烘干，否则细集料中的水分容易与胶凝材料作用而难以保证砂浆的质量。

3  因为温度超过纤维素醚凝胶温度时，对干混砂浆的性能影响较大，因此干混砂浆用砂的温度宜控制在纤维素醚的凝胶温度以下。

4.4.2  筛分与储存

1～2  细集料的粒径与级配以及原材料的性能对砂浆的质量影响很大，因而对细骨料的筛分和原材料的储存必须严格控制。

4.4.3  配料计量

1～5  为避免人为因素影响，干混砂浆的配料应采用自动控制配料系统，并能防止原材料的交叉污染。各材料用量是砂浆质量的保证。本条对计量允许误差作了规定，并要求计量设备有有效的合格证书，并且每生产班要对计量设备进行自校。

4.4.4  搅拌

1～3  采用机械搅拌和自动程序控制有利于生产管理与质量稳定。

4.4.5  包装

1  对袋装干混砂浆的包装作了一些规定，同时规定了袋装干混砂浆包装质量的误差范围。

2  散装干混砂浆的包装与运输、储存紧密相联，因而应有密封、防水、防尘等措施。

3  由于预拌砂浆尤其是干混砂浆品种较多，且人们对干混砂浆的使用方法还不是十分清楚，因而其标志应具体而明晰。

4.4.6  运输和贮存

1～2  袋装和散装干混砂浆在运输和储存过程中主要是防雨、防潮，以保证砂浆质量。

4.5  湿拌砂浆生产质量控制

4.5.1  原材料贮存

1～5  原材料应分类贮存，并有明显标志，同时应防止交叉污染。

4.5.2  计量

1～2  材料的计量严重影响砂浆的性能，为了保证砂浆质量的稳定，本条对计量设备和计量允许偏差作了一些规定。

4.5.3  搅拌

1～5  采用机械强制式搅拌和全自动控制有利于生产管理和砂浆质量稳定，本条对搅拌机的类型作了规定。为保证砂浆拌和物的均匀性，本条对搅拌时间作了规定。砂的含水率变化直接影响水灰比的变化，进而引起砂浆拌和物及硬化砂浆性能。故本条规定每个工作班至少测定一次，当砂含水率有显著变化时，应增加测定次数。

4.5.4  运输

1～4  为保证湿拌砂浆在运输过程中不发生分层，砂浆的运输宜采用带有搅拌装置的运输工具，运输和卸料及储存过程中禁止加水。湿拌砂浆的运输延续时间与不同的气温条件有关，要避免过长的运输时间以防交货稠度与出机稠度的偏差难以控制。所以规定砂浆的运输延续时间应符合正文表 4.5.4 的规定。

4.5.5　储存

1～3　砂浆的储存要求防止水分蒸发，要求容器不吸水是为了长时间保持砂浆不凝结。对储存容器的大小未作规定，但要便于储运、清洗和砂浆装卸。规定砂浆储存时严禁加水，并采取遮阳防雨措施，都是为了保证湿拌砂浆的质量。

4、5　超过凝结时间的砂浆不能保证其工作性和强度，因此禁止使用。

5. 产品检验

5.1　一般规定

5.1.1　规定了预拌砂浆的检验形式。

5.1.2　引自《预拌砂浆》GB/T 25181。

5.2　取样与组批

5.2.1　规定了干混砂浆的取样与组批规则。

5.2.2　规定了湿拌砂浆的取样与组批规则。

5.3　检验项目及方法

5.3.1　预拌砂浆检验项目在借鉴《预拌砂浆》GB/T 25181 的基础上，为了提高预拌砂浆质量，提出了更为严格的检验项目内容。

5.3.2　检验方法主要引自《建筑砂浆基本性能试验方法标准》JGJ/T 70、《预拌砂浆》GB/T 25181 和《建筑材料放射性核素限量》GB 6566。

6. 施工过程质量控制

6.1　一般规定

6.1.2　本条划分了冬期施工的界限，并提出了冬期施工应采取的措施。

6.2　干混砂浆施工过程质量控制

6.2.1　施工现场用于检验的水样应具有代表性，水样在试验前不得做任何处理，应保存在清洁容器内，容器事先用同样的水进行清洗。

6.2.2　干混砂浆各组分由生产厂按照要求进行预混，材料性能已满足施工需要。因此除加水外，不得加入任何其他材料。

6.3　湿拌砂浆施工过程质量控制

6.3.2　当砂浆在贮存期内出现泌水时，应人工搅拌均匀。但为了保证砂浆质量，搅拌过程应禁止加水。

6.4　机械化施工过程质量控制

6.4.1～6.4.7　主要引自《机械喷涂抹灰施工规程》JGJ/T 105。

7. 施工质量验收

预拌砂浆的施工验收按相关的工程验收规范执行。